JN246552

なぜ私たちはここにいるのか？

偉大なる宇宙の物語

ローレンス・クラウス

塩原通緒 訳

THE GREATEST STORY EVER TOLD—SO FAR

Why Are We Here ?

青土社

偉大なる宇宙の物語

目次

第三部　黙示録

ここにも人の世に注ぐ涙があり、
人間の苦しみは人の心を打つ。
——ウェルギリウス

偉大なる宇宙の物語

なぜ私たちはここにいるのか？

ナンシーに捧げる

序章

何よりも見えにくいものとは、そこに本当にあるものだ。

——J・A・ベイカー『ハヤブサ』

初めに、光があった。

だがそれだけでなく、重力もあった。

そしてその後、世は混沌とした……。

こんなふうな書き出しが、史上最も偉大な知的冒険の物語の始まりとしてふさわしいかもしれない。

これは、われわれが感知する世界の根底に隠れている現実を明るみに出そうする科学的探究の物語だ。

そんなことをなしとげるには、人間の創造性と知的大胆さの極みを、前例のないほどの世界規模で結集しなくてはならない。その過程では、科学的なものもそうでないものも含め、あらゆる種類の信念や先入観や定説や教義を喜んで手放すことも確実に必要となるだろう。この物語はドラマと驚きの連続である。これは人間の歴史が始まったときから綿々と続く一連のエピソードの集積であり、今ここにお届けするものでさえ、最終的に完成した物語ではない。これもまた当面の叩き台のひとつでしかないのだ。

これは、もっと広く巷間に伝わるにふさわしい物語である。すでに先進国のあいだでは、この物語のいくつかの部分が、ゆっくりとではあるが、かつての神話や迷信を過去のものにする役割を果たしてきている。何百年も前、もしくは何千年も前には、もっと無知だった社会がそれらの神話や迷信に心の慰めを見いだしていたのだ。とはいえ、ジョージ・スティーヴンスとデヴィッド・リーンが監督した超大作映画『偉大な生涯の物語』(原題:The Greatest Story Ever Told)のおかげで、ユダヤ教とキリスト教の聖書はいまだにときどき「史上最も偉大な物語」と称されることがある。この見方には本当にびっくりだ。というのも、性的表現や暴力的表現が豊富で、旧約聖書の「詩編」が詩でできているところなどは、たしかに文学的なのかもしれないが、それでも文学作品としての聖書の出来は、おそらく『アエネーイス』や『オデュッセイア』のような、煽情性は同じくらいでも暴力性はずっと低い、古代ギリシャ・ローマの叙事詩とまるで比較にならないと思われるからだ。たとえ聖書の英訳版が、後代の多くの書物の原型に使われているとしてもである。いずれにしても、世界を理解するための指針とするには、聖書は痛ましいほど矛盾が多くて、時代遅れでもある。そして、たぶんこう言ってもさしつかえないと思うが、人間の行動の指針とするにも、聖書はかなりの部分が猥褻ぎりぎりである。

科学において、「神聖不可侵」という言葉は、それ自体が冒とくだ。宗教的なものであれ、そうでないものであれ、ある考えが無条件に通用することなど科学においてはいっさいない。だからこそ、この究極の人間の物語は、二〇〇〇年前に預言者が犠牲になるとともに終わることもなかったし、その六〇〇年後に別の預言者が死んだときにも終わったりはしなかった。この物語――われわれの起源と、われわれの未来についての物語――は今後もずっと語り続けられていく。そして物語が進むとともに、いよいよおもしろさを増していく。そのおもしろさをもたらすのはお告げではなく、科学的発見の着実なる蓄積だ。

一般の人の多くは意外に思うかもしれないが、この科学の物語には、詩も、深い精神性も包含されている。ただし、この精神性には、現実の世界に結びついているという独自の美点が付け加わっている。つまり、私たちの夢や希望がそれなりに満たされるようにすることを主たる目的として創られたわけではない、ということだ。

人間の願望によってではなく、実験というものの力によって推進される未知なるものへの探求は、謙虚になるということを教えてくれる。この五〇〇年間の科学の歩みは、押しつけられた無知というくびきから人類を解き放ってきた。その点から見れば、われわれが存在できるようにするためにこの宇宙が創造されたという主張の核心には、いかなる傲慢さがあることだろう。われわれの感知する宇宙が、時間と空間のすべてにわたって存在する宇宙の特徴であると見なす考えの核心には、いかなる近視眼的なものの見方があることだろう。

このような人間中心説は、科学の物語によって路傍へと追いやられた。では、それに代わって出てきたものとは何だろう。われわれはその過程で、何か大事なものを失ったのだろうか。それとも、これから本書で論じていくように、何かさらに偉大なものを得たのだろうか。

私は以前、ある公開イベントで、科学の役割は人々を落ち着かなくさせることだと言った。そしてしばらくのあいだ、その発言を後悔した。そんなことを言ったせいで人々が怖がって、科学から離れてしまうのではないかと危惧したからだ。しかしながら、落ち着かないというのは良いことであって、人々の妨げになることではない。人間の進化史上、われわれの頭は、われわれの生存に役立つ概念に対して心地よさを覚えるようにできている。たとえば人間には目的論的な傾向が自然と備わっていて、ものが存在するのは何らかの目的に資するからだと、子供でも自然に見なすようになっている。それからさらに一般的な、無生物を擬人化するという傾向もある。これは言うなれば、ただの無生物を自力で動ける物体に見立てることだが、なぜそんな傾向があるかといえば、自力で作用できない物体をれっきとした脅威だと誤解するほうが、れっきとした脅威を自力で作用できない物体だと誤解するより断然よいからだ。

そんなわけで、われわれの頭は進化のなりゆきから、人間が直接的に感知できないスケールでの長い時間や短い時間、あるいは小さな距離や大きな距離を、識別できるようにはならなかった。したがって当然ながら、進化論や量子力学など、近年発見されたすばらしい科学的思考体系のいくつかは、最大限よく言っても直感に反するし、大半の人にとってはすんなり受け入れられないものとなる。それらは人間の近視眼的な感覚からあまりにもかけ離れているのだ。

だがそれこそ、史上最も偉大な物語が、語るに値するものとなる理由でもある。そもそも最高の物語とは、われわれの常識に挑戦してくるものだ。ひとたびそれを読んでしまったら、われわれはどうしても自分について違った見方をするようになり、この宇宙の中での自分がどういう存在か、どういう位置にいるのかについての認識を改めざるを得なくなる。これは優れた文学や音楽や美術についても言えることだが、同様に、科学についても言えることなのだ。

その意味で、現代の科学的啓蒙が古い信念に取って代わったのを指して「信仰の喪失」と言われることがたびたびあるのは、とても残念なことである。将来われわれの子供たちが語ることのできる物語のほうが、これまでわれわれが語ってきた物語より、どれほど偉大であることか。実際、それこそ科学が文明に対してなした最も偉大な貢献だ。最も偉大な本とは過去を語った本ではなく、未来を語る本であることを、科学は確実に裏づけている。

叙事詩にはつねに教訓がある。われわれの叙事詩には、われわれを取り巻く宇宙全体を、実証的な発見を通じて知的に理解していくことで、人間が持っている最高のものを利用したすばらしく豊かな精神を生み出せるということが書いてある。それは、人類にとって未来への希望だ。われわれはしっかり開かれた目と必要なだけのツールを持って、能動的に未来に参加することができるようになるはずなのだ。

＊＊＊

前著の『宇宙が始まる前には何があったのか？』で論じたように、われわれの進化する宇宙の最大スケールでの理解のしかたは、ここ一〇〇年ほどのあいだの画期的な発見によって大きく変わった。その変化を受けて、科学者は「なぜ何もないのではなく、何かがあるのか」という疑問――かつては宗教の範疇に属する問いだったもの――にまっすぐ向き合って、この疑問をもっと唯我論的でない、実践的に役立つものに改変するべく取り組むようになってきた。

前著と同じく、この物語ももとはと言えば、私が以前に行なった講演が発端となっている。今回の場合は、ワシントン市のスミソニアン協会での講演だ。それが当時そこそこの反響を呼んだため、結果として、私はまたもや、そこで生まれかけていたアイデアをしっかりと練り上げる気になった。『宇宙が始まる前には何があったのか？』では、われわれが知るかぎりの最大のスケールを探ったが、本書では反対に、われわれが知るかぎりの最小のスケールを探ることになる。そして、そこでわかったことが、またひとつの古くからの疑問にどんな答えを出せるかを見つけていこう。ここ一〇〇年のあいだに、最小スケールでの自然についての理解にも深遠な変化があった。そのおかげで、「なぜ私たちはここにいるのか?」という同じくらい根本的な疑問にも、同じように深く取り組めるようになったのだ。

本書を読むうちに、「現実」というのは決してわれわれが思っているようなものではないことがわかるだろう。表面の下にあるのは「奇妙」な、直感に反する、目に見えない、内側の仕組みだ。それは、何が常識かについてのわれわれの先入観に、無から生じる宇宙と同じぐらい、異議を申し立てるものであるかもしれない。

そして、私が前著で引き出した結論と同様に、このあと始まる物語から得られる最終的な教えは、たまたまわれわれが生きているこの世界に、明確な意図や目的はいっさいないということだ。われわれの存在は、あらかじめ定められていたことではなく、奇妙な偶然の結果のようにも思えることなのだ。われわれは不安定な岩棚の上でふらふらしながら、究極のバランスをとっている。それを定めているのが、われわれの感知する世界の表面の下に隠れている現象、われわれの存在にいかなる意味でも依存していない現象だ。その意味で、アインシュタインは間違っていた。「神」はまさしくこの宇宙について、あるいはいくつもの宇宙について、サイコロ遊びをしているようなのである。これまでのところ、われわれには運が味方していた。しかし、テーブルでサイコロを振るときと同様に、幸運がいつまでも続くとは限らない。

***

人類が近代性に向かって大きな一歩を踏み出したのは、われわれの祖先の頭の中に、ある意識が芽生えたときだった。すなわち、この宇宙には、目に入るもの以外のものがあるのだとわかったときである。

その認識は、おそらく偶然の賜物ではない。人間は、自らの存在を超越しつつ、その自らの存在に意味を持たせる物語を必要とすべく、生まれつき定められているように見受けられる。そしておそらく、その切なる要望と密接に結びついたのが、初期の人間社会における宗教的な信心の発生だったのだろう。

対照的に、近代科学の発生と、その迷信からの脱却の物語は、自然の隠れた現実がいかにして理性と実験により、徐々に明らかにされていったかを語るものである。その過程において、一見すると類似点のない、奇妙な、時として恐ろしくも感じる数々の現象が、目に見える表面のすぐ下で互いに関係していたのだと最終的に理解されるようになった。そしてついに、それらの関係性が、昔われわれの祖先のあいだで生まれた小鬼や妖精を追い払うこととなった。

一見するとまったく関係なさそうな現象どうしのあいだにある関係性を発見することは、ほかのどんな指標にも増して、科学における進歩を特徴づけるものである。それを実証する多くの古典的な例があり、たとえばニュートンは、月の軌道と落下するリンゴの関係性を発見した。たとえばガリレオは、物体によって落下のしかたがずいぶん違って見えるために、じつはそれらの物体がすべて同じ速度で地球の表面に引っぱられているのをわかりにくくしていることに気がついた。あるいはダーウィンは、地球上の多様な生命が自然選択という単純なプロセスによって単一の祖先から生じうるという画期的な認識を得た。これらの関係性はどれをとっても、最初はまったく明白ではなかった。しかしながら、その関係性が発見されて明らかとなってしまったあとはもう、そんなことはとっくに知っているとばかりの「ふふん」という反応が出るだけだ。きっと誰もがこう言いたいのだろう――「なんで自分がそれを思いつかなかったのか！」

現代科学によって描かれた最も基礎的なスケールでの自然の姿――すなわち標準模型、と呼ばれるようになったもの――には、なんとも理解に苦しむような、われわれの日常的な経験ではとんとお目にかからない関係性が豊富に含まれている。あまりに日常からかけ離れた世界なので、ある程度の下地がないかぎり、ひとっとびでそのイメージを思い描くのはとうてい無理だろう。

当然ながら、過去にもそんなひとっとびは起こらなかった。一見すると何のつながりもなさそうな、予想外の驚くべき関係性が次々と見つかるうちに、しだいに現在のような一貫した全体像ができてきたのである。結果として出てきた数学的な構造は、あまりにも飾りが多すぎるため、もはや気まぐれなんじゃないかと思えるほどだ。専門外の人がヒッグス粒子(ボソン)や大統一理論のことを初めて聞いたとき、「ふふん」と言えることはまずないだろう。

表面の層をくぐりぬけて現実の内部へと迫るにあたり、われわれは物語を必要とする。われわれの知るこの世界を、われわれを取り巻く目に見えない世界の最も深い部分と結びつける物語が必要なのだ。その隠れた世界は、直接的な知覚だけにもとづく人間の直感では、理解することができない。だから、この物語を語りたい。私はこれからあなたを旅にお連れする。空間と、時間と、その中で作用する力についての現在の理解の最先端に横たわる、いくつかの謎の核心へと迫る旅である。その目的は、あなたをいたずらに挑発したり、怒らせたりすることではなく、あなたにちょっとした刺激を与えることだ。物理学者である私たち自身、つねづね新しい発見に刺激され、落ち着かないと同時にわくわくもする新しい現実へと引きずり込まれてきたのだ。

自然の基礎的なスケールに関するいくつかの最新の発見は、宇宙にわれわれが存在するのは必然だという認識を冷徹に変更させた。これらの発見は、おそらくわれわれが想像していたであろう未来とは根本的に異なる未来が確実にやってくることを示す証拠も出している。そしてこれらの発見により、われわれの宇宙での重要性はさらに低まることとなる。

そんな落ち着かない面倒な現実も、どうやらランダムであるらしい非人間的な宇宙も、できれば否定したいと思うかもしれないが、見方を変えてみれば、これらすべては必ずしも気を滅入らせるものではない。私の知るかぎり、たしかにこの宇宙は目的のない宇宙だが、そうした宇宙は、ただわれわれのために設計されている宇宙よりもはるかに刺激的だ。なぜならそのほうが、存在の可能性がはるかに多様で、はるかに広範囲にわたると考えられるからである。われわれのまわりに探索すべき珍獣がいる、かつてはありえないだろうと思われていたような荒唐無稽な法則と現象があるのだと思えば、そして錯綜する経験のもつれをほどこうと格闘し、ある種の秩序をその下に探すのだと思えば、それはなんと爽快なことだろう。さらに、そうした秩序を発見し、人間が直接的に感知できるスケールをはるかに超えたスケールでの宇宙の一貫した像を組み立てるのだと思えば、それはなんと魅惑的なことだろう。その宇宙像は、次に何が起こるかを予言して、周囲の環境を制御することができる、われわれ自身の能力によって織り成されるものなのだ。われわれが太陽のもとでひとときの時間を持てるのは、なんと幸運なことだろう。日々われわれが新しいこと、驚くべきことを発見するたびに、この物語はさらにすばらしくなっていく。

第一部

創世記

第一章　衣装だんすから洞窟まで

思慮なき者は無知を受け継ぐ。賢い人は知識を冠（かんむり）とする。
——「箴言」十四章十八節

この物語においても、初めに、光があった。

もちろん時間が始まったときには光があったが、まずはわれわれ自身の始まりを探索しないと、時間の始まりにはたどりつけない。われわれ自身の始まりとは、すなわち科学の始まりでもある。そしてそれを探索するということは、科学と宗教、双方にとっての究極の動機に立ち返ることでもある。その動機とは、何か別のものへの切望にほかならない。われわれの感知する宇宙を超えた「何か」への切望だ。

多くの人にとって、その切望は、この宇宙に意味と目的を与える何かへと変換され、どこかにひっそりと存在する、自分たちの住む世界よりもよいところへの切望に拡張される。その「どこか」では、罪が許され、苦しみがなくなり、死がはなから存在しないのだ。しかし、そうは願わない一部の人は、まったく別の種類の隠れた「どこか」を切望する。それは人間の知覚を超えた物理的世界であり、ものごとのふるまいがどういう理由でそうなっているのかというよりも、どういう仕組みでそうなっているのかを理解させてくれる世界である。この隠れた世界は、われわれがふだん感知するものの根底にあって、それを理解することが、われわれの人生、われわれの環境、われわれの未来を変えるための力を与えてくれる。

この二つの世界の対照的な差が、まったく異なる二つの文学作品に反映されている。

ひとつめの作品は、C・S・ルイスが書いた『ライオンと魔女』である。これは二十世紀の子供向けファンタジーで、その内容には明らかに宗教的な意味合いが含まれている。ある場面では、大半の人にとって覚えのある子供時代の経験が描かれる。ベッドの下やクローゼットの中や屋根裏部屋をのぞいて、隠された財宝や、われわれがふだん経験する以外のものがそこにある証拠を見つけようとするのである。この本では、第二次世界大戦中にロンドン郊外のカントリーハウスに疎開してきた四人の子供が、その家の大きな衣装だんすに潜り込んで、ナルニアという奇妙な新しい世界を発見する。子供たちは一頭のライオンの助けを借りてナルニアを救う働きを見せるが、ライオンはあたかもキリストのごとく、自分の世界にある悪を退治するために祭壇で自らを犠牲にする。

ルイスの物語に宗教的なほのめかしがあるのは明白だが、これには別の解釈ができなくもない。つまり神や悪魔の存在の比喩としてでなく、驚嘆すべき、そして潜在的に恐ろしい、未知なるものの可能性の比喩として見ることもできるのだ。そうした可能性がわれわれの知覚の限界のすぐ先にあって、それを探し出そうとするくらいわれわれが勇敢になるのを待っている。そうした可能性は、ひとたび明らかになったあとは、われわれの自己認識を豊かにしてくれるかもしれないし、あるいはその必要を感じる人にとっては、ある種の価値観や目的を与えてくれるかもしれない。

衣装だんすの中にある隠れた世界への入り口は、使い古した衣服の懐かしい匂いがする安全なものであると同時に、謎めいたものでもある。その得体の知れなさが、時間と空間の古典的な概念の先へと向かわねばならない必要性をほのめかす。というのも、もし衣装だんすの前や後ろにいる観測者には何も明かされず、衣装だんすの中にいる者にだけ何かが明かされるのであれば、衣装だんすの中で経験される空間は、外から見る空間よりもはるかに大きいに違いないからだ。

そのような概念が、一般相対性理論で見なされているような、空間と時間が動的になりうる宇宙の特徴である。たとえばそうした宇宙では、ブラックホールの「事象の地平面」――その内側に入ってしまったら何物も抜け出せなくなる領域の半径――の外からではブラックホールがわずかな大きさしかないように見えるかもしれないが、内側に入った観測者からすると（まだそこの重力によって粉々にされていない状態では）、ブラックホールの大きさはまったく違って見えることだろう。実際、信頼に足る計算ができる範囲を超えてはいるが、ブラックホールの内部の空間が、われわれの宇宙と接続していない別の宇宙への入り口となるのはありうることだ。

しかし余談はさておき、ここで強調したい重要な点は、われわれの知覚の先にある宇宙の可能性が、文学的な想像においても哲学的な想像においても、空間そのものが外見とは異なっている可能性に結びついていることだ。

この考えの先駆となる、いわば「原初」の物語が、ルイスのファンタジーの執筆より二三〇〇年前に書かれている。それはすなわちプラトンの『国家』のことで、なかでもとくに、私のお気に入りの部分である「洞窟の比喩」を指している。しかし、この話は起源が古いにもかかわらず、われわれの知覚が直接的に及ぶ範囲を超えたところを理解しようと探ることの潜在的な必要性と潜在的な危険との両方を、

図1-1

より端的に、より明確に、照らし出している。

この比喩で、プラトンはわれわれが経験する現実を、ある洞窟内の人々が経験する現実にたとえている。この人々はとある洞窟に生涯にわたって閉じ込められていて、目の前の白い壁にずっと向き合わされている。彼らにとって、現実世界の唯一の眺めはその壁であり、彼らの後方から火によって映し出される動く影を見るしかない。彼らと火のあいだを何かが横切ると、それが火の光に照らされて、影となって壁に映るというわけだ。

その様子を描いたのが［図1-1］で、私に初めてこの比喩を教えてくれた高校の教科書から借用した。プラトンの対話篇の一九六一年英訳版だ。

この絵が興味深いのは、対話の中で描写される洞窟の配置を明確に反映しているのと同じぐらい、これが書かれた時代も明確に反映していることだ。たとえば、なぜここにいる囚人たちはみな女性で、しかもわずかな布しか身につけていないのか？　プラトンの時代、性的なほのめかしには当然のように少年が使われていたのかもしれない。

プラトンの論によれば、囚人たちは影こそが「現実」であると思い込み、名前までつけるようになるという。これは不合理な話ではない。それにある意味では、このあと見るように、現実というものに対するきわめて近代的な見方でもある。なぜなら現実というのは言い換えれば、われわれが直接的に測定できるもののことだからである。いまだに私がお気に入りとする現実の定義は、フィリップ・K・ディックが与えた定義で、彼によれば「現実とはすなわち、あなたがそれを信じるのをやめたときにも、消え去らないもののこと」なのである。囚人たちにしてみれば、影こそが自分たちの見ているものだ。音についても同じことで、彼らは自分たちの背後で立てられる物音が壁にぶつかって跳ね返ったときの反響音だけを聞いているだろう。

プラトンによれば哲学者とは、この洞窟の拘束から逃れたひとりの囚人のようなものであるという。その囚人は、自らの意志ではまったくないにもかかわらず、強制的に火を見させられるばかりか、その火を通り越し、日の光が差す洞窟の外にまで出ていくことになる。最初、哀れな囚人はひどく辛い目に遭わされる。火のまぶしさと、外の日光のまばゆさで、たまらないほど目が痛くなる。次いで、まったく見慣れない物体が目の前に現れるが、それらは自分のよく知る影にちっとも似ていない。この新たな自由人からすれば、まだこの時点でも、自分の見慣れた影のほうが、今そこに影を投げている物体より本当の現実のあらわれであるように思えるかもしれない、とプラトンは言う。

もしもこんなふうに人がしぶしぶ日光のもとに引きずり出されたら、こうした一連の苦痛と困惑が、しまいには何倍にもなって感じられることだろう。だがいずれ、彼も本当の現実の世界に慣れてゆき、星や月や空を眺めるようになる。そしてついには心も頭も、それまで彼の人生を支配していた幻想から解き放たれることになるだろう。

プラトンの論はさらに続き、もしもこの人が洞窟に戻ったら、二つのことが起こるという。第一に、彼の目はもう暗闇に慣れていないから、彼は影を識別して影と見なすことがうまくできなくなり、そのため彼は同胞から、よくてせいぜい障害者、悪くすれば間抜けと見なされることになる。そして第二に、彼はもはや、自分のいた社会のつまらない近視眼的な優先事項も、影を最もよく認識して未来の予言ができるような者に与えられる名誉も、尊重に値するものだとは見なさなくなる。プラトンはこれを、ホメロスの引用を使って詩的に表現する。

「彼らのように考え、彼らの流儀に沿って生きるより、貧しい主人の貧しい下僕となって、何事にも耐えているほうがよい」

これは生涯を幻想の中で生きる人々についての話だが、人類の大半はそうした人々である、とプラトンは言う。

そして、この囚人がしたような、上に向かって――光の差すほうへと――登っていく旅は、魂が知的な世界に向かって上昇することなのだという。

明らかに、プラトンの頭の中では、純粋に「知的な世界」に引きこもること、言い換えれば、ごく少数の者――すなわち哲学者――のために用意されている旅だけが、幻想を現実と置き換えることのできる手段だったのだろう。幸い、今日では、理性と省察を実証的な探求と組み合わせる科学という技法を使うことによって、その旅がはるかに身近な、参加可能なものとなっている。しかしながら、今日の科学者にとっても、目指すべきところは変わらない。それは、影の向こうに何があるのかを見ることであり、自分の先入観を捨てたときに何が消え去っていないかを見ることである。

プラトンがはっきりそう書いているわけではないにしろ、ついに外に出て行って戻ってきた哀れな囚人は、おそらく仲間たちから障害者のように思われるだけでは済まないだろう。もし彼が、外でちらりと見てきたさまざまな驚きを口にしたならば――太陽や、月や、湖や、森や、ほかの人間たちや、その文明のことを話したら、きっと仲間たちは彼のことを頭までおかしくなったと思うに違いない。

　この考えは、じつのところ驚くほど近代的だ。科学の最前線がどんどん先へ進んでいって、われわれの見慣れた世界、われわれの直接的な経験から推測されるとおりの常識の世界からどんどん遠ざかるにつれ、われわれの経験の根底にある現実の姿はますます理解しがたい、受け入れがたいものとなっていく。人によっては、かつてのように神話や迷信に指針を求めるほうがよほど快適だと思うことだろう。

　しかし、もともとわれわれの「常識」は、かつてアフリカのサバンナで捕食者に対処できるようになるために進化したものなのだから、大幅に異なるスケールでの自然を考えようとするときに、かえってその常識が道を誤らせてしまうと考えるのは当然ではないかと思われる。われわれは、とても小さなものの世界、とても大きなものの世界、とても速いものの世界を、直感的に理解できるように進化したのではない。今われわれが日常生活を送るために頼るようになっている規則が、普遍的であると考える理由はどこにもない。そうした近視眼的な生き方は、進化の観点から見れば有益だった。しかし思考する生き物として、われわれはその先へ進むことができる。

　その意味で、プラトンの洞窟の比喩にある最後の勧告をどうしても引用せずにはいられない。

「知の世界には、最後にようやく見て取れるものとして、善の実相（イデア）がある。それは努力なくしては見られない。しかし、いったん見て取れたならば、それこそがすべての善いものと正しいものを生み出す要因であると、……光の生みの親であると……理性と真実をじかに手渡すものであると推論されよう」

　さらにプラトンは、これこそ合理的にふるまう者が、公私いずれにおいても目指すべきことだと主張する。つまり、理性と真実に集中することによって「善」を求めるべきだと言うのである。プラトンによれば、われわれがそれをなしうるには、こういうものがあってほしいと願望する幻想の現実を探索するのではなく、われわれが直接的に経験する世界の根底にある現実を探索するしかない。ただやみくもに信じるのではなく、何が現実なのかということを合理的に検証して初めて、合理的な行為——あるいは善——が可能となるのだ。

今日、プラトンの思い描いた「純粋な思考」に取って代わってきているのが、科学的技法だ。論理と実験の両方にもとづく科学的技法を用いることで、われわれはこの世界の根本的な現実を発見できる。公私いずれにおいても合理的にふるまうために、今の時代に必要とされるのは、理性と実証にもとづいてものを見ることだ。加えて、自分が直接的に知覚するものしか認めないような唯我論的な世界から脱却することも、往々にして必要となるだろう。だから私も、もし政府が事実よりもイデオロギーにもとづいた政策を取ったりすれば公人として積極的に反対するし、もし何らかの考えや教えが「神聖」の名のもとに、公然とした疑問や追究や議論をすべて退け、からかって笑うのもいっさい許さないなら、それにはどうしたって賛同しかねるのである。

こうした見方を、私はニューヨーカー誌ではっきり表明したことがある。「ある科学的主張が疑問の余地のないものとして提示されるなら、それはその時点で、科学の土台を壊している。同じように、神聖なものについての宗教的な行為や主張がわれわれの社会の中でつねに無条件にまかりとおるなら、われわれは現代の世俗主義の民主制を根幹から壊していることになる。われわれは、今の自分のためにも、未来の子供たちのためにも、政府が——全体主義の政府でも、神政主義の政府でも、あるいは民主主義の政府でも——「神聖」とされる考えを守るためにオープンな議論の禁止を承認したり、奨励したり、強制したり、さもなくば合法化したりするようなことがあれば、そうした政府に対してフリーパスを与えない義務がある。この五〇〇年間の科学の歩みによって、人類は押しつけられた無知のくびきから解放されてきたのだ」

哲学的な思案はさておき、私がここでプラトンの比喩を出してきた主たる理由は、これから伝えたい物語の核心にある科学的発見の本質の具体的な例が、この比喩に見られると思うからだ。

たとえば洞窟の火の前の岩棚に邪悪な人形遣いがいて、そいつが囚人たちの目の前の壁に、影を映し出したとしよう[図1-2]。

この影には、長さと方向性の両方がある。その二つの概念は、洞窟に閉じ込められていないわれわれからすると、ごく当たり前のものだ。

しかしながら、囚人たちが眺めている

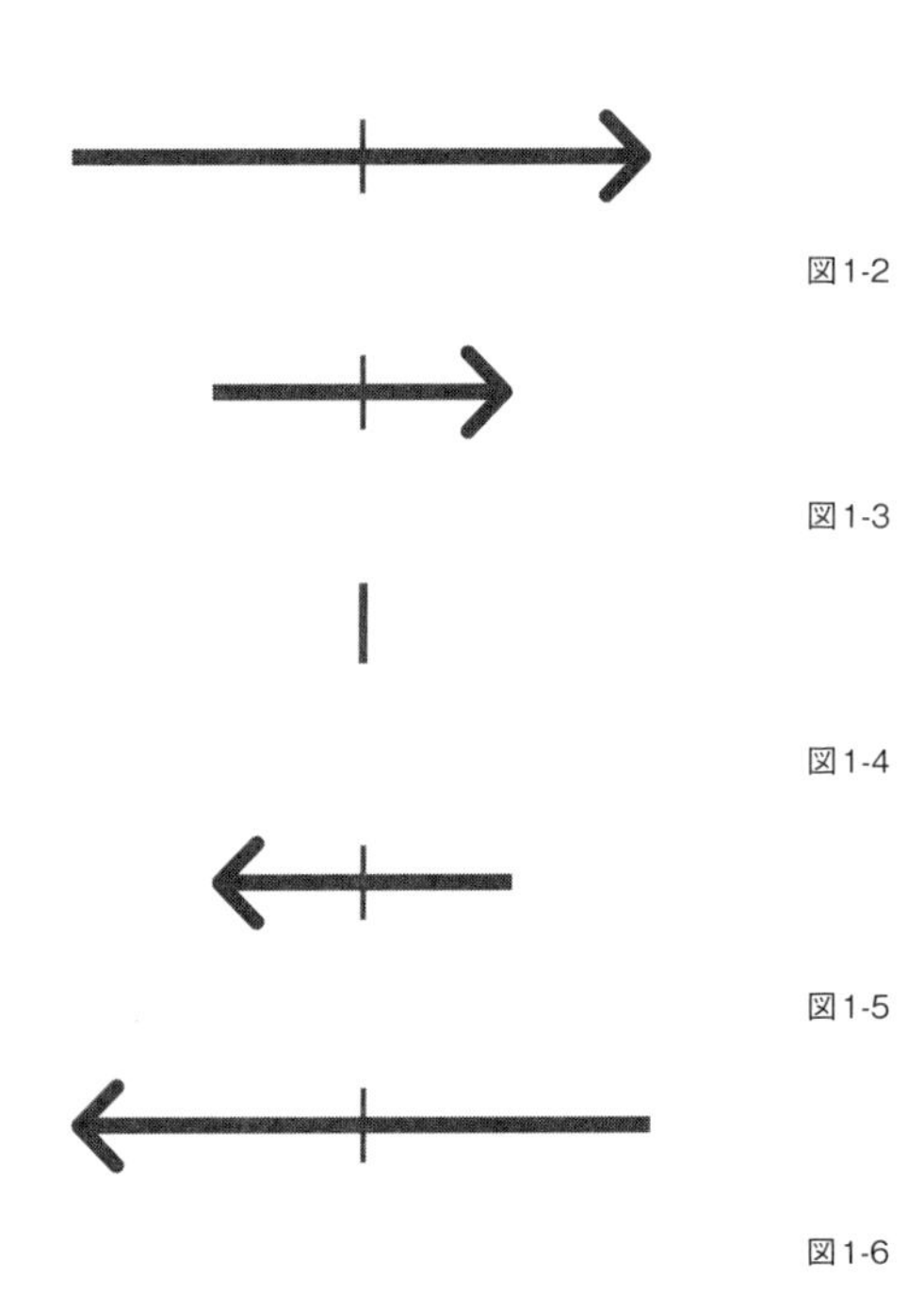
図1-2

図1-3

図1-4

図1-5

図1-6

と、その影が変化する[図1-3]。

やがて、影はこのようになる[図1-4]。

それからふたたび、このように変わる[図1-5]。

さらにその後、こんなふうになる[図1-6]。

これらを見て、囚人たちはどんな推論をくだすだろう。おそらく長さや方向性といった概念は、彼らにとってまるっきり意味をなさない。彼らの世界の物体は、長さも方向性も勝手に変わるものなのだ。彼らが直接的に経験する現実では、長さも方向性も、どうでもいいもののように思われる。

一方、面の世界を脱出して影の向こうにある豊かな世界を探索してきた自然哲学者は、これらから何を見いだすだろう。彼はまず、影がただの影であることを見抜くだろう。影はただ、囚人たちの背後に位置する本物の三次元の物体から壁に投影された、二次元の像でしかないのだ。それから彼は、この物体が一定の長さを持っていて、その長さは変化しないこと、そして物体にくっついている矢印は、つねにこの物体の中で同じ位置にあることを理解する。物体より少しばかり上の視点から見たならば、この一連の像は、回転している風向計が壁に投影された結果なのだとわかるだろう［図1‐7］。

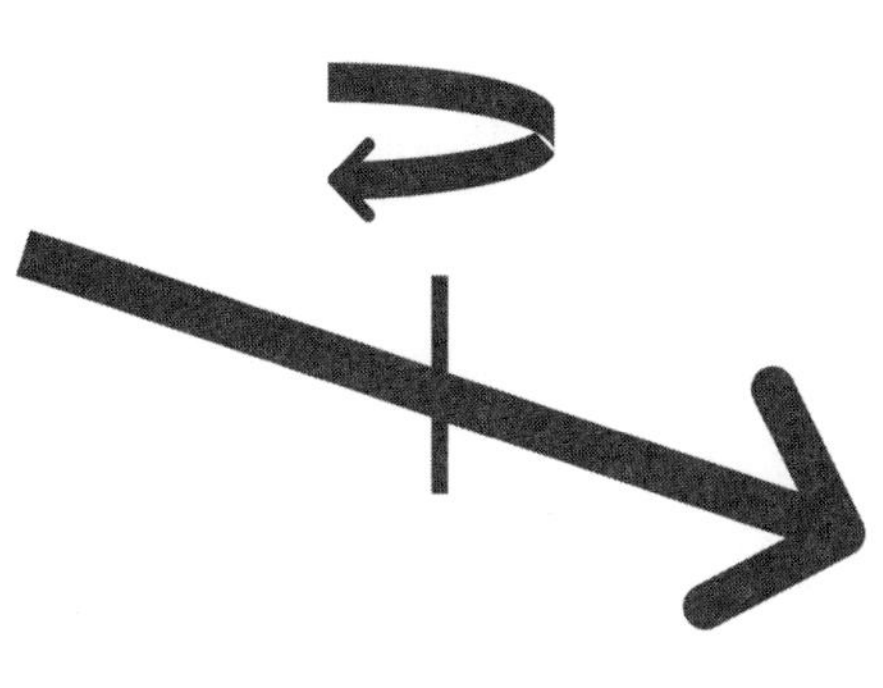

図1-7

かつての仲間のもとに戻ってきたとき、この哲学者にして科学者は、長さという絶対量が時間とともに変化しないこと、そして方向性も、物体によっては明確に定まっていることを説明できる。彼は友人たちに、本物の世界は二次元ではなく三次元であること、そしていったんそうとわかったら、勝手気ままな変化のように見えるものについての混乱はすべて解消することを告げるのだ。

仲間は彼を信じるだろうか。いや、難しいだろう。なぜなら彼らは回転という概念が直感的にわからない（なにしろ二次元の経験のみにもとづいた直感では、三次元での回転を頭の中で「絵」にすることが難しい)。ぽかんとされるか？　おそらく。気がふれたと思われるか？　たぶん。しかしながら、彼らを口説き落とせる見込みがないわけではない。自分の言うことには、こんな魅力的な特徴があるのだと強調してみるといい。すなわち、面の上ではいたって複雑で恣意的に見えるふるまいも、もっと単純で根本的な自然の姿のあらわれであるかもしれないし、一見するとまったく異質ないくつかの現象も、じつは互いに関連した、ある統一された全体像の一部であるかもしれないのだ。

　それを裏づけるため、仲間たちでも検証できるような予言ができればさらによい。まずは、こんなふうに言ってみる。みんなに測定してもらった影の長さの見かけの変化が、本当に三次元での回転による結果なら、一定の長さの物体がふっと消えても、必ず直後にふたたび現れ、そのとき物体の矢印は反対の方向を指しているだろう。次に、こうも言ってみる。長さが長くなったり短くなったりするあいだも、矢印がある一方向を指しているときの影の最大の長さは、矢印が反対の方向を指しているときの影の最大の長さと、つねにまったく同じになっているだろう。

　かくしてプラトンの洞窟は、おそらくプラトンも意図していなかったほど、じつにさまざまなものの比喩となる。プラトンの自由人が発見するのは、われわれ自身の苦闘の歴史、その実話の証しにほかならない。自然界の最も基礎的なスケールで、空間、時間、物質は、いかなる本質を持っているのか。われわれはそれを理解しようと格闘してきた。われわれもまた、それまでの経験のくびきを脱してこなければならなかったのだ――深遠で美しい単純化を見つけ、予言をなすために。それはすばらしいと同時に恐ろしいことでもあるかもしれない。

　だが、最初は目に痛かったプラトンの洞窟の先の光も、時間が経てば、うっとりするような魅惑的なものになる。そしてひとたび見てしまえば、あとはもう元には戻れない。

第二章　暗闇でものを見る

「光あれ。」すると光があった。

——「創世記」一章三節

初めに、光があった。

古代の人々が旧約聖書の「創世記」において第一日目に光が創られたと想像したのは偶然の一致ではない。光がなかったら、われわれのまわりを広大な宇宙が取り囲んでいてもほとんど気づかれないだろう。何かを説明しようとする友人に、われわれが頷いて「わかった（I see）」と言うとき、その一言が伝えているのは、単に観察したという意味ではない。それは根本的に理解した、という意味なのだ。

プラトンの比喩でも、まさしくその中心にあったのは光である。火から発する光が洞窟の壁に影を映し出し、外の光が自由人となった囚人の目を一時的にくらませたあと、本物の世界を囚人に照らし出してやったのだ。洞窟の囚人たちと同じく、われわれもまた、ある意味では光の囚人である。われわれがこの世界について学ぶことはほぼすべて、われわれが見たものから学ばれるのだから。

西洋の宗教的規範たる聖書において、おそらく「光あれ」は最も重要とされる一言だろうが、現代世界において、いまやこの一言は、かつてとはまったく違った重要性を持っている。人間は光の囚人かもしれないが、宇宙もまた同じなのだ。かつてはユダヤ教とキリスト教の神、あるいはもっと前のほかの神々の気まぐれだと思われていたものが、いくつかの法則による必然であることを、今のわれわれは知っている。それらの法則のおかげで天があり、そしてもっと大事なことに、この地球がある。片方がなかったら、もう片方も存在しえない。地球、もしくは物質は、光のあとに来るものなのだ。

この認識の変化が、近代科学と呼ばれる殿堂を築いたほぼすべての発展の根底にある。私は現在、船の上でこの文章を書きながら、ガラパゴス諸島の島のひとつを眺めている。そこはチャールズ・ダーウィンが有名にした島々であり、お返しに、この島々もダーウィンを有名にした。ダーウィンはここでの経験から、あるひとつのすばらしいことに気づき、それによって生命とその多様性に関するわれわれの認識を一変させたのだ。すなわち現在生きているすべての種は、わずかな遺伝的変異を生存闘争の勝者が次の世代に伝えていく自然選択のプロセスを通じて生まれてきていたということである。進化についての理解が生物学についての従来の理解をことごとく変えたのと同じくらい確実に、光についての理解が変わったことで、宇宙におけるわれわれの位置に関する物理学的理解もことごとく変わった。しかもありがたいことに、この変化には、現代世界の基盤となっているテクノロジーのほぼすべてに結実するという特典がついていた。

この世界を観察することで、どれほどわれわれの仲間が牢屋に入れられるかも、どれほどわれわれがこの宇宙の素地についての記述を考え出せるかも、プラトン以降二〇〇〇年以上のあいだ、ろくに考えられてはこなかった。だが、ひとたび人間が本気で宇宙の隠れた本質を詳細に調べ始めると、四〇〇年以上かかって「光とは何ぞや」という疑問は完全に解決された。

もちろん最初ではないにせよ、おそらく最も本気でこの疑問を考えた近代人は、科学史上最も有名な――そして最も奇矯な――人間のひとりでもある。その名はアイザック・ニュートン。彼を近代人の範疇に入れるのはおかしいと思われるかもしれないが、そんなことはない。なんといっても、彼の十七世紀の著作『プリンキピア：自然哲学の数学的諸原理』は古典的な運動の法則を明らかにして、ニュートン重力理論の基礎を築いたのであり、その二つはともに近代物理学のほとんどの土台をなしているのだ。とはいえ、ニュートンについてはジョン・メイナード・ケインズのこんな指摘もある。

ニュートンは理性の時代の最初の人物ではなく、最後の魔術師にして、バビロニア人やシュメール人に連なる最後の人物、一万年近く前にわれわれの知的遺産を築き始めた人々と同じ目でもって、目に見える知的な世界に向かい合った最後の偉大な人物だった。

この発言はまことにそのとおりで、これにはニュートンの研究の画期的な重要性がよくあらわれている。『プリンキピア』以降、もはや合理的な人間は、世界をかつての人々と同じ見方では見られなくなったのだ。しかし同時に、これにはニュートン本人の性格も反映されている。ニュートンはたしかに物理学を研究していたが、そのために使うよりもずっと多くの時間とインクを費やして、オカルトや錬金術についての文章を書き、聖書の中に隠れた意味や暗号を探していた。なかでもとくに関心があったのが、ヨハネの黙示録と、古代のソロモンの神殿にまつわるもろもろの謎だった。

ニュートンは、彼の前にも後にもえんえんと伸びる、ある種の人々の長い系譜に連なっていた。自分こそが特別に神に選ばれて、聖書の真の意味を解き明かす手伝いをするのだと思い込む人々だ。ニュートンの宇宙についての研究がどの程度まで、彼の聖書への没入から来ていたのかは明らかでない。しかし、彼の最大の関心は神学にあったのだと結論しても、そうおかしくはないような気がする。おそらく彼の中で、自然哲学は神学よりずっと下だったのだろうし、同じく錬金術よりも下だったのではないだろうか。

ニュートンの聖書への没頭を、科学と宗教が両立しうることの証拠だと指摘する人は数多くいる。そして彼らはそのあとで、近代科学があるのはキリスト教のおかげだと主張する。これは歴史と因果関係の混同だ。ニュートン以降、近代西洋自然哲学の初期の大家の多くがたいそう信心深かったのは否定できない。例外なのはダーウィンぐらいで、彼は晩年に信仰を完全にとは言わないが、ほとんど捨て去っている。しかし忘れてはならないのは、この時期の大半のあいだ、教育と富の供給源がおもに二つあったということだ。ひとつは教会で、ひとつは王室である。教会は、いわば十五世紀、十六世紀、十七世紀の全米科学財団だった。あらゆる高等教育機関がさまざまな宗派と結びついており、教育ある人間が教会に加入していないなんてことは考えられなかった。そしてジョルダーノ・ブルーノが、あるいはのちにガリレオが身をもって知ったように、教会の教義に逆らうようなことをするのは、最大限よく言っても芳しくないことだった。こうした初期の代表的な科学的思考の持ち主の誰にしても、信心深いのは当然であって、そうでなければ異例中の異例だったことだろう。

初期の科学の先駆者たちの信心深さは、今日の詭弁家たちからもよく引き合いに出され、科学と宗教的教義は両立できるのだという主張に使われるが、彼らは科学と科学者を混同している。逆のように見られることも多いものの、実際、科学者は人間だ。そして多くの人間と同じように、科学者も頭の中に潜在的に相反する多くの考えを同時に持つことができる。一個人の中に並存する別々の見方に相関関係がないというのは、まさに人間ならではのちょっとした弱点のあらわれだ。

科学者であっても信心深い人はいる（いた）という主張は、科学者であっても共和党を支持する人もいるとか、地球が平面であると主張する人もいるとか、創造論を信奉する人もいるなどと言っているのとなんら変わらない。科学者であることと信心深いことのあいだには因果関係もなければ一貫性もない。これは友人のリチャード・ドーキンスから聞いた話だが、とある天体物理学教授は一日のあいだに、天文学術誌で発表するための、宇宙の年齢を一三八億年以上と推定する論文を書いていながら、家に帰ればこっそりと、宇宙の年齢を六〇〇〇年とする聖書の文字どおりの主張を信奉しているという。

科学において知的一貫性があるかないかを決めるのは、証拠を出せる合理的な主張が、繰り返し行われる検証に耐えられるかどうかだ。たしかに宗教は、西洋において、科学の母かもしれない。それ自体は何もおかしくない。しかし親なら誰でも知っているように、子供が親を手本に育つことはめったにない。

ニュートンが光を調べようという気になったのも、伝統に倣ってのことだったのかもしれない。光は神の恵みだから、というわけだ。しかし、今のわれわれはニュートンの研究を、彼の動機のせいで記憶しているわけではない。彼が発見したことのせいで記憶しているのだ。

ニュートンは、光が粒子で——彼の表現によれば「微粒子（コーパスル）」で——できていると確信していたが、一時代前のデカルトも、ニュートンの天敵のロバート・フックも、さらにのちにはオランダの科学者クリスティアーン・ホイヘンスも、みな光は波動だと主張した。光の波動説を支持するように思われた重要な観測のひとつは、太陽光をはじめとする白色光がプリズムを通過するときに、きれいに虹の色に分かれることだった。

生涯たいていそんな調子だったが、このときもニュートンは自分が正しくて、同時代の最も有名な連中（にしてライバル）のほうが間違っていると信じていた。それを実証するため、ニュートンは巧妙な実験を考え出した。そのプリズムを使った実験の第一回は、当時ケンブリッジで大流行していた腺ペストを避けるため、故郷ウールスソープのニュートンの生家で行われた。そして一六七二年に王立協会に報告されたとおり、四四回目の挑戦で、ニュートンはまさしく自分が見たかったものを観測した。

光の波動説の提唱者たちが主張するところでは、光の波は白色光でできていて、これがプリズムを通過するときに多様な色に分かれるのは、光線がガラスを横断しながら「崩れる」ためだとされていた。もしそうなら、ガラスが多ければ多いほど、光の分散も多いということになる。

それに対してニュートンは、事実はそうでなく、光は色のついた粒子でできており、それらの粒子が組み合わさって白く見える光を生んでいるのだと説明した（彼のオカルト熱からすれば納得だが、ニュートンは「連続体(スペクトル)」――これも彼による造語だが――となっている色つきの粒子を、赤、橙、黄、緑、青、藍、紫の七種類に分類した。古代ギリシャの時代から、七という数字には神秘性があると考えられていたのだ）。波の崩れという見方が誤りであることを実証するために、ニュートンは二個のプリズムを反対の方位に配置して、その両方のプリズムに白色光のビームを通した。一個目のプリズムは光をスペクトルに分散させた。次いで二個目のプリズムは、スペクトルに分かれた光をふたたび単一の白色光ビームに組み立てなおした。この結果は、もしもガラスが光を崩しているのであれば、ありえないことだった。二個目のプリズムは状況をさらに悪化させるだけのはずだから、光を最初の状態に戻すなんてもってのほかなのだ。

実際のところ、この結果は、光の波動説の誤りを証明していたわけではない（むしろ光がプリズムに入って曲がったときには波と同じように速度が落ちるので、波動説を支持していると言える）。しかし、波動説の唱道者はスペクトルに分散するのが崩れのせいだと（誤って）主張していたわけだから、その主張が誤りであることを実証したニュートンの実験は、彼の主張する粒子説にとって大きな加勢となった。

続けてニュートンは、ほかにも光のさまざまな様相を発見した。それらは今日、われわれが波としての光の性質を理解するのに利用しているものだ。たとえばニュートンは、光がガラスのプリズムを通るとき、それぞれの色がそれぞれ独自の角度で屈折することを証明した。また、あらゆる物体の見かけの色は、それを照らしている光のビームの色と同じになることも証明した。さらに、色のついた光は何度反射しても、何度プリズムを通過しても、その色が変わらないことも証明した。

最初の実験の結果も含め、これらの結果はどれをとっても、白色光が本当に多様な色の組み合わせでできているのなら説明できる。それぐらいニュートンの方向は正しかった。しかしながら、もし光が多様な色の粒子でできているのだとすると、これらの結果は説明できない。むしろ、白色光は多様な波長の波でできているのだと考えられる。

ニュートンの説に反対していた者たちも、あっさり引き下がってはいなかった。彼らの面前でニュートンの人気がますます高まっていっても、ニュートンの最大の敵だったフックが亡くなっても、さらにはニュートンが一七〇三年に王立協会の会長に選出されても、その翌年にニュートンの光の研究をまとめた『光学』という大著まで出されても、反対者たちはあきらめなかった。実際、光の性質についての議論はそれから一〇〇年以上も激しさを増していったのだった。

光を波動と見る説にとっての問題点のひとつは、「光とは厳密に何の波なのか？」ということだった。さらに、もし光が波だとするなら、知られているすべての波は、その波を伝える媒質を必要とするのだから、光の波はどんな媒質を伝わっているのか、ということになる。これらの疑問は相当に悩ましいものだったから、波動説を唱える人々は、あらゆる空間に行き渡っている目に見えない新たな物質、すなわちエーテルをよみがえらせなくてはならなかった。

この難問を解決するすべは、よくあるように、物理学の世界のまったく予想外の片隅からやってきた。今回、その片隅は、火花と糸車でいっぱいのところだった。

私がまだイェール大学の若手教授だったときのことだ。古くはあるが広さはたっぷりの研究室をもらってみると――同じぐらい古い同僚が引退したので幸いにもそこを接収できたのだが――そこに一枚の写真が貼ってあった。一八六一年撮影の、マイケル・ファラデーの写真だ。以後、それは私の宝物となっている。

私は英雄崇拝を好まないが、もしするとしたら、その一番手に来るのがファラデーだ。おそらく彼こそは、十九世紀のほかの科学者の誰よりも、われわれの現在の文明に動力を供給しているテクノロジーに功績がある。とはいえ、彼はほとんど正式な教育を受けておらず、一四歳で製本屋の徒弟になった。キャリアの晩年、その科学的功績によって世界中に知られるようになったあとも、ファラデーは頑として自分のつつましい出自から離れようとせず、ナイトの称号も固辞し、王立協会の会長職も二度にわたって辞退した。のちに、クリミア戦争で使用するための化学兵器の製造について英国政府に助言することを、倫理的な理由によって拒んだこともある。その一方で、若い人に科学を奨励するために、三三年以上にわたって何度も王立研究所のクリスマスレクチャーの講師を務めた。こんな人を、好きにならないわけがどこにある?

人として賞賛されるのはともかくも、この物語にとって重要なのは、科学者としてのファラデーだ。

彼が最初に得た科学の教訓は、私がつねづね学生に言うことである――つねに指導教授の機嫌をとれ。製本屋での七年間の年季奉公を終えた二〇歳のファラデーは、有名な化学者ハンフリー・デイヴィーの講演を聞きに行った。当時、デイヴィーは王立研究所の所長だった。その後、ファラデーは講演のあいだにとった三〇〇ページに及ぶノートを美しく製本してデイヴィーに贈った。一年もしないうちに、ファラデーはデイヴィーの秘書に任じられ、その後まもなく、王立研究所の科学助手に任命された。のちに、ファラデーはまたも同じ教訓を得るが、今回は逆の結果が待っていた。彼はそのころ初期のきわめて重要な実験を行なっていて、それに興奮していたせいか、結果を公表した際にうっかりデイヴィーとの研究を明記し忘れた。この意図せぬ侮辱が理由だったと思われるが、ファラデーはデイヴィーから別の活動を割り振られ、世界を一変させることになる研究を七年間も遅らせることとなった。

仕事を変えられたとき、ファラデーは当時の科学研究の「ホット」な分野に携わっていた。それは新たに発見された電気と磁気の関係についてで、デンマークの物理学者ハンス・クリスティアン・エルステッドの研究結果を受けて、にわかに注目の的となっていたのだ。この二つの力はまったく別物のように見えながら、奇妙な共通点を持っていた。電荷は何かを引き寄せることもできるし、押し返すこともできる。磁石も同様だ。しかし、磁石にはつねに北と南という分離できない二つの極があるらしく、一方、電荷は個々に正であったり負であったりする。

しばらく前から、科学者や自然哲学者は、この二つの力のあいだに何か隠れた関係があるのではないかと考えていたが、その最初の実証的な手がかりをたまたま見つけたのがエルステッドだった。一八二〇年、エルステッドはある講義の最中に、電気のスイッチを入れて電池から電流が流れると方位磁石の針の向きが変わることに気がついた。数ヵ月後、エルステッドがその現象をあらためて詳しく調べてみると、運動している電荷の流れ、すなわち、今ではもう一般的な言葉となっている電流が、磁気の引力を生み出して、その引力により方位磁石の針の向きが電線をぐるりと回るように動くことがわかった。

エルステッドは新たな道を切り開いていた。噂はたちまち科学者のあいだに広がり、ヨーロッパ大陸を席巻して、英仏海峡も越えた。運動している電荷が磁力を生み出す。もしかすると別の関係性もあるのでは？　逆に、磁気が電流に影響を与える可能性もあるのでは？

科学者たちはそうした可能性を模索したが、はかばかしい結果は得られなかった。デイヴィーももう一人の同僚とともに、エルステッドの発見した関係性にもとづく電動機を作ろうとしてみたが、失敗に終わった。最終的にファラデーが電流を通した導線に磁石のまわりを回らせることに成功し、それが初歩的なかたちの電動機となった。この驚くべき装置の考案こそ、ファラデーがデイヴィーの名前を記さずに発表してしまったものだった。

ある部分、この研究は単なる駆け引きの所産だった。そこで何か新しい基礎的な現象が明らかにされるわけでもなかったのだ。そう考えれば、ファラデーに関する私の大好きな逸話のひとつが（おそらく作り話だが）生まれたのも頷ける。一八五〇年、のちにイギリスの首相となるウィリアム・グラッドストンが、異様な装置が盛りだくさんのファラデーの実験室のことを聞いて、このような電気の研究にいかなる実用的価値があるのかと本人に尋ねたという。伝えられるところによると、ファラデーはそれに対してこう答えた。「それはもう、閣下、間違いなくあなたはこれにまもなく税金をかけられるようになります」

作り話であろうとなかろうと、この機知に富んだ受け答えには、大いなる皮肉と真実の両方が含まれている。好奇心を原動力とする研究は、身勝手で、公益への直結には程遠いように見えるかもしれない。しかし、先進国に住んでいる人間にとって、現在の生活の質のほぼすべては、そうした研究の成果から生まれてきたもので、われわれが使っているほぼすべての装置を駆動するすべての電力もそのひとつなのだ。

デイヴィーが一八二九年に亡くなってから二年後、そしてファラデーが王立研究所の研究室長になってから六年後、ファラデーは、おそらく十九世紀最高の実験物理学者という評判を確たるものとする発見をなした。すなわち、電磁誘導の発見である。一八二四年以来、ファラデーは、磁気が近くの針金の中の電流を変えられるかどうか、さもなければ電荷を持った粒子にある種の電力を生み出せるかどうかを確認しようとしていた。最初は、磁気が電気を誘導できるかどうかを見たかった。ちょうどエルステッドが、電気、とくに電流が、磁気を生み出せるのを証明したようにだ。

一八三一年十月二十八日、ファラデーは実験ノートに驚くべき観察結果を記録した。鉄を磁化するために鉄の環に巻きつけた針金に電流を通すスイッチを切ったところ、同じ鉄の環に巻きつけられていたもう一本の針金に瞬間的に電流が流れるのに気づいたのである。明らかに、ただ近くに磁石があったからという理由で針金に電流を通せたわけではない——電流が通った原因は、磁石をオンにしたりオフにしたりすることだったのだ。続けてファラデーは、磁石を針金の近くで動かすと同じ効果が生じることも証明した。磁石が近づくと、あるいは遠ざかると、針金の中に電流が通る。運動している電荷が磁石を生み出すのとちょうど同じように、どういうわけか、運動している磁石が——あるいは磁石の強さの変化が——近くの針金の中に電力を生み出して、電流を通させたのだ。

この単純にして驚くべき結果の深い理論的な意味合いを、あなたがぱっと理解できなかったとしてもしかたない。なぜなら、これが意味するところはなんともとらえがたく、十九世紀の最高に理論的な人間をもってして初めて解明できるようなことだったのだから。

これを適切に言いあらわすには、ファラデー自身の導入した概念が必要となる。ファラデーは正式な学校教育をほとんど受けずに独学でやってきていたから、数学はずっと不得手のままだった。これもおそらく作り話だと思われるが、ファラデーは自分のすべての出版物の中でたった一度しか数学の方程式を使っていないことを自慢にしていたという。たしかに彼は、電磁誘導という重要な発見をまったく数学的な方法で記述していない。

正式な数学が不得意だったため、ファラデーは自分が観察したものの背後にある物理を直感的に理解するのに絵図で考えなくてはならなかった。結果として、彼はあらゆる現代物理学理論の土台をなす概念を発明し、ニュートンを終生悩ませていた難問を解決したのだった。

ファラデーはこう自問した。一個の電荷は、離れたもう一個の電荷の存在にどう反応するかを、どうやって「知る」のだろう。同じ疑問を、かつてニュートンは重力について投げかけていた。地球は太陽の引っぱる力に反応しているが、そう反応することをどうやって「知る」のか？　どういうわけで重力はある天体から別の天体へと伝わるのか？　これに対してニュートンの出した答えが、かの有名な「ヒポテセス・ノン・フィンゴ」——「私は仮説を立てない」——である。要するに、ニュートンは重力の法則を導き出して、自分の予言が観測と合致することを証明したのだから、それで十分ではないか、というわけだ。おかげでその後、物理学のさまざまな奇妙な結果についての説明を求められたときに、われわれ物理学者の多くがこの弁明を使うようになった。とくに量子力学の分野では、数学的には何の問題もないのに、物理学的にはクレイジーとしか思えないような状況がしばしば出てくるのである。

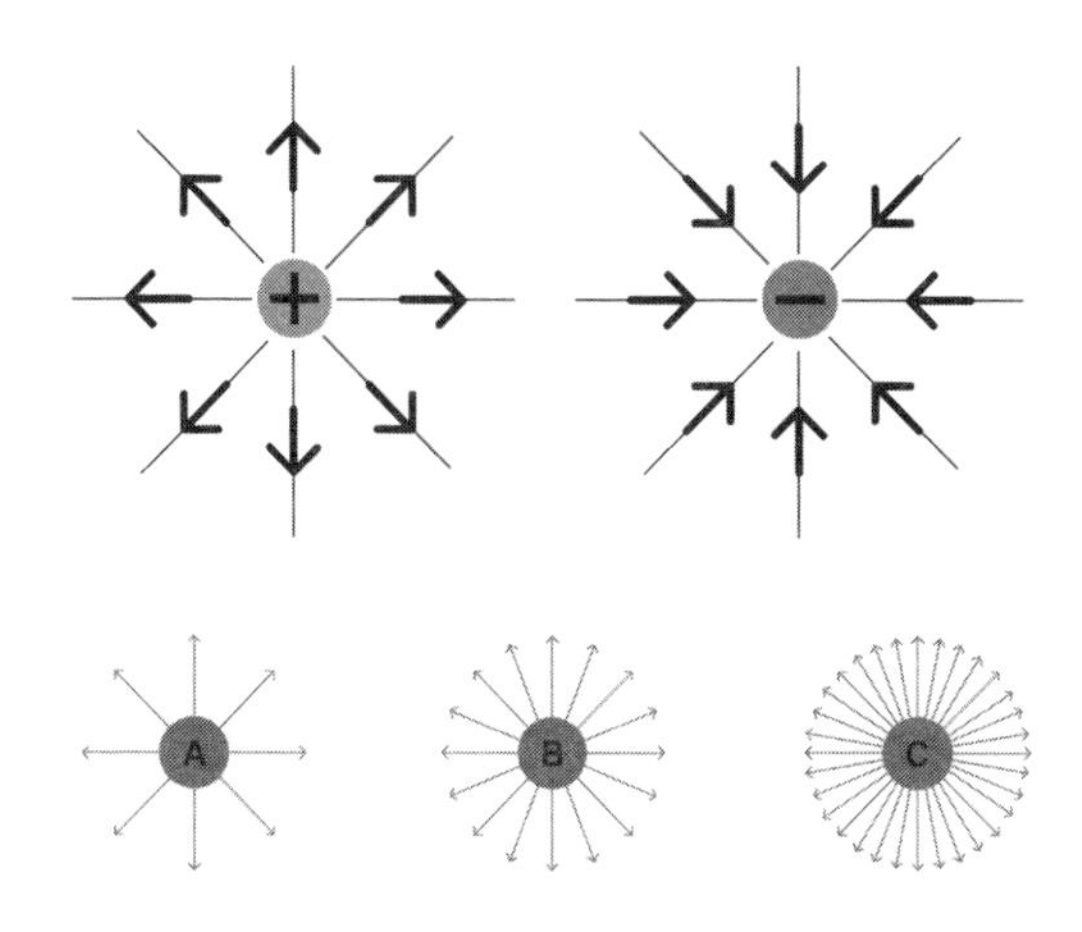

図2-1

図2-2

ファラデーは、ひとつひとつの電荷が電気の「場」に取り囲まれているのだろうと考えた。そうした図なら、彼にも頭の中で思い描けた。その想像図での場は、電荷から外に向かって放射状に伸びる直線の集まりだった。この直線には矢印がついていて、中心の電荷が正であれば矢印は外側を指し、電荷が負であれば矢印は内側を指す［図2-1］。

ファラデーはさらに想像を広げ、電荷の大きさが大きいほど、場の直線（力線）の数が増えると考えた［図2-2］。この想像図はじつに便利で、これのおかげでファラデーは、もう一個の試験用の電荷を最初の電荷のそばに置いたときに何が起こるかと、なぜそれが起こるかを、ともに直感的に理解することができた（ちなみに、本書で口語的に使われる「なぜ（why）」は、すべて「いかにして（how）」の意味であると思ってほしい）。試験電荷はどこに置かれたとしても最初の電荷の「場」を感じるだろうが、そのときに試験電荷が感じる力の強さは、その領域にある力線の数に比例しており、感じる力の方向は、力線の方向に沿った方向になっている。したがって、たとえば次頁の図のような場合、試験電荷は外側に向かって押しやられることになる［図２‐３］。

これ以外にも、ファラデーの図はいろいろと使える。たとえば二個の電荷を互いのそばに置いたとしよう。力線は正の電荷から発して負の電荷に行き着くもので、なおかつ交差することはありえないから、ほぼ直感的に、二個の正の電荷のあいだの力線は互いに反発しあい、互いに押しやられているように見えるはずで、正の電荷と負の電荷のあいだの力線は互いにつながるはずだと想像できる［図２‐４］。

ここでふたたび、この二個の電荷のそばのどこかに一個の試験電荷を置いたなら、やはり試験電荷はその領域にある力線の数に比例した強さで、力線と同じ方向に力を感じるだろう。

ファラデーはこのように、従来であれば電気力を記述する代数方程式を解くことが必要だったところを、絵図にすることによって粒子間に働く電気力の性質を説明した。しかも、これらの絵図の何よりも驚くべき点は、これらがそれに相当する数学を単に近似的にではなく、厳密に捉えているところなのである。

同じような絵図での理解は、磁石と磁場に当てはめて、クーロンが実験で証明した磁石間の磁力の法則を再現することもできるし、あるいはアンドレ＝マリ・アンペールが導き出した導線内の電流の流れに適用することもできる（ファラデーが登場するまで、電気と磁気の法則の発見における力仕事はすべてフランス人によってなされていた）。

こうした補助イメージを利用してファラデーの電磁誘導の発見を再表現すると、こんなふうに言うことができる――輪になった針金を通る磁場の力線の数が増えたり減ったりすると、針金に電流が流れるだろう。

ファラデーはすぐに、この自分の発見によって力学的動力が電気的動力へと変換できるようになることに気づいた。たとえば水の流れなどによって水車のように回転できるようになっている刃に、輪になった針金を取り付けて、その全体を磁石で取り囲めば、刃が回転するとともに針金を通る磁場の力線の数は絶えず変化するから、針金の中に絶えず電流が発生することになる。ほらほら、ナイアガラの滝だ、水力発電だ、現代世界だ！

これだけでも、十九世紀最高の実験物理学者としてのファラデーの評判を固めるには十分だったかもしれない。しかし、ファラデーに動機を与えていたのはテクノロジーではなかった。だから私は彼をこれほどまでに高く評価しているのだ。私が何より賞賛するのは、不思議さに驚嘆する彼の深い感性と、自らの発見をできるかぎり広く伝えたいと願う姿勢だ。科学がもたらす主要な利益は、宇宙におけるわれわれの位置についての根本的な理解を変えるにあたって科学が与える大きな影響にあるということに、彼はきっと賛成してくれると確信する。そして最終的に、それこそが彼のやったことなのだ。

ここで私はどうしても、もう少し最近の、もうひとりの偉大な実験物理学者、ロバート・R・ウィルソンを思い出さずにはいられない。彼は二九歳にして、マンハッタン計画において原子爆弾を開発したロスアラモスの研究部門でリーダーを務めた人物だ。

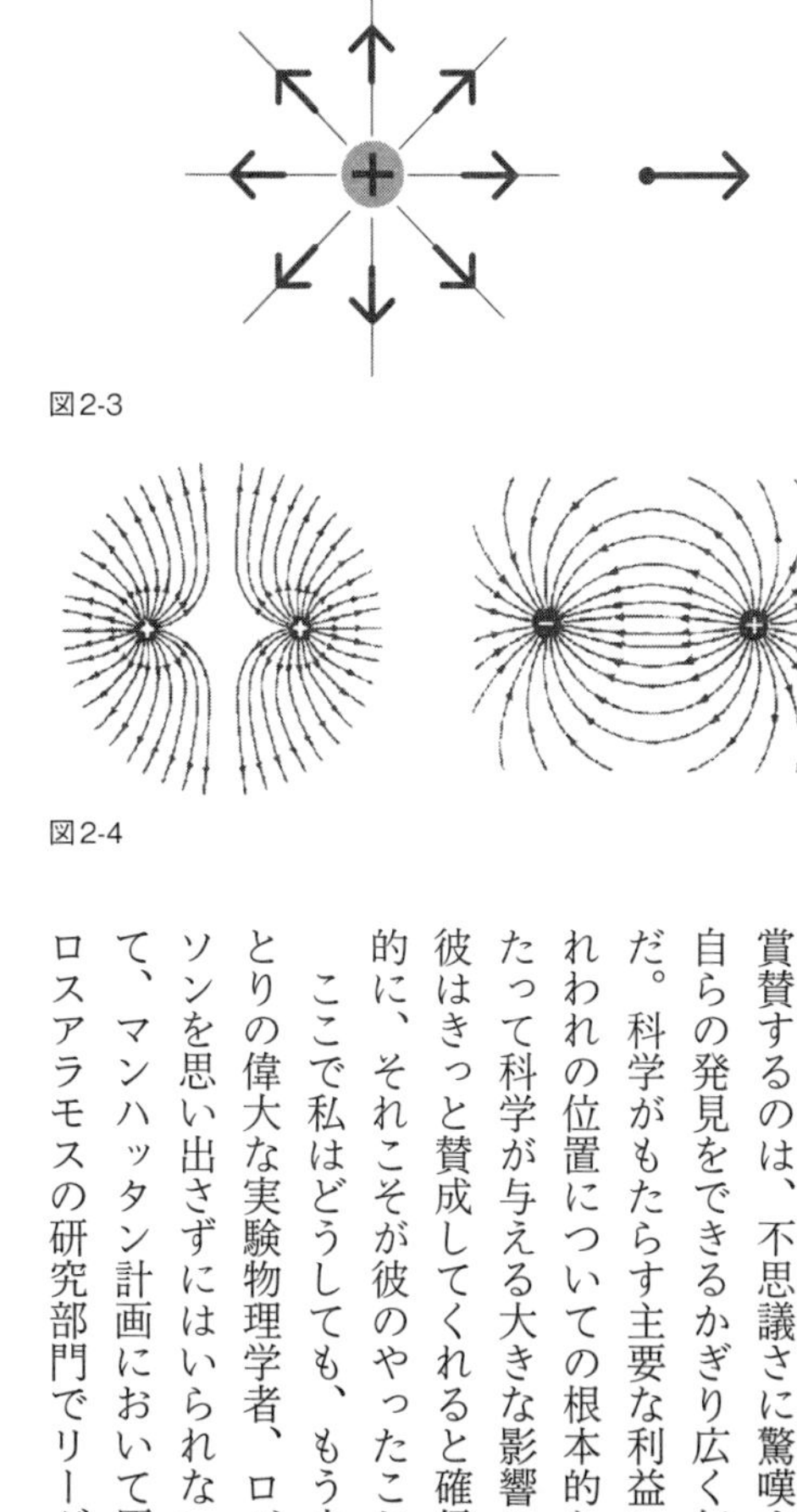

図2-3

図2-4

何年もあとになって、ウィルソンはイリノイ州バタビアにあるフェルミ国立加速器研究所の初代所長となった。フェルミラボが建設中だった一九六九年、ウィルソンは連邦議会に呼び出され、素粒子の基本的な相互作用の研究に使われる予定の新しい風変わりな加速器に、巨額の資金が支出されることについての弁明をさせられた。これが国家の安全に貢献するのかと尋ねられ（そうだと答えれば、その支出が正当なものだと容易に議会の委員会のメンバーに思わせられただろうに）、ウィルソンは勇敢にも否と答えた。そして、別の貢献理由を挙げた。

これが何に関係しているかと言われれば、われわれが互いを遇するときに持つ敬意、人間としての尊厳、文化への愛、それだけでしょう。……われわれは、よき画家、よき彫刻家、すばらしき詩人ではありませんか？　つまり私が言いたいのは、この国の中でわれわれが本当に崇め、尊んでいるもの、これがあるからこの国を愛せると思わせてくれるものすべてのことです。その意味で、この新しい知識は完全に名誉にも国にも関係していますが、われわれの国を防衛することに直接的には何も関係していませんが、われわれの国を防衛するに足るものにするのには役立ちます。

ファラデーの発見のおかげで、われわれは動力を得て文明を生み出し、街や道路を照らしたり、電力装置を稼動させたりすることができるようになった。現代社会の機能にこれほど深く染み込んでいる発見は、ほかになかなか思いつかない。しかしもっと深い意味合いで、彼はこの物語——今ここで語られている物語——にとてつもない貢献を果たした。それまでずっと欠けていたパズルのピースをファラデーが発見したことで、光そのものを手始めに、今日の物理世界のほぼすべてについての考え方が大きく変えられたのである。ニュートンが最後の魔術師だったとするなら、ファラデーは光に関するかぎり、暗闇に生きていた最後の近代科学者だ。彼の研究以降、この世界を見るための主要な窓の真の性質を解き明かす鍵は、誰でも近づける開けたところにあって、それを見つけるべき適切な人物を待っていた。

＊＊＊

そして一〇年もしないうちに、ひとりの若いスコットランド人理論物理学者が、運に見放されかけていたところで、その次の一歩を踏み出した。

第三章　鏡にはっきりと映るもの

それが自然の法則と一致しているならば、すばらしすぎて真実ではありえないなんてことはまったくない。そして、そのような可能性が見えたとき、実験はそうした一致を試験する最良の手段だ。

——ファラデー、研究日誌#10.040（一八四九年三月十八日）

十九世紀の最も偉大な理論物理学者で、のちにアインシュタインが物理学への影響力という点でニュートンと比することにもなるジェームズ・クラーク・マクスウェルは、偶然にも、マイケル・ファラデーが実験によって電磁誘導のすばらしい発見をなしたのと同じ年に誕生した。

ニュートンと同じく、マクスウェルも色と光に魅せられて科学者の道を歩みだした。ニュートンは、白色光がプリズムを横断するときに分散して生じる、目に見える色のスペクトルを探ったが、マクスウェルは、まだ学生のときに、その逆の問題を調べた。すなわち、白色光に含まれる目に見える色のすべてを人間の知覚に合わせて再現するための最初の色の最小限の組み合わせは何か、という問題である。マクスウェルは色のついたコマをたくさん使って、人間が知覚するほぼすべての色が、赤と緑と青の混合から生じうることを実証した。RGBケーブルをカラーテレビに挿したことのある人ならすでにおなじみの事実である。マクスウェルはこの発見を利用して、世界初の、原始的なカラー写真を撮影した。そののちには、光の波の電場や磁場がある一定の方向にだけ振動した場合に生じる、偏光に興味を引かれた。マクスウェルは二個の偏光プリズムのあいだにゼラチンの塊を置いて、それらを貫通するように光を当てた。この二個のプリズムが直角に偏向する光しか通さなかった場合、それが前後に配置されていたなら、光はいっさい貫通しないはずだ。しかし、もしゼラチンに応力があって、それにより光がそこを通るときに偏向の軸が回転するようなら、二個目のプリズムを貫通できる光もあるかもしれない。そのような二個目のプリズムを通過した光の縞を探すことによって、マクスウェルはゼラチンという材料の応力を探ることができた。これは今日、複雑な構造における可能な材料応力を探る上での有益なツールとなっている。

こうした独創的な実験の例でさえ、マクスウェルの旺盛な知識欲と数学的才能のすごさを表現するには十分でなく、彼のそうした特質は驚くほど早い年齢から表に現れていた。まったくもって残念なことに、マクスウェルは四八歳という若さで亡くなるが、その貴重な短い時間を使ってやれるだけのことをやりとげた。何でも知りたがる彼の性質は、マクスウェルがまだ三歳のとき、父親が義理の妹に宛てた手紙に母親が書き添えた、こんな一節によくあらわれている。

息子はとても楽しそうにしています。お天気がよくなってからというもの、たいそうご機嫌になりました。ドアだの錠だの鍵だのを熱心に研究していて、「それがどうなっているのか見せて」が口癖です。表からはわからない呼び鈴用の配線や川の流れについても調べていて、水がどうやって沼から土手を抜けて海に流れていくのか知りたがっています。

母の早すぎる死のあと（死因は胃がんだったが、のちにマクスウェルも同じ年齢で同じ病に倒れることになる）、マクスウェルの教育は一時的に中断させられたが、一三歳までには一流校のエディンバラ・アカデミーで本来の調子を取り戻し、数学の賞のほかに国語と詩でも賞をもらった。さらに、わずか一四歳にして最初の科学論文――数学的曲線に関するもの――を書き、エディンバラ王立協会で発表した。

こうした早熟な子供時代を過ごしたあと、マクスウェルは大学でも才能を発揮した。ケンブリッジを卒業すると、大半の卒業生の平均よりはるかに早く、一年もしないうちに学内のカレッジのフェローとなった。そして数年後にケンブリッジを去り、故郷スコットランドに戻ってアバディーンの大学で自然哲学の教授職に就いた。

弱冠二五歳にして、マクスウェルは学部長となり、一週間に一五時間の授業を行なう傍ら、近くのカレッジで社会人のための無料講義も行なった（今日、役職を持つ大学教授がそんなことをするのはまず聞いたことがなく、私自身、そうした務めを果たしてなお研究の余力があるとはおよそ思いがたい）。そんななかでもマクスウェルは時間を見つけて、二〇〇年前から残っていた問題を解決した。すなわち、土星の環はどうして安定して存在していられるのか、という問題である。マクスウェルは、土星の環が微小な粒子でできているに違いないと結論し、それによって、この問題への回答を募るために設けられていた大きな賞を獲得した。彼の理論の正しさは、一〇〇年以上も時が経ってから、宇宙探査機ボイジャーが初めて土星の近接撮影に成功したときに確認された。

これだけの成果を出しているのだから、彼の教授の地位は安泰だったろう、と誰もが思うことだろう。しかし一八六〇年、マクスウェルが色についての研究を認められ、王立協会の名誉ある賞ランフォード・メダルを受賞したその年に、彼の勤めていた大学が別の大学と合併することになり、自然哲学教授の椅子が二人分なくなってしまった。その結果、史上最も愚かしい学術界の決定のひとつに挙がるに違いない事例として（ちなみにこのリストで首位を占めるのはなかなか難しい）、無礼にもマクスウェルは解雇されてしまった。彼はエディンバラで教授職に応募してみたが、それも別の候補者に渡ってしまった。最終的に、マクスウェルはずっと南のキングス・カレッジ・ロンドンの教授職に落ち着いた。

こんな展開ではマクスウェルもさぞや落ち込み、陰鬱になったのではないか、と思うかもしれないが、もしそうだったとしても、彼の研究には何の影響もなかった。その後、キングス・カレッジでの五年間は、マクスウェルの生涯でも最も多産な時期だった。この期間に、彼は世界を、なんと四度も、変えたのである。

最初の三つの貢献は、史上初の耐光性カラー写真の開発、気体中の粒子のふるまいに関する理論の考案（この理論から発展して、物質と放射の特性を理解するのに不可欠な、今日の統計力学という分野の土台が築かれた）、および、マクスウェル流の「次元解析」の構築だ。おそらくこの次元解析は、異なる物理量のあいだの深い関係を確立するのに現代物理学者が最もよく用いるツールである。私もちょうど昨年、同僚のフランク・ウィルチェックとともにこれを利用して、われわれの宇宙の創成を理解するのに関係する重力の基本的な性質を実証した。

これらの貢献のどのひとつを果たしただけでも、マクスウェルは確実にその時代の最高の物理学者のひとりとして名をなしただろう。しかしながら、彼の四番目の貢献は、最終的にすべてを変えた。われわれの持つ空間と時間の概念まで変わったのである。

キングス・カレッジにいたあいだ、マクスウェルはたびたび王立研究所に出入りしており、そこでマイケル・ファラデーと知り合いになった。ファラデーはマクスウェルからすると四〇歳も年上だったが、いまだに刺激的な存在だった。この出会いが励みとなったのか、マクスウェルは五年前に調べ始めていた当時発展中のテーマ、すなわち電気と磁気の問題にふたたび強く関心を寄せるようになった。マクスウェルは持ち前の数学の才能を使ってファラデーが探った現象を記述し、理解した。そしてファラデーが考案した仮想の力線を、もっと厳密な数学的基盤に乗せ始め、それを通じてファラデーの発見した電磁誘導をさらに深く探れるようにした。一八六一年から一八七三年までの足掛け一三年にわたって、マクスウェルは彼の最も偉大な仕事に最後の磨きをかけた。かくして電気と磁気の完全な理論ができあがった。

これをなしとげるにあたって、マクスウェルはファラデーの発見を重要な足がかりに、電気と磁気の関係が対称であることを明らかにした。エルステッドの実験とファラデーの実験がそれぞれ示していたように、運動する電荷の流れが磁場を生むこと、変化する磁場（磁石を動かしたり、単純に電流を通して電磁石をつくることによって発生する）が電場を生むことは明らかだった。

まずマクスウェルは一八六一年に、これらの結果を数学的に表現した。しかしまもなく、その方程式が不完全であることに気づいた。そのままだと磁気は電気とは違うものに見えた。動いている電荷は磁場を生むが、磁場は動いていなくても電場を生むことができる。磁場は変化さえしていればいいのだ。ファラデーが発見したように、電流のスイッチを入れると、電流が勢いよく流れるとともに変化する磁場が発生し、それによって電力が生じて、近くの別の導線に電流を通させる。

電気と磁気の完全で矛盾のない一連の方程式を立てるには、方程式に新たな項を追加しなければならないとマクスウェルは気づいた。その項があらわすものを、マクスウェルは「変位電流」と称した。彼の考えでは、運動している電荷、すなわち電流は、磁場を発生させる。そして運動している電荷は変化する電場を発生させるひとつの方法をあらわしている（それぞれの電荷からの場は、電荷が運動するとともに空間内で変化するから）。したがって、おそらく、ある領域の中で変化する電場は——強まるのであれ弱まるのであれ——そこに運動している電荷が存在しなくても磁場を発生させることができるだろう。

マクスウェルは頭の中で、二枚のプレートを電池の両極に平行に取り付ければ、それぞれのプレートは電池から電流が流れるとともに逆の符号の電荷を帯びるだろうと想像した。それによって二枚のプレートのあいだに電場の広がりが生じるとともに、両方のプレートをつないでいる導線のまわりには磁場が発生するだろう。自分の方程式が完全に無矛盾のものとなるには、二枚のプレートのあいだでの電場の強まりが、プレートのあいだの空っぽの空間に磁場も発生させなくてはならないのだとマクスウェルは気づいた。そして、その磁場は、二枚のプレートのあいだの空間を流れる本物の電流によって生じるあらゆる磁場と同じになるのだ。

そこでマクスウェルは、新しい項（変位電流）を追加して方程式を修正し、数学的無矛盾性が生まれるようにした。この項は効果的に仮想の電流のようなふるまいをした。あたかも仮想の電流が二枚のプレートのあいだを流れて、実際の変化する電場と同等の大きさの、変化する電場をプレート間の空っぽの空間に生じさせたかのようになったのである。これは、本物の電流がプレート間を流れた場合に発生させる磁場とも同じだった。誰でも平行なプレートを使って実験してみれば、そのような磁場が実際に生じる。世界中の物理学実験室で大学院生が日々実証しているようにだ。

数学的無矛盾性と妥当な物理学的直感は、物理学においてはたいてい実を結ぶ。この方程式の微妙な変更は、たいしたことではなさそうに見えるかもしれないが、その物理学的な影響は深遠だ。ひとたびこの状況から本物の電荷を取り去ってしまえば、それはすなわち、電気と磁気に関するすべてを、ファラデーが純粋に頭の中での補助イメージとして頼りにした仮想の「場」という観点で完全に記述できるということだ。したがって、電気と磁気の関係はこう簡潔に言うことができる。変化する電場は磁場を生む。変化する磁場は電場を生む。

かくして場が、電荷間の力を定量化する方法としてでなく、それ自体で存在する本物の物理的物体として、にわかに方程式に現れる。電気と磁気は不可分になった。もはや電気力を単独で語ることは不可能だ。なぜならこのあと見るように、観測者の状況しだいで、およびその人の座標系で場が変化しているどうかによって、ある人の電気力は別の人の磁気力だからである。

現在われわれはこうした現象を言いあらわすのに「電磁力」という言葉を使っているが、それにはもっともな理由がある。マクスウェル以降、電気と磁気は自然界の別々の力とは見なされていない。これらは同じ一つの力の異なるあらわれなのだ。

マクスウェルは一八六五年に完全な一揃いの方程式を発表し、のちにそれらの方程式を単純化して一八七三年の教科書に載せた。これが世に知られるようになる四つのマクスウェルの方程式で、今日では世界中で物理学専攻の大学院生のTシャツを飾り立てている。こうしてわれわれは一八七三年を、物理学における二度目の大きな統一がなされたときと位置づけることができる。ちなみに一度目は、ニュートンが地球上で落下するリンゴを支配する力と天体の運動を支配する力が同じであることを認めたときだ。エルステッドとファラデーの実験による発見から始まった、この人間の知性による偉大な達成は、マクスウェルという物腰おだやかなスコットランド出身の、大学環境の不運な変化によってイングランドに追いやられていた若い理論物理学者によって完成された。

宇宙全体についての新たな視点を得るというのはつねに——ある意味では当然ながら——たいそう満足のいくことである。しかし、科学はそれに加えて、別のパワフルな利益をもたらしもする。新たな理解は具体的で検証可能な帰結を、それもたいていい即座に、生むのである。

マクスウェルの統一の場合もそうだった。これはいまや、ファラデーの仮説上の場を文字どおり、あなたの顔についている鼻と同じくらいリアルなものにした。「文字どおり」と言ったのは、もしこれがなかったら、あなたは自分の顔についている鼻を見ることができていなかったからである。

マクスウェルの天賦の才能は、電磁気の原理をエレガントな数学的形式で体系化したところで終わったりはしなかった。彼は数学を使って、あらゆる物理量の中で最も基本的なものの隠れた性質を明らかにした。プラトンからニュートンにいたる偉大な自然哲学者たちが誰ひとり捕まえられなかったそれは、自然界で最も目につきやすいもの、すなわち光である。

次のような思考実験をしてみよう。電荷を帯びた物体が一個あるとして、それを上下に揺り動かす。すると、どんなことが起きるだろう［図３‐１］。

まず、電荷のまわりには電場がある。そして電荷を動かすと、電場の力線の位置が変化する。しかしマクスウェルによれば、この変化する電場は磁場を生み、

図3-1

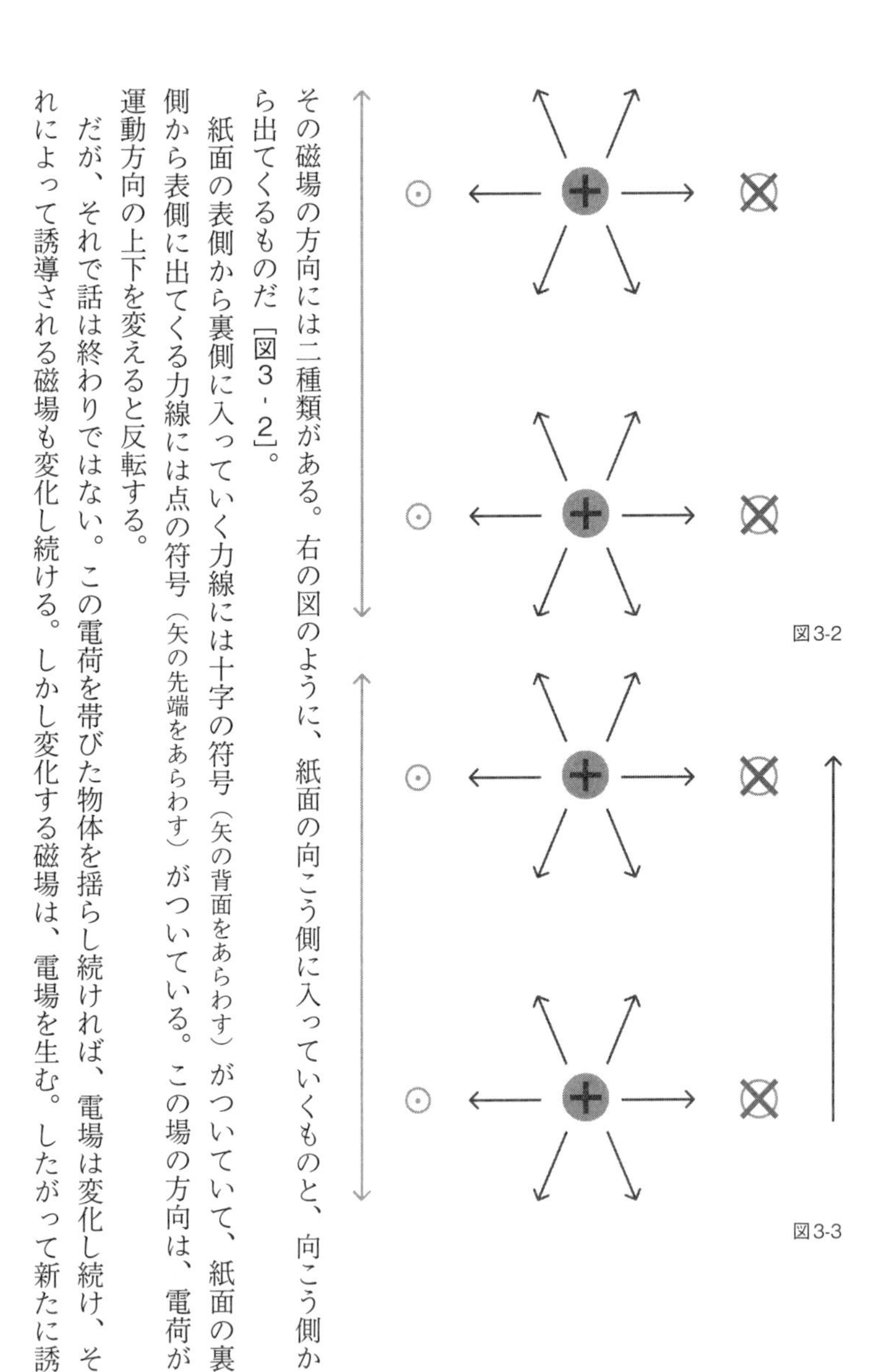

図3-2

図3-3

その磁場の方向には二種類がある。右の図のように、紙面の向こう側に入っていくものと、向こう側から出てくるものだ［図3‐2］。

紙面の表側から裏側に入っていく力線には十字の符号（矢の背面をあらわす）がついていて、紙面の裏側から表側に出てくる力線には点の符号（矢の先端をあらわす）がついている。この場の方向は、電荷が運動方向の上下を変えると反転する。

だが、それで話は終わりではない。この電荷を帯びた物体を揺らし続ければ、電場は変化し続け、それによって誘導される磁場も変化し続ける。しかし変化する磁場は、電場を生む。したがって新たに誘導された電場が存在することになり、その力線は垂直に伸びて、磁場の符号が反転するたびに方向を上下に変える。ここに示した図では、スペースがないので右側にしか電場の力線が描かれていないが、その鏡像が左側にも誘導されている［図３‐３］。

だが、この変化する電場が、次には変化する磁場を生んで、図のさらに右側とさらに左側に存在するその磁場が、また次の電場を発生させ……と続いていく。

つまり電荷を揺り動かすと、連鎖的に電場と磁場の両方が掻き乱されて、どんどん外側へ伝わっていく。このときに、それぞれの場の電荷は、ほかの場の電荷の発生源として作用している――マクスウェルが定義したとおりの電磁気の規則によって。右の図を拡張して上に示したような三次元の像にしてみると、この変化の全体の性質が見えてくる［図３‐４］。

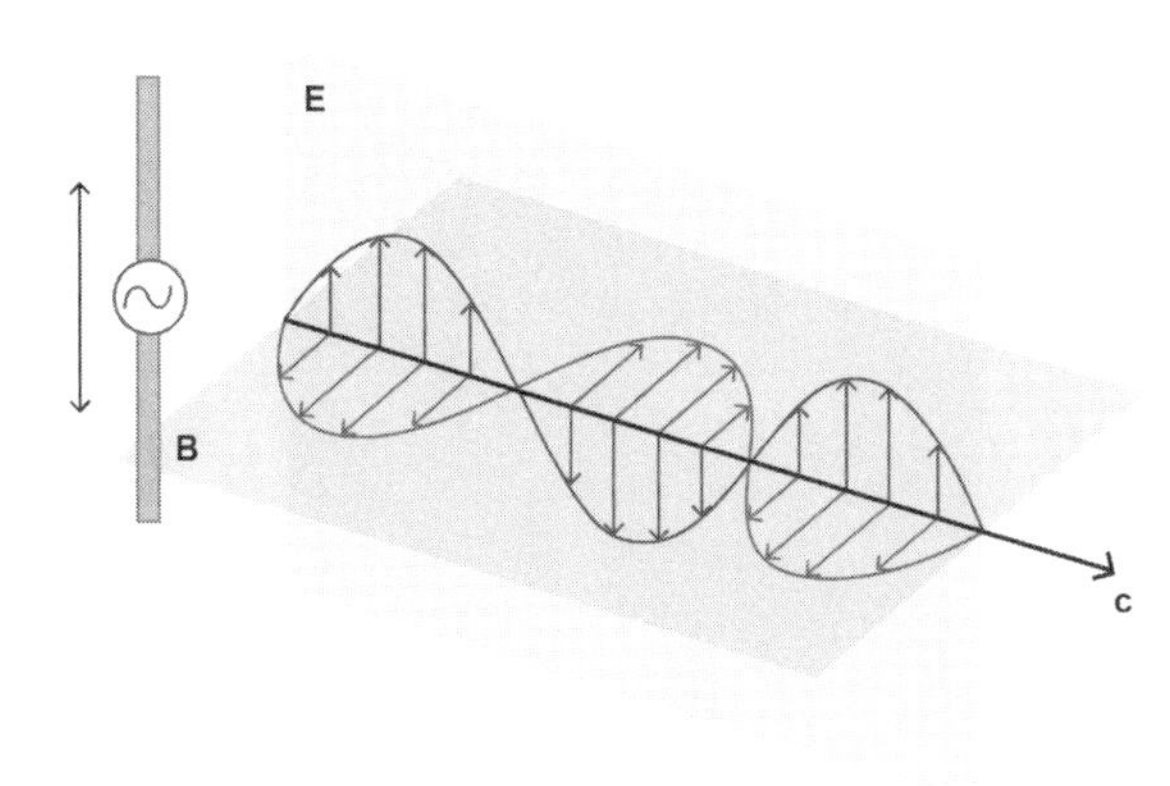

図3-4

そこに見えるのは、電気と磁気が掻き乱された波、すなわち電磁波が、外側に向かって動いていく様子だ。電場と磁場が空間の中でも時間の中でも振動していて、その二つの場の振動する方向は互いに対しても垂直だが、波に対しても垂直になっている。

マクスウェルの方程式の最終形式を記述する以前から、すでにマクスウェルは、振動する電荷が電磁波を生むことを明らかにしていた。だが、彼はそれ以上にずっと大きな意味があることをやった。彼は波の速さを、美しい単純な計算方法で計算したのだ。おそらく大学院生に見せてやるのにこれほどいいものはないと私は思っているが、それはこんなふうに展開される。

まずは、すでに大きさがわかっている二個の電荷のあいだの電気力の大きさを測定することで、電気力の強さを定量化することができる。この力は、電荷の積に比例する。これを比例定数Aと呼ぼう。同じようにして、すでに電流の大きさがわかっている二個の電磁石のあいだの磁気力の強さも定量化できる。この力は、電流の積に比例する。この場合の比例定数をBと呼ぼう。

マクスウェルは、振動する電荷から発する電磁気の乱れの速さが、測定された電気力の強さと測定された磁気力の強さを使って正確に表せることを明らかにした。それらの強さは、実験室で比例定数AとBを測定することで決定できる。測定された電気の強さと、測定された磁気の強さ、それぞれについて得られたデータをもとに、マクスウェルが数字を組み込んでみると、このような結果が導かれた。

電磁波の速さ≈秒速三一一〇〇〇〇〇〇メートル

有名な話では、アルベルト・アインシュタインが一般相対性理論を完成させて、この理論が予言する水星軌道と実際に測定された数字を比較したときに、彼には心臓の動悸が聞こえていたと言われている。だとすると、むろん想像でしかないが、マクスウェルもこの計算をしたときに同じ状態だったに違いない。というのも、この数字は任意の数に見えるかもしれないが、マクスウェルにとってはよく知る数だったからである。それはほかならぬ、光の速さだった。一八四九年にフランスの物理学者フィゾーが光の速さを測定したが、それは当時では恐ろしく困難な測定で、得られた結果は次のようなものだった。

光の速さ≈秒速三一三〇〇〇〇〇〇メートル

当時の測定精度を考えれば、この二つの数字は等しいと言っていい（現在のわれわれは、この数字をはるかに正確に知っている。秒速二億九九七九万二四五八メートル。これは現代のメートル定義の重要な一部だ）。

マクスウェルは一八六二年、最初にこの計算をしたときに、彼らしい控えめな言葉遣いで、こうノートに記述している。「光の本質は、電磁現象を起こしているのと同じ媒体の横向きの波動にある、という結論が、ほぼ避けられないと思われる」

言い換えれば、光は電磁波なのだ。

二年後、かの電磁気についての古典的な論文をついに書くことになるにあたって、マクスウェルはいくぶん自信をつけたような一文を書き加えた。「光は、電磁法則にしたがって場を伝播する電磁気の乱れである」

これらの言葉とともに、どうやらマクスウェルは光の本質と起源についての二〇〇年前からの謎をついに解決に導いたようだった。偉大な洞察がえてしてそうであるように、彼のこの結果も、別の根本的な探索からの意図せぬ副産物として生まれてきた。今回の場合、これは史上最も重要な理論的進展のひとつ、すなわち電気と磁気を単一の美しい数学的理論に統一したことの副産物だった。

＊＊＊

マクスウェル以前、知恵の主たる源は、「創世記」を通じての神への信仰から生まれていた。ニュートンでさえ、光の起源についての理解をその源に頼っていたのだ。しかし一八六二年を境に、すべてが変わった。

ジェームズ・クラーク・マクスウェルは、きわめて信仰心の篤い人だった。そして前の時代のニュートンと同様に、その信仰心が、時として彼に自然についての妙な主張をさせることもあった。しかしながら、彼には大昔の神話に出てくるプロメテウスのようなところもあった。プロメテウスは神々から火を盗んで、人間に与えた。人間はその火を利用して、自分たちの文明を決定的に変えた。マクスウェルもまた、ユダヤ教とキリスト教の神の冒頭の言葉から火を盗んで、それらの言葉の意味を決定的に変えた。一八七三年以来、何世代にもわたる物理学専攻の学生が、誇らしげにこう宣言してきた。

「マクスウェルは四つの方程式を書いて、こう言った。光あれ！」

第四章　行きて帰りし物語

主は地をその基の上に据え、代々とこしえに揺らぐことのないようにされた。
――「詩編」一〇四編五節

ガリレオ・ガリレイは一六三三年、「太陽が世界の中心であるという誰かに教えられた誤った説を真実だと見なしている」異端のかどで裁判にかけられたとき、教会の審問官を前にして、小声でこうつぶやいたと伝えられる――「それでも地球は動いている」。すでに地球は不動であるという古めかしい見方を公に支持させられていたガリレオだったが、この言葉とともに、彼の革命児たる本質がふたたび湧き出した。

最終的にバチカンは降参して地球が動いていることを認めたが、「詩編」の哀れな神がそれを知らされることはなかった。この問題がいくぶん厄介なのは、ガリレオが裁判の前年に示したように、絶対的な静止状態を実験的に証明するのは不可能だからだ。あなたが静止状態でどんな実験を――たとえば空中にボールを投げ上げてからキャッチするなど――しても、その結果は、あなたが一定の速さで動いているとき――たとえば乱気流のない状態で飛行機に乗っているときなど――に同じ実験をした場合と、まったく同じ結果になるだろう。あなたが飛行機上でどんな実験をしても、機内の窓が閉じられているかぎり、その実験からは飛行機が動いているのか静止しているのかまったくわからない。

文字どおりにも比喩的にも、ガリレオが最初にボールを転がしたのが一六三二年だったが、この問題が完全に収まるまでには（物体と違って、問題なら「静止」させられる）それから二七三年がかかった。その実現にはアルベルト・アインシュタインが必要だったのだ。

アインシュタインは、ガリレオと同じ意味での革命児ではなかった。もしこの言葉の意味するところが、ガリレオがアリストテレスに対してやったように、前の時代の権威の影響を取り払うということであればだが。むしろアインシュタインがやったのは逆のことだった。彼は、実験にもとづいて確立された規則が安易に捨てられてはならないことを知っており、それをしなかったところが彼の天才たるゆえんだった。

これはとても重要なことなので、毎週のように私のところに届く手紙の中で、現在われわれが宇宙について知っていると思っているすべてのことが間違いだったと実証する新しい理論を発見したと言ってくる――しかもその可能性を正当化するための手本としてアインシュタインを引き合いに出してくる――人たちのために、ぜひとも繰り返しておきたい。あなたの理論は間違っているだけでなく、あなたはアインシュタインにとてもひどい仕打ちをしている。実験にもとづいて確立された規則は、安易に捨てられてはならないのである。

＊＊＊

アルベルト・アインシュタインは一八七九年、ジェームズ・クラーク・マクスウェルが亡くなったその年に誕生した。この二つの輝かしい才能を同時に収めておくには一個の単純な惑星ではとうてい足りなかったからなのでは、と思わず言いたくなってしまう偶然だ。しかし、たまたまそうだったにすぎないにせよ、これは幸運なことだった。もしアインシュタインの前にマクスウェルがいなかったら、アインシュタインはアインシュタインになっていなかったかもしれない。アインシュタインは、ファラデーとマクスウェルが生み出した光と電磁気についての新たな知識と格闘して育った若い科学者の第一世代のひとりだった。彼のような十九世紀末近くの意気軒昂たる若手にとって、光はまさしく物理学の最先端だった。誰もが光のことを考えていた。

すでに十代のころから、明敏なアインシュタインは、電磁波の存在についてのマクスウェルの美しい結果が根本的な問題を提示していることに気がついていた。それらはガリレオの同じくらい美しく、同じくらいしっかりと確立された、運動の基本的特性についての三世紀前の結果と一致しなかったのである。

地球の運動をめぐってカトリック教会との壮大なバトルを起こす前から、すでにガリレオは、実験者が等速運動しているのか静止しているのかを確定できる実験など存在しないと主張していた。しかしガリレオが登場するまで、絶対的な静止状態は特別視されていた。アリストテレスも物体はすべて静止状態を求めるものだと断定していたし、教会も、静止状態はきわめて特別なものだから、それが宇宙の中心、すなわち神がわれわれを据えたもうた惑星の、あるべき姿だと断定した。

むろんすべてとは言わないが、アリストテレスの多くの主張と同様に、静止状態が特別だという考えはきわめて直感的なものである（神の存在証明たるアリストテレスの「不動の動者」という考えに訴えようと、彼の知恵を好んで引用したがる人のために言っておくが、アリストテレスが女性の歯の数は男性とは違うとも主張していたことを忘れないようにしたい。おそらく彼は事実を確認しようともしなかったのだろう）。

われわれが日常生活で見るものは、すべていずれは静止する。すべてと言っても、もちろん月や惑星は例外だ。昔これらが特別視されたのも、おそらくそれが理由のひとつだろう。これらの動きは天使や神が導いていると見なされたのだ。

とはいえ、どう考えても、われわれが静止しているというのは幻想だ。先ほど、動いている飛行機の中でボールを投げ上げてキャッチするという例を出したが、いずれ乱気流の揺れを感じれば、最終的にはあなたも飛行機が動いているのだとわかるだろう。しかし、たとえ滑走路にあるときでも、飛行機は静止しているわけではない。空港は地球とともに秒速約三〇キロメートルで太陽のまわりを回っている。その太陽も、秒速約二〇〇キロメートルで銀河系の中を回っていて、その銀河系も……と続いていく。

ガリレオはこれを、かの有名な、均一の運動状態で動いている観測者、すなわち等速直線運動をしている観測者にとって物理法則はつねに同じであるという主張で体系化した（静止している観測者は、速度がゼロという単純に特殊なケースである）。ここでガリレオが言わんとしているのは、それが静止していないと確実にわかるような物体の上で実施できる実験は存在しない、ということだ。あなたが空を飛んでいる飛行機を地上から見上げれば、飛行機があなたと比べて相対的に動いているということはすぐわかる。しかし、あなたが地上にいようと飛行機の中にいようと、あなたがそこで、あなたの立っている地面が飛行機を追い越しているのかどうかを識別できる実験をすることはできないし、その逆もまた同じなのである。

世界についてのこんな基礎的な事実が認識されるのにそんなに長い時間がかかったというのは驚きのように思えるかもしれないが、なにしろこの事実は、われわれが経験することの大半に合致していないのだ。ただし、大半であって、すべてではない。ガリレオは、傾斜した平面上を転がるボールという例を使って、彼以前の哲学者たちが世界の基礎だと思っていたこと、すなわち、速度を遅らせる摩擦の力によって物体はいずれ静止するということが、まったく基礎などではなく、むしろそれが根底にある現実を覆い隠していることを実証した。ガリレオが気づいたように、転がるボールが下り坂を下りてから上り坂を上がるとき、その両方の坂が平坦な面であれば、ボールは最初に転がり落ちたときと同じ高さまで転がり上がる。しかし、このボールが転がり上がる斜面の勾配がゆるくなっていれば、ボールが最初と同じ高さに達するには、それだけ遠くまで転がっていかなくてはならない。したがって、もし二番目の傾斜が完全になくなれば、ボールは永久に一定の速度で転がり続けるだろう。これがガリレオの証明したことだ。

この認識はきわめて深遠なもので、世界についてのわれわれの理解のしかたの多くを根本的に変えた。これが現在、しばしば単純に「慣性の法則」と呼ばれているもので、外部の力の大きさを観測される物体の加速と関連づけるニュートンの運動の法則の土台をつくった。ものが一定の速度で動き続けるのに何の力も要らないことにひとたびガリレオが気づいたことで、そこからニュートンが自然な飛躍を果たし、ものの速度を変えるには力が必要であると提唱できたのである。

かくして、天と地はもはや根本的に違うものではなくなった。日常的な物体の運動の根底にあった隠れた現実は、止まることのない天体の運動が超自然的なものではなかったことも明らかにして、それがニュートンの万有引力の法則につながり、宇宙に大きな役割を果たす天使やら何やらの必要性をさらに薄めたのだった。

このように、ガリレオの発見は、われわれが今日知るような物理学の確立にとって基礎をなすものじで、こちらは、現在の理論物理学のすべてが立脚する数学的枠組みを確立した。

だった。しかし、のちのマクスウェルが果たした電気力と磁気力の統一というすばらしい功績もまた同

***

アルベルト・アインシュタインは、この豊かな知的風景の中を旅し始めてすぐに、そこを一本の深い峡谷が貫通しているのに気がついた。そのいかんともしがたい溝とは、ガリレオとマクスウェルの両方が同時に正しいとはならないということだった、

私は二〇年以上前、まだ娘が幼かったころに、この若きアインシュタインが格闘したパラドックスをどう説明したらよいかを初めて考えるようになっていた。そしてある日、車に娘を乗せて運転しているときに、じつによい例が文字どおり私の頭を打った。

ガリレオは、私が車をいきなり加速させたりせず一定の速度で運転しているかぎり、私の車の中での物理法則が、いま私が向かっている職場の建物の物理学研究室で測定される物理法則となんら見分けがつかないことを実証していた。このとき娘が後部座席でおもちゃと遊んでいたならば、彼女は空中に投げ上げたおもちゃを当然のようにキャッチできるものと考えるだろう。家で遊んでいるあいだに身体で覚えた直感は、車の中でも十分に彼女に報いるだろうから。

しかしながら、ほかの多くの子供と違い、私の娘は車に乗っているうちに眠気に誘われるということがなく、むしろ不安と不快さを増大させた。娘はしだいに車酔いして、噴出性嘔吐を起こした。娘が吐き出したものは、仮に初期速度を時速一五マイルとすると、ニュートンがみごとに記述した軌道にしたがって、その速度できれいに空中で放物線軌道を描いたあとに、私の後頭部に行き着いた。

このとき、私の車が比較的ゆっくりした速度、たとえば時速一〇マイルで、赤信号にさしかかろうとしていたとしよう。道端に立ってこのなりゆきをずっと見ていた人からすると、吐瀉物は時速二五マイルで飛んでいったように見えるだろう。この速度は、その人と比べての車の相対的速度（時速一〇マイル）と、吐瀉物の速度（時速一五マイル）を足し合わせた数字である。そして、この吐瀉物がやはりニュートンが記述したとおりの軌道を描いて、実際よりも速い速度（時速二五マイル）で、私の（現在運動している）頭に向かっているというわけだ。

ここまではいい。だが、ひとつ問題がある。いまや私の娘も年を重ね、車の運転が大好きになっているが、たとえば彼女が友人の車のあとについて自分の車を運転しながら、携帯電話でその友人に電話をかけ（もちろん安全のためにハンズフリーで）、二人の目的地までの道順説明として、次の角で右折するよう伝えたとしよう。彼女が電話に向かって話しているあいだ、電話の中の電子は前後に揺れ動いて電磁波を（マイクロ波帯に）発生させる。その電磁波が友人の携帯電話に向かって光速で進み（実際には光速で衛星に向かってから友人のもとに降りてくるわけだが、そういう複雑なことはとりあえず無視する）、受信が間に合えば、友人はめでたく角を右折できる。

さて、これを道端で見ている人からすると、どういう測定がなされるだろう。常識から言えば、娘の車から発したマイクロ波信号は、娘の車の中に検出器があった場合に測定されるのと同様の、光速に等しい速度と、車の速度とを足し合わせた速度で、友人の車まで伝わるだろう。

だが、常識はあくまでも常識で、日常的な経験にもとづいたものだけに、これにはうっかりだまされやすい。通常、われわれは光の所要時間を計ったりはしない。光やマイクロ波がどれだけかかって部屋の片側からもう片側に伝わるか、あるいは一個の電話から近くのもう一個の電話まで伝わるか、誰も測定したりはしないだろう。もしここに常識を当てはめれば、道端にいる人は（最新鋭の測定装置を持っているとすると）、娘の携帯電話の中の電子が前後に揺れ動くのを測定し、発せられたマイクロ波信号が、光速ｃに、たとえば時速一〇マイルなどが加わった速度で伝わるのを観測することになる。

しかしながら、マクスウェルの偉大な勝利は、振動する電荷によって発する電磁波の速度を、電気と磁気の強さを純粋に測定することによって計算できると示したことだった。したがって、もしこの道端の人が、速度ｃプラス時速一〇マイルで進む波を観測したのなら、その人にとっての電気と磁気の強さは、娘が観測する数値とは違っていなければならない。なぜなら娘にとって、この波は速度ｃで進んでいるからだ。

しかしガリレオは、それはありえないと言っている。もしも測定される電気と磁気の強さが二人の観測者のあいだで違っていたなら、どちらが運動していて、どちらが運動していないのかを知ることが可能となってしまう。なぜなら物理の法則――この場合なら電磁気の法則――がそれぞれの観測者にとって異なる値をとるのだから。

というわけで、ガリレオとマクスウェルのどちらかは正しいに違いなかったが、どちらもが正しいということはありえなかった。おそらくガリレオは物理学がもっと原始的だった時代に研究していたから、という理由で、大半の科学者はマクスウェル寄りだった。おそらく宇宙には何らかの絶対静止座標があって、マクスウェルの計算はその座標だけに適用されるに違いない、と彼らは決めつけた。その座標で運動している観測者のすべてにとっては、自分と比べての電磁波の相対的速度が、マクスウェルが計算したのとは異なる速度になるのだろう。

長い科学の伝統は、この考えに物理学的な支持を与えた。結局のところ、光が電磁的な乱れであるのなら、それは何が乱れているのだ？　何千年ものあいだ、哲学者は「エーテル」について考えてきた。その目に見えない何らかの背景物質が、空間を埋め尽くしていると考えてきたのだ。ゆえに、音波が水や空気の中を伝わるように、電磁波がこの媒質の中を伝わっているのだと考えるのは自然なことだった。電磁波はこの媒質の中をある一定の特徴的な速度で（マクスウェルによって計算される速度で）伝わるのだろう。そして、この背景に対して運動している観測者は、その相対的な運動しだいで、速くなったり遅くなったりする波を観測するのだろう。

直感的には理にかなっているように見えるものの、この考えは、ていのいい言い訳だ。なぜならマクスウェルの分析を思い返してみれば、それは、このような相対的な運動状態にある異なる観測者が測定する電気と磁気の強さは異なるということを言っているのだから。おそらく、この考えが妥当だと見なされたのは、当時得られた速度のすべてが、光速に比べるとあまりに小さかったため、そうした違いなどいずれもよく言って些細なもので、確実に検出を逃れていたからだろう。

かつて俳優のアラン・アルダは、私も参加したある公開イベントで、世間一般の通念を逆転させるようなことを言った。芸術にはハードワークが必要で、科学にはクリエイティビティが必要だと言ったのである。実際はどちらにもその両方が必要なのだが、彼の見解のいいところは、科学の創造的な面、芸術的な面を強調していることだ。この発言に私が付け加えたいのは、どちらの試みにも知的な勇気が必要だということである。創造性だけを重ねても、実行がともなわなければ何にもならない。前例のない新しいアイデアは、それを実行する勇気がなければ、たいてい成長が止まって息絶えてしまう。

ここで私がこんな話をしたのは、おそらくアインシュタインが天才であることの真の証しが、優れた数学の能力にあるのではなく（よく言われるのとは違って、彼にはもちろん数学的才能があったが）、彼のクリエイティビティと、彼の知的な面での自信にあり、それが彼の粘り強さを支えていたのだと思うからだ。アインシュタインが直面した難題は、二つの相容れない考えにどう折り合いをつけるかだった。どちらか一方を捨て去るのなら簡単だ。しかし、矛盾を取り去る方法を見つけるのにはクリエイティビティが必要となる。

アインシュタインが見つけた解決法は複雑ではないが、だからといって、簡単なわけではない。これに関して私が思い出すのは、おそらく作り話だと思われるクリストファー・コロンブスの逸話だ。新世界を発見しに出かける前に酒場に立ち寄ったコロンブスが、このカウンターの上で卵を直立させてみせると言って、一杯おごってもらったという話である。酒場の主人がその賭けに乗ると、コロンブスは卵の底を割って、簡単に卵を直立させた。結局のところ、彼は卵を割らないとは一言も言わなかったのだ。

ガリレオとマクスウェルのパラドックスに対してアインシュタインが取った解決策も、これと似たようなものだった。マクスウェルとガリレオがどちらも正しいのなら、どちらをも立てられるように、何かほかのものが割られなければならないのだ。

だが、そんなものがあるのだろうか？　マクスウェルとガリレオのどちらもが正しくなるには、明らかに普通でないものが必要だった。先ほどの例で言うなら、二人の観測者の両方が、私の娘の携帯電話から発せられたマイクロ波の自分と比べての相対的速度を、車の速度の分だけ異なる値として測定するのではなく、同じ速度として測定しなければならないのだ。

しかしながら、アインシュタインはここで興味深いことを自問した。結局のところ、光の速度を測定するとはどういうことなのだろう？　速度とは、何かがある一定の時間内に移動する距離を測定することによって決まるものだ。そこでアインシュタインは、このように考えた。二人の観測者がそれぞれ自分と比べてのマイクロ波の相対的速度を同じ速度として測定することは可能である――それぞれの観測者が測定する、ある一定の期間のあいだ（たとえば一秒間など、それぞれが自分の座標系で測定する時間）に自分と比べて光線が進む相対的距離が、同じであるかぎり。

だが、これもまた少しばかりおかしな話だ。もっと単純な噴出性嘔吐の例で考えてみればいい。私の座標系で、後部座席にいる娘の口から吐き出されたものが、たとえば一メートル離れた私の頭に、四分の一秒でぶつかったとしようか。しかし道端にいる誰かからすれば、車がこの期間のあいだに時速一〇マイル、換算すれば、秒速およそ四・五メートルで進んでいるわけだ。したがって、この人からすると、吐瀉物は四分の一秒のあいだに約一・一メートルプラス一メートルで、合計二・一メートル進んでいることになる。

ゆえに、二人の観測者にとって、同じ時間内で吐瀉物が進んだ距離は明らかに異なる。それがどうしてマイクロ波だと、両方の観測者の測定する距離が同じになるというのか？

そのようなおかしな話がありえる話になりそうなことを示唆する第一のヒントは、電磁波の進む速さがあまりにも速いため、マイクロ波が一台の車からもう一台の車まで達するのにかかる時間のあいだ、それぞれの車はほとんど動いていないも同然だということである。したがって、この時間のあいだに二人の観測者が測定する移動距離に生じうる違いも、本質的に感知不可能だということになる。

だが、アインシュタインはこの論を反転させた。アインシュタインは、二人の観測者が実際のところマイクロ波が進む距離を人間スケールの距離では測定していないことに気がついた。なぜならここに関連する時間、すなわち人間スケールの距離を進む光にとっての適正な時間があまりにも短すぎて、誰もそんな時間での光を測定することはできないからだ。そして同じように、人間の時間スケールで光が進む距離はあまりにも大きいから、そんな距離を直接的に測定することも、やはり誰にとっても不可能である。したがって、そのような異常なふるまいが本当に起こっていないと誰に言える？

こうなると問題は、そうしたことが実際に起こるのに何が必要かということである。これに対して、アインシュタインはこう考えた。この一見するとありえない結果がありえるようになるには、二人の異なる観測者がそれぞれ違うふうに、つまり、少なくとも光だけは両方の観測者にとって同じ測定時間内に同じ測定距離で進むことになるように、距離や時間（その片方でも両方でも）を測定しなければならない。その場合、たとえば嘔吐の例で言うならば、道端の観測者は吐瀉物の進む距離を二・一メートルと測定するが、それと同時に、これが起こっている期間を、どういうわけか私が自分の車の中で測定する期間より長いものと推定するのだ。そうすれば、この人が推定する自分と比べての吐瀉物の相対的速度は、私が測定する私と比べての吐瀉物の相対的速度と同じになる。

こうしてアインシュタインは、このようなことが実際に起こりうる、マクスウェルとガリレオはどちらも正しかった、すべての観測者はそれぞれの相対的な運動状態にかかわらず、どんな光線も自分に比べて同じ相対的速度cで進むのを観測する、という大胆な主張をなした。

もちろんアインシュタインは科学者であって、預言者ではないのだから、権威にもとづいて奇異なことをただ主張したわけではなかった。自分の主張の帰結をとことん探って、それが本当に正しいかどうかを検証できるような予言をしたのだ。

そうするなかで、彼はこの物語の舞台を、光の領域から、人間が感知する身近な領域に移した。彼は空間と時間の意味を決定的に変えただけでなく、われわれの人生を支配する事象そのものまでも変えたのである。

第五章　時を得た一針

神は北の果てを空虚の上に広げ
地を何もないものの上に架ける。

――「ヨブ記」二六章七節

古代ギリシャ・ローマの偉大な叙事詩は、オデュッセウスやアエネーアスのような、神々に挑み、しばしば英知によって神々を出し抜きもする、英雄たちを中心に展開した。その点では、近現代の叙事詩的英雄たちもさほど変わらない。

アインシュタインは、スピノザの神でさえ、その絶対的な意志を空間と時間には押しつけられないこと、そして人間はみな、あたりを見まわすたび、あるいは天の星々のあいだに新しい驚異を見つけるたびに、そうした仮想のくびきから順々に逃れていくことを証明して、何千年ものあいだ誤って持たされていた人間の認識を覆した。アインシュタインはフィンセント・ファン・ゴッホのような芸術的天才にも引けをとらず、アーネスト・ヘミングウェイのごとき無駄のなさで理論を展開した。

ゴッホはアインシュタインの時空間についてのアイデアが生み出される一五年前に亡くなったが、彼の絵は、この世界に対するわれわれの認識が主観的なものであることを明確に示す。ピカソなら、ばらばらになった人体の各部位が別々の方向を指しているような絵を描いて、自分は自分の見たものをそのまま絵にしたのだと厚かましく主張したかもしれないが、ゴッホの数々の傑作は、この世界が人によってまったく違った見え方をすることを実証している。

アインシュタインも同様で、彼は私の知るかぎり、物理学史上初めて「ここ」と「いま」が普遍的な概念でなく、観測者に依存する概念であることを明確に主張した人物である。

彼の主張はシンプルで、同じくらいシンプルな、われわれは同時に二つの場所にはいられないという事実に依拠している。

われわれはみな、自分のまわりの人が誰しも自分と同じ経験を共有しているように見えるという理由で、まわりの誰もが自分と同じ現実を共有しているという感覚に慣れきっている。だが、それは光の速さがあまりにも高速であることによって生み出された錯覚だ。

私がいま起こっている何かを見たとしよう。たとえば街を歩いていて、道路の先で起こった自動車事故だとか、街灯の下でキスしている恋人同士を見たとしても、そのどちらもが、いま起こった出来事ではなく、さっき起こった出来事である。光がほんの少し前にその自動車なり人間なりに反射して、それから私の目に入ってきたのだ。

あるいは、美しい風景の写真を撮った場合も同じである。私はちょうど今しがた、北アイルランドでこの章を書き始めながら、それを実践してみたところだ。私が写したその風景は、ただ空間に広がっているのではなく、空間と時間の両方にわたって広がっている。一キロメートルほど後方にあるジャイア

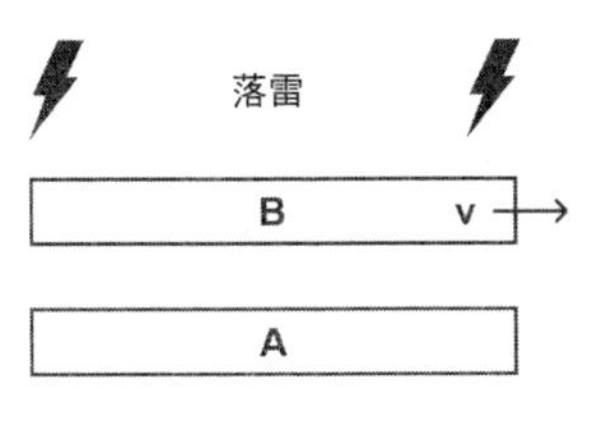
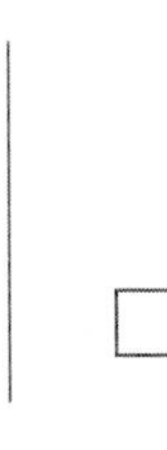

図5-1

ンツ・コーズウェーの柱状の断崖からやってきた光は、その前景となっている六角形の溶岩の連なりを歩いている人々からやってきた光より、ずっと前（おそらく三〇〇〇万分の一秒ぐらい前）にその断崖を離れて、前方からの光と同時に私のカメラに収まったのだ。

　こうした認識のもとで、アインシュタインはこんな問題を考えてみた。ある観測者が、二つの事象が二つのところで同時に起こっているのを見ているあいだ、この観測者と比べて相対的に運動しているもうひとりの観測者から見ると、その二つの事象はどう見えるのだろうか。アインシュタインは例として、列車を使って考えたが、それもそのはず、彼が住んでいたスイスでは、そのころ国内のほぼすべての場所から、国内のどこかに向かって、およそ五分おきに列車が出発していたのである。

　上の図のような状況を思い描いてみよう［図5-1］。列車の両端のすぐそばにあたる二つの地点に雷が落ちる。この二つの地点は観測者Aから等距離にあり、Aはこの二点に対して静止している。一方、観測者Bは動いている列車内にいる。Aが雷が落ちたと認定する瞬間に、BはAを通り越す。

　落雷の直後、Aは二つの稲妻の閃光が同時に自分のもとに届いてくるのを見るだろう。しかしBのほうは、その時間のあいだに移動してしまっている。したがって、右側で閃光が生じたという情報を伝える光の波はすでにBを通り越しており、左側の閃光についての情報を伝える光は、まだBに届いていないということになる。

Ｂから見ると、列車の両端のどちらからも光がやってくるが、前方の閃光が生じるのは後方の閃光が生じるよりも以前になる。Ｂは光が自分に向かって速度ｃで進んでくるのを測定する一方、彼自身は列車内の中央にいるから、必然的に右側の閃光は左側の閃光よりも以前に生じたものと結論する。

ここで正しいのはどちらなのか？　アインシュタインは無謀にも、二人の観測者がどちらも正しいと提唱した。もしも光の速さがほかの速さと同様だったなら、当然Ｂは、一方の波をもう一方の波より前に見ることになるが、Ｂが見るそれらの波は異なる速さで彼のほうに進んできている（Ｂが近づいていっているほうの波は速く、Ｂが遠ざかっているほうの波は遅く進んでくる）から、その結果、Ｂは二つの事象が同時に起こったものと推論するだろう。しかし、Ｂが測定した光線はどちらも同じ速度ｃで彼のほうへ進んでいるわけだから、Ｂが推論する現実はまったく違うものとなる。

アインシュタインが指摘したように、異なる物理量が何を意味するかを定義するときには、測定がすべてである。測定と無縁な現実を想像するのは興味深い哲学的エクササイズかもしれないが、科学的見地から言えば、それはまったく不毛な探求だ。もしもＡとＢが同じ時間に同じ場所にいるのなら、二人はどちらもその瞬間に同じものを測定するに違いない。しかし、もし二人が別々の場所にいるのなら、ほぼすべてが白紙に戻る。Ｂにできる測定はつねに、彼の乗っている列車の前方で起こった事象が後方での事象より以前に起こったとＢに告げる。一方、Ａがなす測定はつねに、二つの事象が同時に起こったとＡに告げる。ＡもＢも同時に両方の場所にはいられない。したがって、別々の場所で行なわれるＡとＢそれぞれの時間の測定は、別々の観測に依存する。そして、その別々の観測が、それらの事象で生じた光から何がわかるかという解釈の上に成り立つのなら、ＡとＢとでは、別々の事象が同時に起こったかどうかの認定においてそれぞれ違った見方をすることになる。それでも二人は、ともに正しいのである。

　いまとここは、いまとここにとってしか普遍的でない。それ以外にとっては、あのときのあそこでしかないのだ。

＊＊＊

　先ほど「ほぼすべて」が白紙に戻ると書いたのには、わけがある。というのも、今しがた挙げた例を見て奇妙だと思われたかもしれないが、じつはこれは、もっと奇妙なのである。ここにもうひとりの観測者、Cを加えてみよう。AとBのそばの三番目の線路上で、Cを乗せた列車がBの乗った列車とは反対方向に進んでいる。このCは、左側の事象（すなわちCの列車の前方での事象）が右側の事象より以前に起こったと推論することになる。言い換えれば、観測者Bと観測者Cが見る事象の順番は、完全に逆転するのだ。片方にとっての「前」が、もう片方にとっての「後」になる。

　これには、明らかに大きな問題がある。われわれが住んでいる（とわれわれの大半が思っている）世界では、原因はつねに結果の前にある。しかし、もし「前」と「後」が観測者しだいなんてことになったなら、因果関係はどうなってしまうのだ？

　驚くべきことに、この宇宙には、一種のどうにもならない不条理が内蔵されている。しかし最終的にはそのおかげで、われわれは現実に関する固定観念にとらわれないようつねに注意しておく必要はあるものの、かつてニューヨーク・タイムズの発行者が言っていたように、脳が転げ落ちてしまうほど頭をオープンにしておく必要もない、ということになっている。この事例で言えば、光の速さが不変であることによって生じる離れた事象の時間順序の逆転が可能になるのは、あるひとつの場合だけだとアインシュタインが実証している。すなわち、それらの事象があまりにも離れすぎていて、事象と事象のあいだを光線が進むのにかかる時間が、推測されるそれらの時間差より長くなる場合だけ、ということである。何物も光より速くは進めないのなら（これもまたガリレオとマクスウェルの矛盾を解消しようとしたアインシュタインの努力のもうひとつの帰結だが）、一方の事象からの信号がもう一方に影響を与えられるほど速く到達することはありえないから、一方の事象がもう一方の原因になることもありえない。

だが、二つの異なる事象が同じ場所で、少しの時間差で起こった場合はどうなのだろう。別々の観測者は、それについて別々の見方をするのだろうか。この状況を分析するためにアインシュタインが想定したのが、列車内の理想化された時計だ。この時計の針は、列車の片側にある時計から送られた光線が反対側にある鏡に反射して、もともとの側にある時計に戻ってくるたびに時を刻む（左の図を参照［図5-2］）。

たとえばこの往復の所要時間（時計の針の一刻み）が、一〇〇万分の一秒だと仮定しよう。その一往復を、地上の観測者が見ているとする。列車は動いているので、光線は左の図のような軌道で進み、そのあいだ、つまり光が発せられる時間と受け取られる時間のあいだに、時計と鏡は移動している［図5-3］。

明らかに、この光線が進む距離は、列車内の時計に対して進む距離よりも観測者に対して進む距離のほうが大きい。しかしながら、光線は同じ速度cで進んでいるものとして測定される。したがって一往復の時間がそれだけ長くなる。結果として、列車内の時計で一〇〇万分の一秒かかる一刻みが、地上では、たとえば一〇〇万分の二秒などで観測されることになる。つまり列車内の時計は地上の時計の半

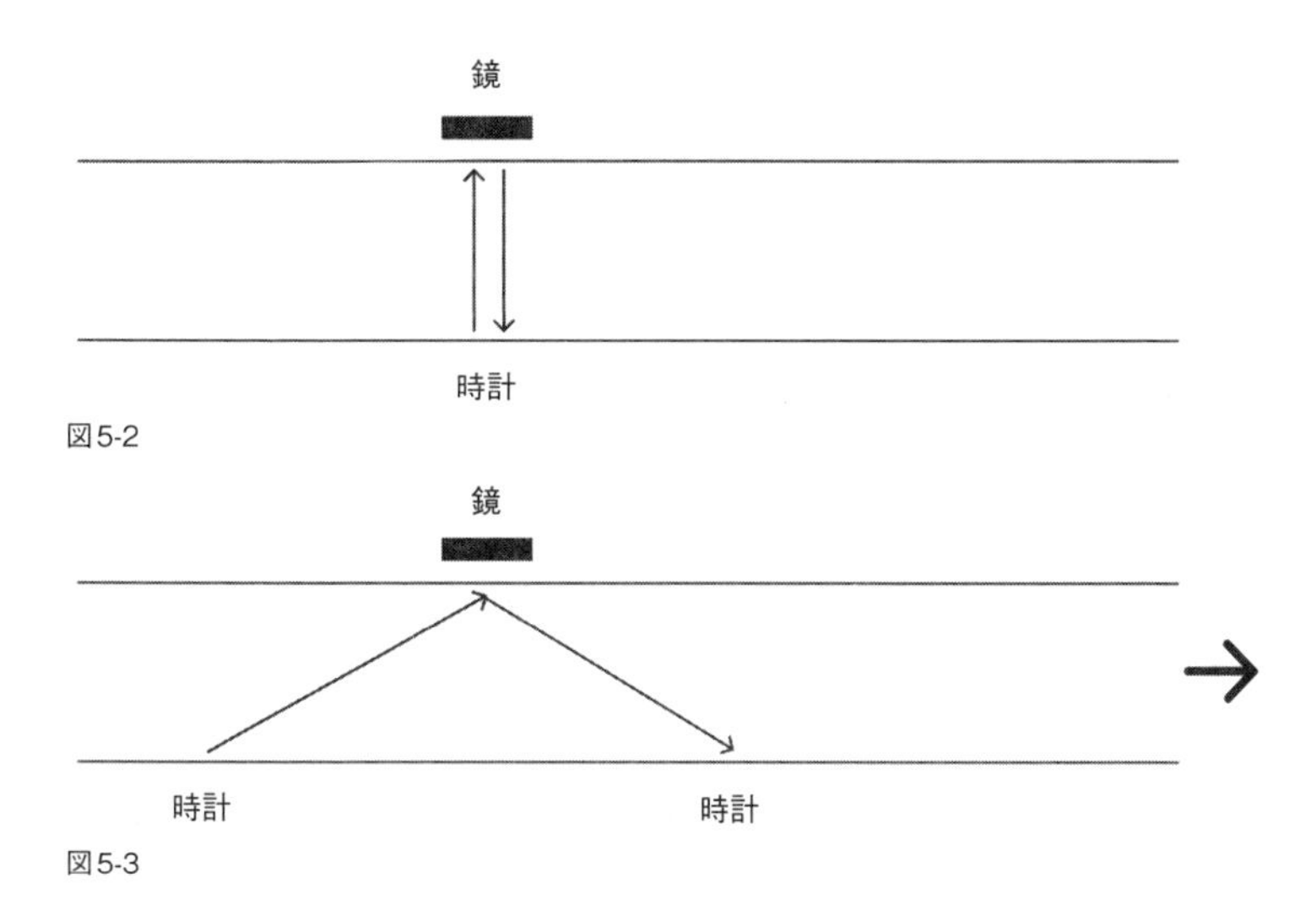

図5-2

図5-3

分のペースで時を刻んでいるわけだ。列車内の時計にとっては時間の進みが遅くなっているのである。

さらに奇妙なことに、この効果は完全に相補的なものだ。この列車に乗っている人は、地上の時計が列車内の自分の時計の半分のペースで時を刻んでいるのを観測することになる。列車内の人が地上に置かれた鏡と鏡のあいだを光が進んでいるのを見た場合でも、まったく同じ図が見えるのである。

こう聞くと、時計の進みの遅れは単なる錯覚のように思えるかもしれない。しかし繰り返して言うが、測定はイコール現実である。今回のケースは先ほどの同時発生のケースより少しばかりわかりにくいというだけだ。仮にどちらかの観測者の時計だけが本当に遅くなっているのだとして、それがどちらなのかを確かめようと、追って二つの時計を比較しようにも、少なくとも一方の観測者が相手に向かって戻らなければ両者は合流できない。その観測者はそれまでの等速運動を変え、進みを遅くして反転するか、または静止状態（見かけの）からスピードアップしてもう一方の観測者に追いつかなくてはならない。

　こうなると、もはや二人の観測者は同等ではない。加速、もしくは減速した観測者は、出発点に戻った時点で、そのあいだずっと等速運動を続けていた相手よりもはるかに年をとっていないのに気づくということがわかっている。

　まるでサイエンスフィクションのような話だが、実際、これは多くのSF作品にとって――良作も駄作も含めて――格好の素材となってきた。なぜならまさしくこれによって、多くの映画で描かれる銀河系スペーストラベルが原理的に可能となるからだ。ただし、それにはかなり重要ないくつかの欠陥がある。ひとりの人間の一生のあいだに宇宙船が銀河系をめぐるのは、たしかに原理的には可能であり、だからジャン＝リュック・ピカードが『スタートレック』での冒険をできたわけだが、スターフリート艦隊のバックにいる面々は、どんな種類の連合体を支援するにせよ、指令を与えて制御するのにたいへんな苦労をしたことだろう。なにしろUSSエンタープライズのような宇宙船のミッションは、乗組員にとっては五年間で済むかもしれないが、宇宙船が地球から銀河系の中心部までほぼ光速で往復するたびに、故郷の社会では六〇〇〇年かそこらが経過するのだ。しかももっと困ったことに、そうした一回の航海に必要な動力を与えるには、銀河系内にある質量よりもっと多くの燃料が必要なのである――少なくとも現在使われているようなタイプの伝統的なロケットを使うなら。

　とはいえ、サイエンスフィクションの苦悩はさておいても、「時間の遅れ」――運動している物体に関しての相対論的な時計の進みの遅れ――はまったくもって本当のことで、地球上でも毎日それは経験されている。たとえば大型ハドロン衝突型加速器（LHC）のような高エネルギー粒子加速器では、定期的に素粒子を光速の九九・九九九九パーセントまで加速して、その相対論的効果を見ることによって何が起こるかを探っている。

だが、もっと身近なところにも、時間の遅れの影響は及んでいる。地球上にいるわれわれには、毎日、宇宙空間から大量の宇宙線が降り注いでいる。ガイガーカウンターを持って野原に立っていれば、カウンターは数秒ごとに定期的に目盛りを刻んでいくだろう。これはカウンターがミュー粒子（ミューオン）という高エネルギー粒子の衝突を記録しているからだ。ミュー粒子は、宇宙線の中の高エネルギー陽子が大気にぶつかったときに生じる。この衝突のときに、ミュー粒子を含めた、陽子よりも軽い粒子が大量に生じるわけだが、これらの粒子は不安定なので、寿命が一〇〇万分の一秒ほどしかなく、たちまち崩壊して電子（および、私の大好きな粒子であるニュートリノ）に変わる。

もしも時間の遅れがなかったら、私たちはこうした地球上に降り注ぐミュー粒子の宇宙線を検出できない。光速に近い速度で一〇〇万分の一秒間だけ進んでいるミュー粒子は、三〇〇メートルも進んだところで崩壊してしまうはずだからだ。しかし地球に降り注いでいるミュー粒子は、発生した地点である上層大気圏から地上のガイガーカウンターまで、約二〇キロメートルを進むことができている。これはひとえに、ミュー粒子の内部の「時計」（これによってミュー粒子は一〇〇万分の一秒後くらいに崩壊することになっている）が、地球上でのわれわれの時計に対して相対的にゆっくりと時を刻んでいるからだ。これは、仮にミュー粒子が地球上の実験室で静止状態で生み出されていた場合より、一〇〇〇倍から一〇〇倍の遅さである。

＊＊＊

光の速さはあらゆる観測者にとって一定であるとアインシュタインが気づいたことから導かれる最後

図5-4

図5-5

の帰結は、これまでのもの以上に、一見したかぎりでは矛盾であるように思われるものだ。そのひとつの理由は、私たちが見たり触ったりできる物体の物理的ふるまいが、ここにおいては変わってしまうからである。しかし同時に、これによって私たちはそもそもの始まりに立ち返り、地上にとらわれた人間の通常の想像力の範囲を超えた、新しい世界をうっすらと見ることができる。

この帰結をうまく消化するには多少の時間がかかるかもしれないが、結果だけを言うなら簡単である。たとえば私が定規のような物体を持っていて、それをあなたと比較して高速で動かしたとしよう。私の定規はあなたから測定されるとき、私の測定よりも短くなっている。私が測定した長さを、仮に一〇センチメートルとしようか［図5-4］。

しかしあなたにとって、これは六センチメートルくらいにしか見えないかもしれない［図5-5］。

当然、これは錯覚だ、とあなたは言うかもしれない。同じ物体が二つの長さを持っているわけがないだろう、と。たしかに、あなたが見るときには原子の集まりが圧縮されて、私が見るときには圧縮されない、なんてことはあるはずがない。

ここでふたたび、「現実」とは何かという問題に戻る。あなたが私の定規で行なう測定のすべてが定規は六センチメートルだと告げているなら、

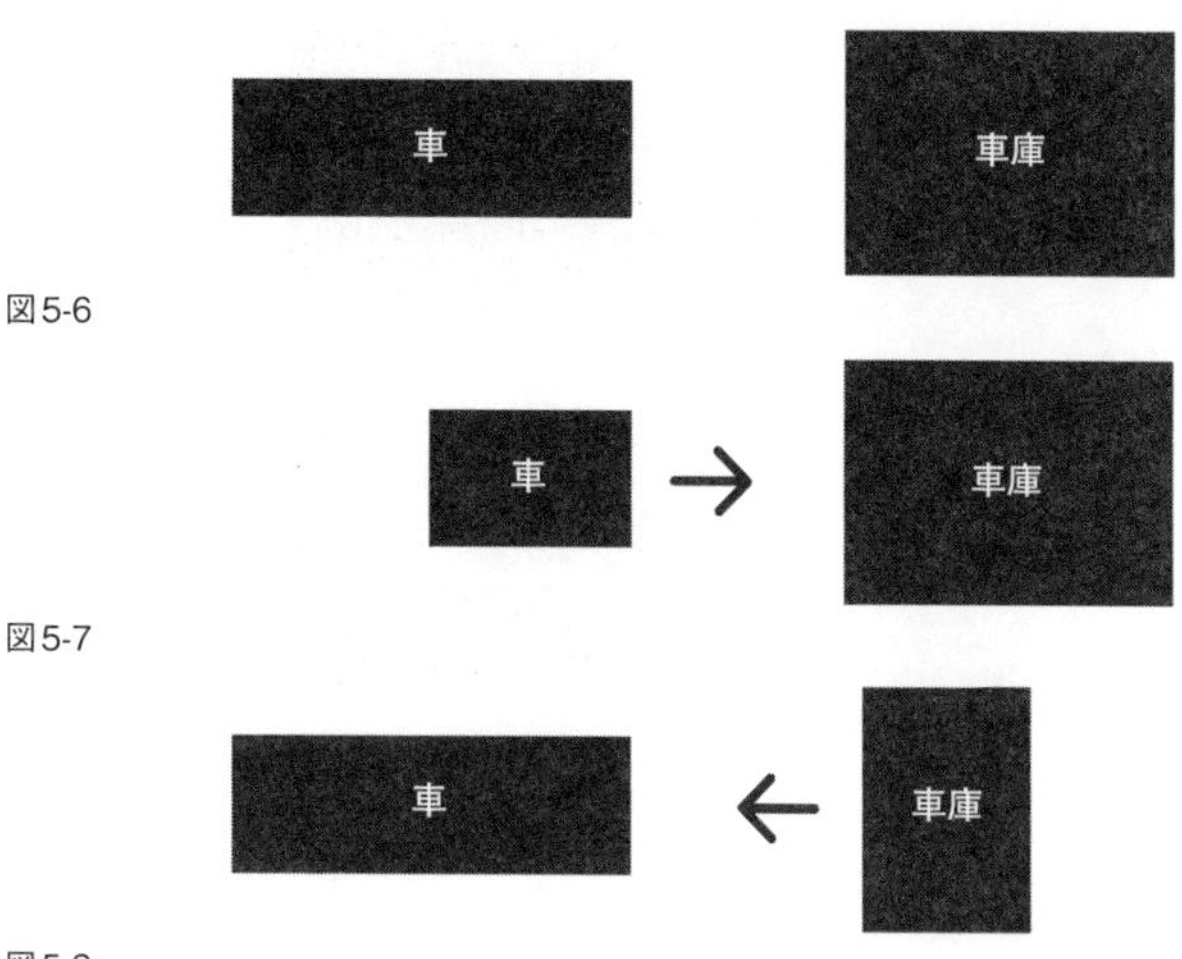

図5-6

図5-7

図5-8

それは六センチメートルなのだ。「長さ」は抽象的な量ではないが、測定を必要とする。そして測定は観測者しだいだから、長さも観測者しだいとなる。これは相対論のどうにもならない不条理のまた別の例を明らかにしているが、それでもこれがありえることを理解してもらうため、私のお気に入りの例のひとつで考えてみよう。

たとえば私が全長四メートル弱の車を持っていて、あなたが奥行き二・五メートルほどの車庫を持っているとしよう。私の車は明らかに、あなたの車庫には収まらない［図5-6］。

しかし相対論から言えば、もし私がこの車を高速で運転しているなら、あなたは私の車を全長二メートルぐらいと測定するだろう。そうであれば、少なくとも私の車が動いているあいだは、私の車はあなたの車庫に収まるはずだ［図5-7］。

しかしながら、これを私の視点から見るとどうなるだろう。私からすると、車はあくまでも四メートルで、あなたの車庫のほうが高速で私に近づいてくるから、

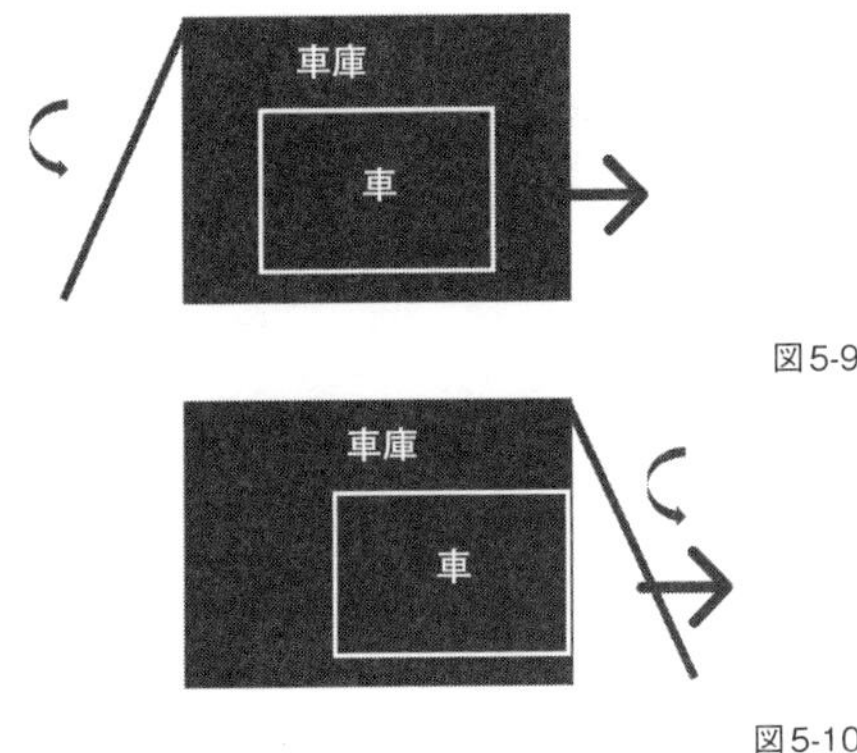

図5-9

図5-10

私が測定するあなたの車庫の奥行きはもはや二・五メートルではなく、一・二五メートルになっている［図5‐8］。

したがって、私の車は明らかに、あなたの車庫には収まれない。

このどちらが本当なのだろう？　もちろん、私の車が車庫に収まっていながら、同時に収まっていないなんてことはありえない。いや、それともありうるのか？

まずはあなたの視点から考えてみよう。そして、あなたの車庫には手前と奥のそれぞれに大きなドアがついているものと想像してほしい。私があなたの車庫に車で突っ込んでいっても死なないように、あなたは次のような手順を踏む。まず奥のドアを閉め、手前のドアを開けておく。そうすれば私の車が中に入れる。車が中に入ったら、あなたは手前のドアを閉める［図5‐9］。

ただし、あなたはそのあと即座に、私の車がぶつかる前に奥のドアを開け、私が無事に奥から車庫を出ていけるようにする［図5‐10］。

これであなたは、私の車があなたの車庫に入っていたことを実証したわけだ。これはもちろん、私の車があなたの車庫に収まれるぐらい小さかったからである。

しかし、前にも見たように、私からすれば別々の事象の時間順序は違っている可能性がある。私のほうでは次のような観測をすることになるだろう。

まず私は、あなたの小さな車庫が近づいてくるのを見たあと、私の車の前部が車庫の入り口を通過するのに間に合うように、あなたが手前のドアを開けてくれるのを見る［図5‐11］。

そのあと、あなたが親切にも、私が衝突する前に奥のドアを開けてくれるのを見る［図5‐12］。

そして次に、私の車の後方が車庫に入ったあとで、あなたが車庫の手前のドアを閉めるのを見る［図5‐13］。

私にとっては明らかなのだが、私の車は一瞬たりとも、両方のドアが同時に閉まっている状態のあなたの車庫には入っていない。なぜならそれは不可能だからだ。あなたの車庫は小さすぎるのである。

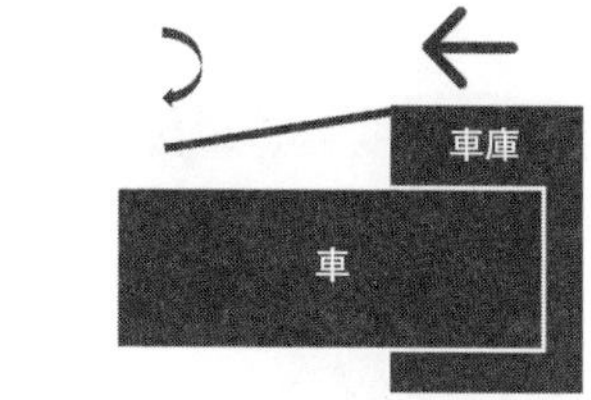

図5-11

図5-12

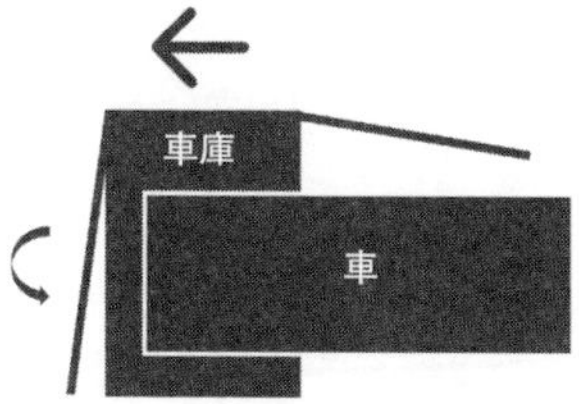

図5-13

　このように、私たちそれぞれにとっての「現実」は、私たちが何を測定できるかにもとづいている。私の座標では、車のほうが車庫より大きい。あなたの座標では、車庫のほうが車より大きい。以上。要は、私たちは一度に一つの場所にしかいられず、自分がいる現実は決してあいまいではない。しかし、別の場所での現実世界について推論されることは別の測定にもとづいていて、その測定は観測者しだいなのである。

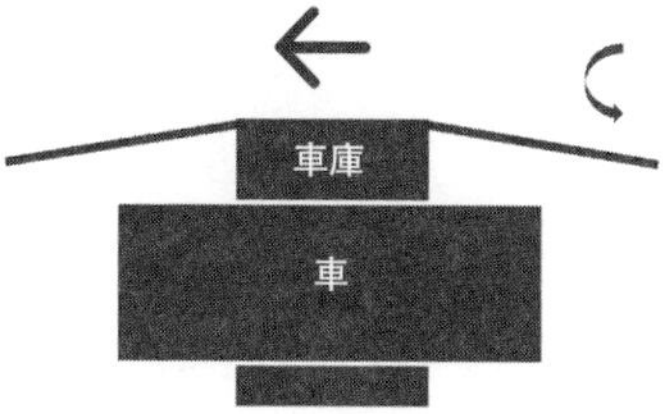

図5-14

図5-15

だが、綿密な測定の美点はこれで終わりではない。
実証的に確認されたガリレオの法則の正しさと、マクスウェルによるみごとな電磁気の統一にもとづいて、アインシュタインが明らかにした新しい現実は、一見すると、客観的現実の最後の痕跡をすべて主観的測定に置き換えたかのように思われる。しかしながらプラトンが教えているように、そうした表面より深いところを探るのが自然哲学者の仕事である。

準備のできている人に運は味方する、と言われる。ある意味で、プラトンの洞窟は私たちの頭にアインシュタインの相対性理論についての準備をさせるが、アインシュタインのかつての師だった数学教授のヘルマン・ミンコフスキーにとっては、それが仕事を完成させるのに役立った。

ミンコフスキーは優れた数学者で、最終的にはゲッティンゲン大学で教授職を得た。しかし、彼はその前にチューリッヒにいて、アインシュタインを指導する教授のひとりだった。ミンコフスキーはそこでも優れた数学者だったが、アインシュタインは彼の授業をすっぽかしていた。学生時代のアインシュタインは、純粋数学の重要性を大いに軽視していたようだったのだ。その見方を変えるには時間が必要だった。

思い出してほしいのだが、プラトンの洞窟の囚人たちは壁に映る影を見て、長さに客観的な不変性はないらしいと理解していた。あるときには、定規の影はこんなふうに、長さ一〇センチメートルに見えたかもしれない［図5 - 14］。

またあるときには、こんなふうに、長さ六センチメートルに見える［図5 - 15］。

これが先ほど相対論について論じたときに挙げた例とよく似ているのには、もちろんわけがある。しかし、すでにおわかりのように、プラトンの洞窟の住人の場合、この長さの収縮が生じるのは洞窟の住人たちが単に二次元の影を見ているからで、この影のおおもとには三次元の物体がある。上から見れば、壁に映った影が短くなるのは、定規が壁に対して一定の角度で回転した結果であることが容易にわかるだろう［図5 - 16］。

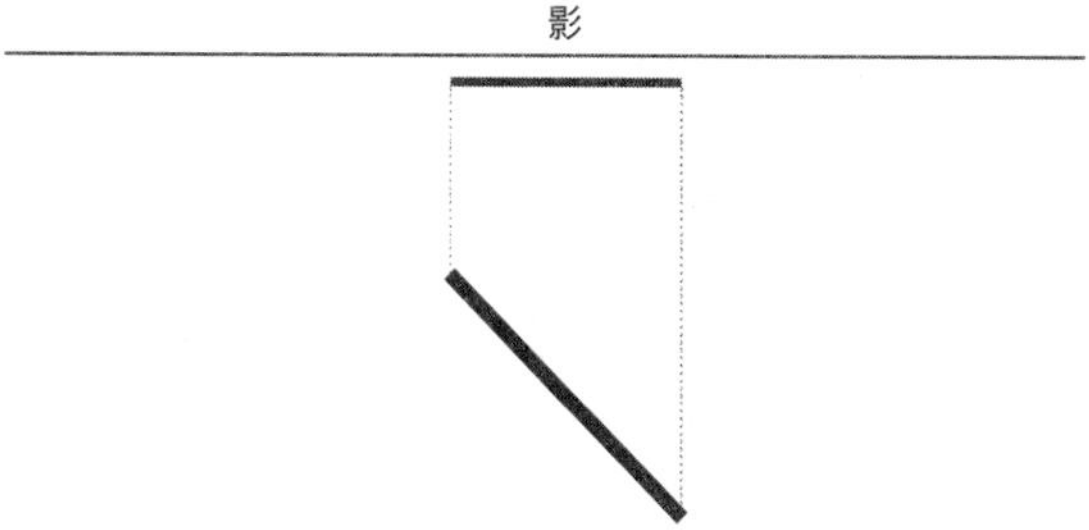

そして、もうひとりの古代ギリシャの哲学者ピタゴラスが教えてくれたように、このように見えているときでも定規の長さは変わらないが、左の図のように、壁に投影されている長さと、壁に対して垂直な直線の長さを足し合わせると、それはつねに同じ長さとなる［図5 - 17］。

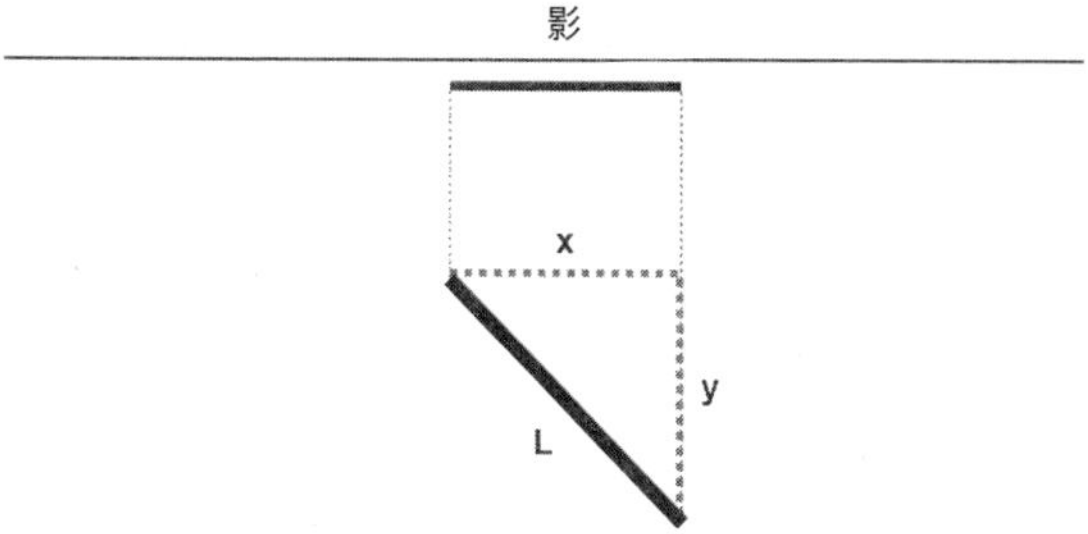

これが有名なピタゴラスの定理で、$L^2 = x^2 + y^2$ であらわされる。高校で幾何学が教

影

図5-16

影

x

y

L

図5-17

えられているかぎり、高校生が必ず目にする定理だ。三次元なら、これが $L^2 = x^2 + y^2 + z^2$ となる。

アインシュタインが相対論に関する最初の論文を書いてから二年後、ミンコフスキーは、ひょっとすると光速の不変性の意外な帰結と、アインシュタインによって明らかにされた空間と時間の新たな関係が、その二つのもっと深い関係性を反映しているかもしれないことに気がついた。一般に、写真は三次元空間の二次元での表現と見なされているが、その写真が実際には空間と時間の両方にわたって広がった像であることを理解していたミンコフスキーは、互いに対して相対的に運動している観測者からすると、四次元宇宙の別々の三次元スライスが観測されるのではないか、ただし、その三次元スライスのそれぞれで、空間と時間は同じ条件で扱われているのではないか、と考えた。

相対論のケースでの定規の例に戻ると、あの場合は、運動している観測者の定規がもう一方の観測者に測定されると、定規が静止状態にある座標で測定される場合よりも短くなっていた。このときにもうひとつ思い出すべきなのが、この観測者にとって定規が時間の中では「広がって」もいたということだ。定規に対して静止状態にある観測者にとっては同時に起こる両端の事象が、第二の観測者にとっては同時発生していないのである。

ミンコフスキーは、この事実を、そしてほかのあらゆることを、うまく説明できる方法があることに気がついた。それぞれの観測者が探る別々の三次元像は、ある意味で、「回転」した四次元「時空」の別々の投影なのであって、実際にはあらゆる観測者にとって同様の、四次元時空の不変の「長さ」が存在するのだと考えればいい。この四次元の空間は、現在ではミンコフスキー空間と呼ばれている。これは普通の三次元空間とは少々異なる。そこでは四番目の次元である時間が、空間の三つの次元、x、y、zとは、やや異なって扱われるからだ。四次元の「時空の長さ」はSであらわされるが、これはLであ

らわされる三次元の長さからの類推で、次のような式になるかと思えば、

$$S^2 = x^2 + y^2 + z^2 + t^2$$

そうはならず、次のようになる。

$$S^2 = x^2 + y^2 + z^2 - t^2$$

時空の長さSの記述において、t^2 の前に出てくるマイナス記号は、ミンコフスキー空間に特殊な性格を与えるものであり、私たちが互いに対して相対的に運動しているときに空間と時間に対して持つそれぞれ別々の像が、プラトンの洞窟の場合のような単なる回転の結果ではなく、もう少し複雑なものであることを示す理由でもある。

ともあれ、これで一挙に、われわれの宇宙の本質そのものが変わった。これをミンコフスキーは一九〇八年に、こう詩的に表現した。「これからは、空間そのもの、時間そのものは、ただの影となって消え行く運命にあり、その二つが統合されたものだけが、独立した現実を保持することになる」こうしてアインシュタインの特殊相対性理論は、表面上、物理的な現実を主観的な、観測者に依存するものにしたように見える。しかし、その意味で、「相対論」というのは間違った呼び名だろう。相対性理論はむしろ、絶対性の理論なのだ。空間と時間の測定は主観的かもしれないが、「時空」の測定は普遍的であり、絶対的なのである。光の速さは普遍的であり、絶対的である。そして四次元ミンコフス

キー空間は、自然のゲームが行なわれる場なのである。

ミンコフスキーによるアインシュタイン理論の再構成からもたらされた根本的な見方の変化がどれほど深かったかを、おそらく最もよく伝えているのが、ミンコフスキーの描いた像に対するアインシュタイン自身の反応だった。最初、アインシュタインはこれを「不必要に学術的」だと言って、単に数学的に手が込んでいるだけの、物理的重要性の欠けたものとほのめかしたのだ。その後まもなく、彼はその見解を強調するように、こうも言った。「数学者たちが相対論に侵入してきて以来、私はもう自分でもわからなくなった」。とはいえ、彼の人生で何度かあったように、最終的にアインシュタインは意見を変えて、空間と時間の真の性質を理解するのにこの洞察が不可欠であることを認めた。そしてのちには、ミンコフスキーが据えた基盤の上に一般相対性理論を構築した。

ファラデーの糸車と磁石が、最終的に、このような空間と時間についての深い理解のしかたに結びつくことを予期するのは、不可能とは言わないまでも難しくはあっただろう。しかしながら、後知恵という眼鏡で見てみれば、少なくとも、電気と磁気の統一が、運動によって新しい根本的な現実が明らかにされるような世界を呼び込むだろうというほのかな暗示はあったかもしれない。

ファラデーとマクスウェルの話に戻ると、この一連の発展のそもそものきっかけとなった重要な発見のひとつは、運動する電荷に磁石が奇妙な力で作用するということだった。磁石は電荷を前や後ろに押しやるのではなく、電荷の運動に対してつねに直角に力を及ぼすのである。この力は、もう少しでアインシュタインの前に相対論を発見するところだったヘンドリック・ローレンツという物理学者の名をとって、現在ではローレンツ力と呼ばれている。これを図にすると、次のようにあらわされる［図5-18］。

磁石の両極のあいだで運動している電荷は、上に押しやられる。

だが、これが粒子の座標からはどのように見えるかを考えてみよう。粒子の座標では、磁石が粒子の後方へと運動している［図5‐19］。

しかし私たちは慣例により、静止している荷電粒子は、電気力のみに影響を受けるものと考える。したがって、この座標では粒子は静止しているのだから、この図で粒子を上に押しやっているのは電気力だと解釈される。

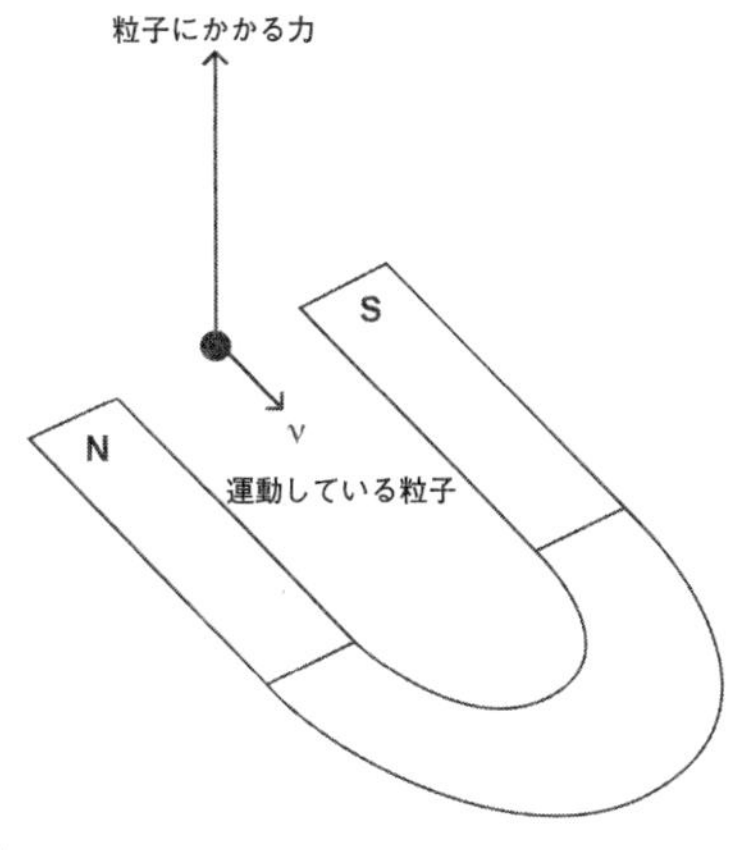

図5-18

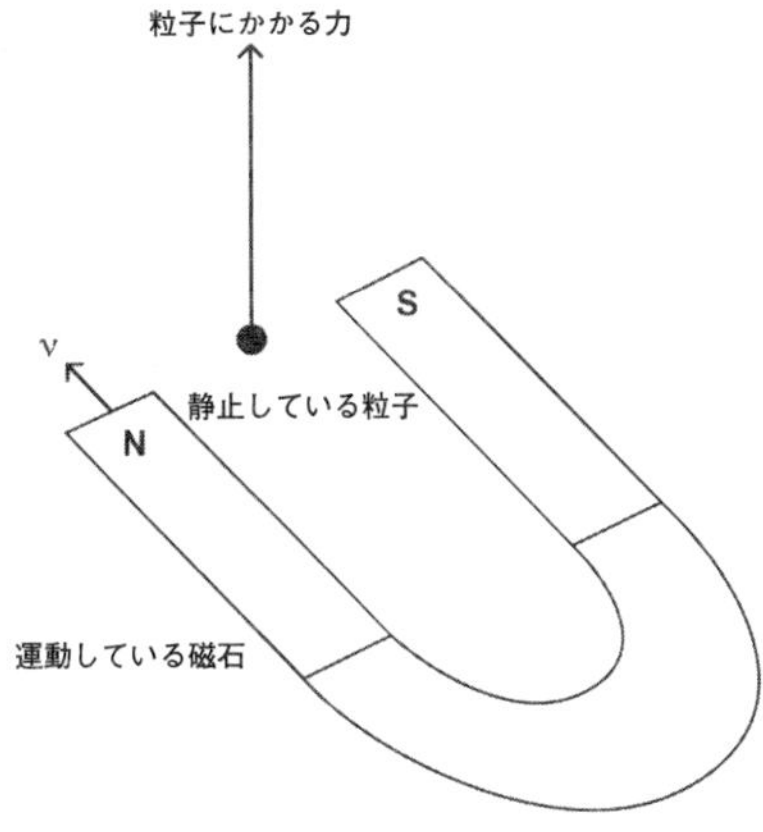

図5-19

したがって、ある誰かの磁気力は、別の誰かの電気力であり、その二つを関連づけているのは運動だということになる。つまり電気と磁気の統一は、その核心部分において、相対的な等速運動が観測者に現実に対して異なる見方をさせるということを反映しているのだ。

最初にガリレオによって探られた運動というテーマは、最終的に三〇〇年ののち、新しい現実への鍵となった。その新しい現実においては、電気と磁気が統一されただけでなく、空間と時間も統一された。こんな壮大な物語は、最初の時点では誰も予期できなかっただろう。

だが、それこそが、史上最も偉大な物語の美しいところだ。

第六章　現実の影

彼らが話しながら歩き続けていると、なんと、火の戦車と火の馬が二人の間を隔てた。

——「列王記下」二章十一節

一九〇八年に思いもよらなかった空間と時間の隠れた関係が発見され、その衝撃がまだ後を引いていたころは、自然界がこれよりずっと奇妙になるなんてありえないだろうと思われていたかもしれない。しかし、宇宙はわれわれの感性なんて気にしちゃいない。そして光はふたたび、アリスの冒険が生ぬく思えるような世界に通ずるウサギの穴のドアを開けるための鍵を提供した。

アインシュタインとミンコフスキーによって明るみに出された関係性は、たしかに奇妙に思えるかもしれないが、それでも光の速さの不変性を考えれば、先ほど私が実証してみたように、直感的に理解できないものでもない。だが、次になされた発見は、はるかに直感的でないものだった。すなわち、とても小さなスケールでは、自然のふるまいが人間の直感ではとうてい受け入れがたいものになるということだ。なにしろ人間は、そのふるまい自体を直接的に感知することができないのである。かつてリチャード・ファインマンが言ったように、量子力学を理解している人間は誰もいない――もし「理解」の意味が、完全に直感でわかりそうな具体的な物理状況を思い描けるということであるのなら。

量子力学のルールが発見されてから何年が経とうと、この分野は絶えず驚きを生み続けるだろう。たとえば一九五二年、天体物理学者のハンブリー・ブラウンは、空にある大きな電波源の角直径を測定するための装置を作った。これがたいへんうまくいったので、ブラウンと同僚のリチャード・トゥイスは、同じアイデアを星の光にも当てはめて、それぞれの星の角直径を推定しようとした。多くの物理学者は、この強度干渉計という彼らの作った装置がうまくいくはずはないと主張した。量子力学がきっと邪魔をするからだ、というわけである。

しかし、強度干渉計は問題なく働いた。物理学者が量子力学に関して間違ったことを言ったのはこれが最初ではなかったし、きっと最後でもないだろう。

量子力学の奇妙なふるまいを理解するということは、往々にして、一見するとありえないものを受け入れるということだ。ブラウン自身、自分が作った強度干渉計の理論を説明しようとするときに、こんな愉快なことを言っている。彼とトゥイスはなんとか「光の逆説的な性質」を伝えようとしていたのだが、「……これはなんというか、わけがわからないことを説明するようなもので――変な言い方をすると、アタナシウス信条を説くのにとてもよく似た行為だ」。たしかに量子力学における多くの奇妙な効果と同じように、三位一体――父と子と聖霊、このすべてが一つの存在の中に同時にまとめられている――というのも一見するとありえない。だが、似ているのはそこまでだ。

常識から言えば、光が波であると同時に粒子でもあるということも、やはりありえないだろうと思われる。しかし常識がなんと言おうと、そしてわれわれが好もうと好むまいと、実験はそれが事実だと言っている。五世紀にできあがったアタナシウス信条とは違って、この事実は意味論の問題ではないし、選ぶ選ばない、信じる信じないの問題でもない。したがって、この量子力学信条を毎週のように朗唱して、奇妙さや信じられなさを薄めようとする必要もない。

「量子力学の解釈」などという言葉がよく聞かれるのはもっともなことで、いわゆる「古典的」な現実像——すなわち、われわれが人間スケールで感知しているような世界の古典的な運動をつかさどるニュートンの法則であらわされる像——だけでは、とうてい全体像をとらえるには足りないのだ。われわれが感知する表面上の世界は、われわれが観測する現象の根底にあるプロセスの重要な側面を隠してしまっている。だからプラトンの哲学者たちにしても、壁に映った人間の影だけを観測していては、人間を支配する生物学的なプロセスを発見することができなかった。どんなレベルの分析をしても、彼らが黒っぽい形状の根底にある完全な現実に直感的に気づくことはなかっただろう。

量子世界は、あることが理にかなっているかどうか、あるいはもっと言えば、ありえるかどうかについてのわれわれの常識をあっさりと覆す。要するに、とても小さなスケール、とても短い時間では、巨視的な物体のシンプルな古典的ふるまい——たとえば野球のピッチャーから投げられたボールがキャッチャーに届くというようなこと——が、もろくも崩れ去る。というよりも、小さなスケールでは、物体は多くの異なる古典的ふるまいを——および古典的には許されないふるまいも——同時に経験するのである。

量子力学も、プラトン以降の物理学のほぼすべてと同様に、光について考える科学者たちから始まった。ゆえに、量子世界のとんでもなさを探るにあたって光から始めるのはふさわしいことであり、今回は、イギリスの博識家トマス・ヤングによって初めて報告された重要な実験までさかのぼることにしよう。それは一八〇〇年ごろに行なわれた、かの有名な「二重スリット実験」だ。

ヤングの生きていた時代を今日の感覚で理解するのはなかなか難しいが、当時は優秀で勤勉な一個人が多くの異なる分野で画期的な業績を挙げられる時代だった。しかしヤングの場合、単に優秀で勤勉な一個人であるというにはとどまらなかった。彼はまさしく神童で、二歳にして字が読め、一三歳までにはギリシャ語とラテン語の主要な叙事詩を読み終えて、顕微鏡と望遠鏡を自作し、四ヵ国語を習得した。のちに医師としての訓練を積んだヤングは、一八〇六年に、いまや科学に関わるあらゆる分野に浸透しているエネルギーの近代的な概念を、史上初めて提唱した。これだけでもヤングを記憶すべき人物とするには十分だが、彼は空いた時間を利用して、ロゼッタ・ストーンのヒエログリフの解読に努めた最初の人物ともなった。また、弾性のある素材の物理についても研究して、これを現在で言うところのヤング率と結びつけたほか、色覚の生理を初めて解明することにも寄与した。さらにヤングは勇敢にも、光の波動性を実証した（それはすなわち、光は粒子でできているというアイザック・ニュートンの強固な主張に反論するということだった）。この実証はどうにも否定しようがないほど圧倒的で、これがのちのマクスウェルによる電磁波の発見の土台となった。

ヤングの実験は単純なものだ。ふたたびプラトンの洞窟に戻って、あの洞窟の黒い壁の手前にスクリーンがあったと考えてみよう。左の（上から見た）図のように、このスクリーンには二つのスリット（細長い切り口）が入っている［図6‐1］。

もし光が粒子でできているのなら、スリットを突き抜けた光線が壁に当たって、その二つのスリットの真後ろに二本の明るい直線ができるだろう［図6‐2］。

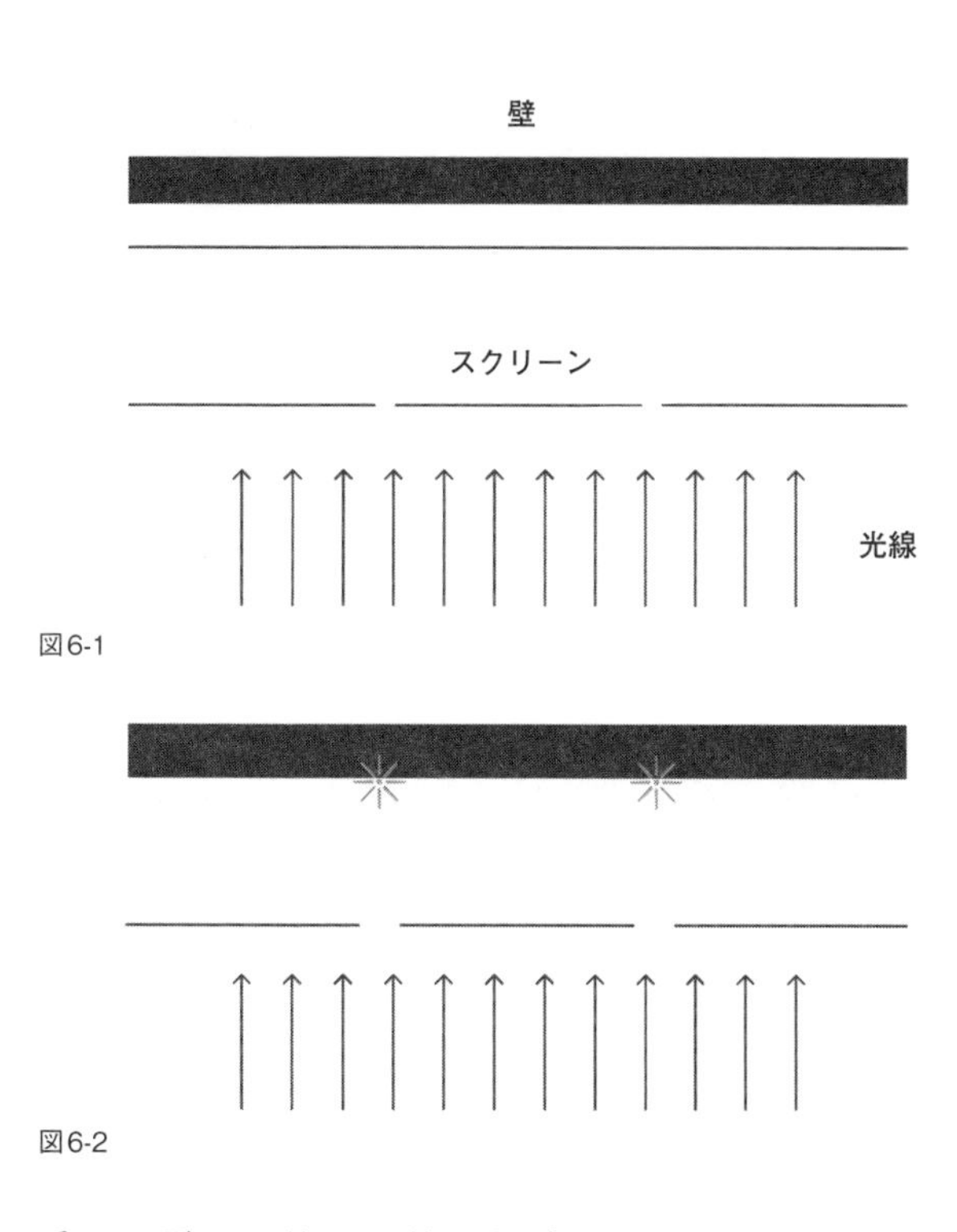

図6-1

図6-2

しかしご存じのように、波は粒子と違って、障壁と狭いスリットのまわりで回折するから、壁にできる模様はまったく違ったものとなる。もし波が障壁にぶつかれば、そして二つのスリットがどちらも狭ければ、それぞれのスリットの出口で円環状の波が生じ、その両方の波が互いに「干渉」しあって、ときには建設的な効果を、ときには破壊的な効果を生む。その結果、次頁の図のように、後ろの黒い壁には明るい部分と暗い部分の縞模様ができる［図6-3］。

ちょうどこのような狭いスリットの入った装置を使って、ヤングはこの干渉パターン、すなわち波に特有の干渉パターンを報告し、光の波動性を決定的に実証した。その当時（一八〇四年ごろ）、これは物理学史上において画期的なできごとだった。

ヤングが光で試したのと同じ実験を、電子のような素粒子を使って試してみることもできる。たとえば昔のテレビ受像機の画面のような燐光性のスク

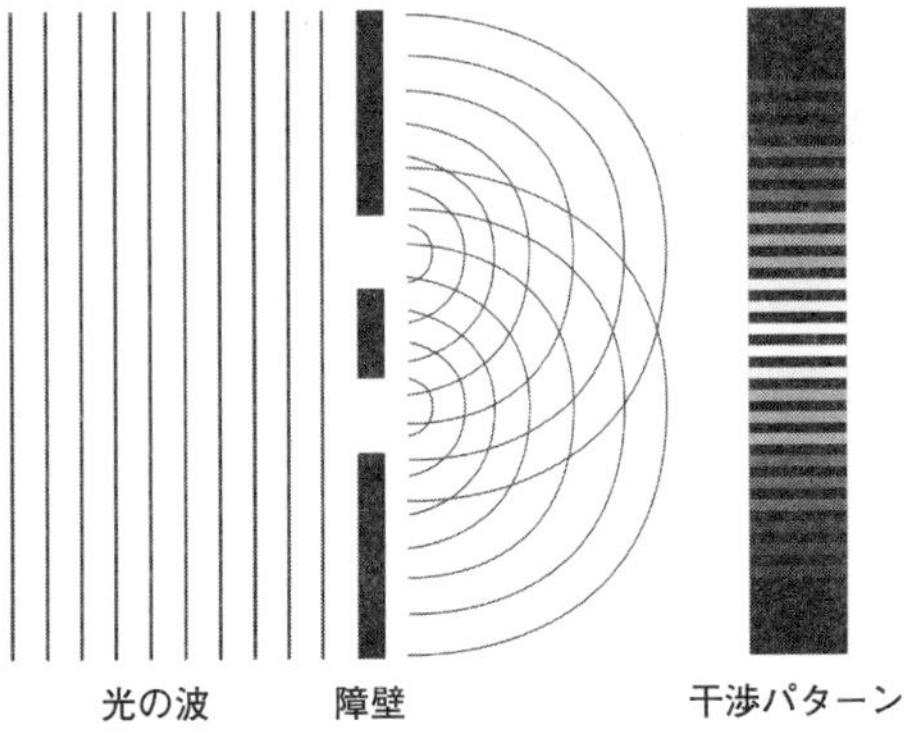

光の波　障壁　干渉パターン

図6-3

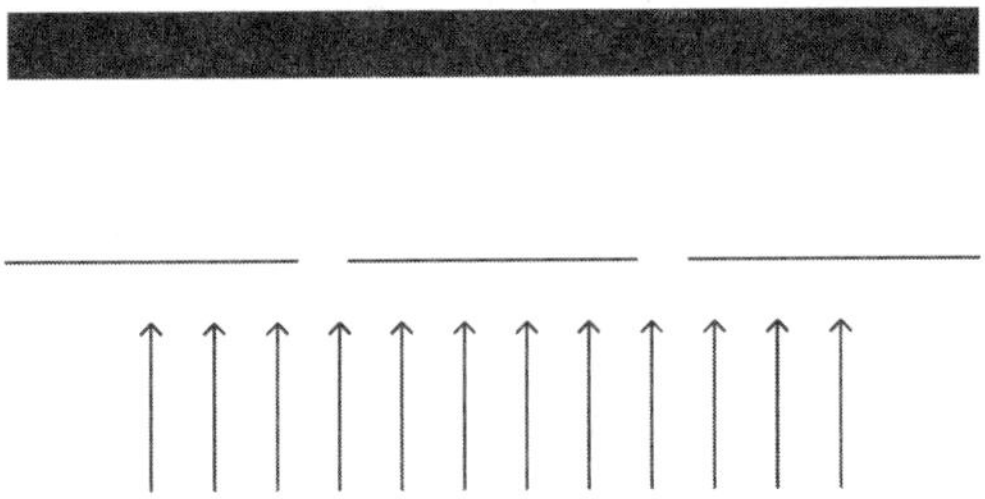

図6-4

リーンに向かって、電子ビームを発したとしよう。するとスクリーン上でビームが当たったところには、明るい点が見えるはずだ。そこで今度は、ヤングが光で試したときと同じように、スクリーンの手前に二つのスリットを設置してから、幅の広い電子流をスクリーンに向けてぶつけたと考えてみる［図6-4］。

先ほどの光のふるまいについての話からして、まず想像されるのは、二つのスリットそれぞれの真後ろに、スリットを通過してスクリーンに衝突することのできた電子によって、明るい直線が生じるということだろう。しかしながら、おそらくあなたも察しているように、少なくとも二つのスリットが十分に狭くて、互いとの距離が十分に近ければ、実際に現れる模様はそれではない。そこに見えるのは、ヤングが光の波で観測したのと同じような干渉パターンだ。つまり電子は粒子でありながら、この場合はちょうど光の波と同じようにふるまうのである。

量子力学では、粒子が波のような特性を持つということだ。

　一方のスリットから流れ出た電子の「波」が、もう一方のスリットから流れ出た電子の「波」と干渉しあえるというのは、思いもよらない奇妙なことだが、それよりはるかに奇妙なのは、電子を一度に一個ずつスクリーンに向けて発した場合に起こることだ。その場合でも、スクリーンにできる模様は前述の干渉パターンとまったく同じなのである。どういうわけか、電子は個々に自らと干渉しあっている。電子はビリヤードの球ではないということだ。

　この現象は、一個の電子がスクリーン上の各点に突き当たる確率という考え方をすれば理解できる。その確率は、それぞれの電子が一つの軌道をとっているのではなく、多くの異なる軌道を同時にとっていて、そのうちのいくつかの軌道が一方のスリットを抜け、また別のいくつかの軌道がもう一方のスリットを抜けているのだと見なすことによって定まる。一方のスリットを抜けた軌道は、もう一方のスリットを抜けた軌道と干渉しあい、結果として、壁に干渉パターンが観測されるというわけだ。

　もっとあけすけに言えば、電子はビリヤードの球とは違って、どちらかのスリットを通ったと確実に言うことができないのだ。電子はどちらのスリットも通っていないと同時に、どちらのスリットも通っている。

　そんな馬鹿な、とあなたは言うだろう。そして、そんな馬鹿話がありえないことを証明するために、この実験にちょっとした変更を加えてみるかもしれない。それぞれのスリットのところに電子を測定する装置を用意して、一個の電子がスリットを通るたび、装置がそれをカウントできるようにするのだ。

　するとやっぱり、一個一個の電子がスクリーンに向かって進むたび、装置は一度に一回しかカウントしない。ということは、やはり一個一個の電子は、両方ではなく片方どちらかのスリットを通っているのだとしか思えない。

しかしながら、もしあなたがそこで、スリットの後ろのスクリーンに積み重ねられた電子のパターンを見てみれば、それは先ほどの干渉パターンから、最初に予想されたパターン、すなわち、二つのスリットそれぞれの後ろに明るい領域ができているパターンに変わっているだろう。これではスクリーンに向けて波ではなく、まるでビリヤードの球や弾丸が放たれたかのようだ。

要するに、あなたは自分の古典的な直感が正しいことを証明しようとした際に、電子のふるまいを変えてしまったのである。これを量子力学でのもっと一般的な言い方であらわせば、系の測定はそのふるまいを変えられる、ということである。

量子力学には一見ありえないような側面が数多くあるが、そのひとつが、測定されていないときの電子が良識的な古典的ふるまいをすることを実際に実証できる実験は何ひとつないということだ。

一見するとただの粒子のように思える――たとえば電子のような――物体の、この奇妙な波動性は、数学的には、それぞれの電子に「波動関数」を割り当てることで表現される。波動関数というのは、ある任意の一点に電子が見つかる確率を記述するものである。もしも多くの異なる点で波動関数がゼロでない値をとっているなら、その電子の位置は、実際にその位置が測定される以前には特定できないことになる。言い換えれば、測定がなされる以前には、電子が実際にある特定の点に局所化されない可能性がゼロでない確率であるということだ。

これは単に、粒子の位置を特定するのに必要なすべての情報を得ることが実際に測定するまではできないというだけの問題ではないのか、と思うかもしれないが、ヤングの二重スリット実験を新たに電子で試してみたときに実証されたように、まず間違いなく、そうではない。測定と測定のあいだに何が起こっているのかについて、いくら「合理的」な古典的見方をしても、それはデータと一致しないのである。

＊＊＊

このような電子の奇妙なふるまいは、直感的にとらえられる古典的な論理では微視的な世界を理解できないことの最初の証拠ではなかった。繰り返して言うが、プラトン以降、われわれが自然を理解する上での革命的な発展がすべてそうであったように、量子力学の発見も光を考えることから始まった。

最初に見たように、もしもヤングの二重スリット実験をプラトンの洞窟で光線を使ってやったなら、洞窟の壁にはヤングが発見したのと同様の干渉パターンが現れるだろう。そのパターンは、光がまさしく波であることを実証していたのだ。ここまではいい。だが、もしも光源が十分に弱かったときに、それでも光がどちらかのスリットを通り抜けるのを検出しようとしたらどうなるか。その場合は、奇妙なことが起こる。光のビームが二つのスリットの両方ではなく、片方どちらかを通過するのが測定されることになるのだ。そして電子を使っても、この場合は壁のパターンが変化する。光が波ではなく、粒子だった場合に見られるようなパターンが現れるのである。

実際、光はどういう状況で測定されるかによって、粒子のようにも波のようにもふるまう。光の個々の粒子は、現在では光子と呼ばれているが、最初はドイツの理論物理学者マックス・プランクによって「量子」と名づけられた。プランクは一九〇〇年に、光はある最小の束として吸収されたり放出されたりしているのではないかという考えを示したのである（光が非連続的な分離した塊なのかもしれないという考えは、すでに一八七七年に偉大なるルートヴィヒ・ボルツマンによって出されてはいたが）。

私はプランクの生涯について知ってから、彼をいっそう尊敬するようになった。アインシュタインと同様に、プランクも最初は無給の講師で、学位論文を完成させたのちも、どこの大学からもお呼びがかからずにいた。この時期、プランクは熱の性質を理解することに努め、熱力学の分野でいくつかの重要な研究を果たした。自分の論文の正しさを主張してから五年後、ついに大学から職をオファーされ、それからはたちまち出世して、一八九二年には権威あるベルリン大学の正教授として迎えられた。

プランクは一八九四年、高温の物体から発せられる光の性質についての問題を調べ始めたが、その動機のひとつには商業的な報酬があった（これまで語ってきた物語の中で、私の知るかぎり、基礎物理学が商業的に動機づけられていた最初の例である）。当時の新発明だった白熱電球において、消費エネルギー量を最小に抑えながら光の最大量を得るにはどうしたらよいかを探ることを委託されていたのだ。

誰でもご存じのように、オーブンを熱すると、内部がまず赤く輝きだし、さらに温度が上がると、今度は青っぽく輝きだす。だが、それはどうしてなのだろう。驚くべきことに、この疑問に対する従来のアプローチでは、そのような観測を再現できなかったのである。プランクは六年間もこの問題と格闘した末に、観測と一致する画期的な放射説を提案した。

当初、プランクが出した答えに画期的なところは何もなかったが、二ヵ月もしないうちに、プランクは最初の分析に修正を加え、基礎的なレベルで何が起こっているかについてのアイデアを取り込めるようにした。彼はその新しいアプローチを指して、「やけっぱちの行為」と表現している。「……私は物理学についてのそれまでの確信をすべて犠牲にする覚悟だった」。私はこれを初めて読んだときからプランクを慕わしく思うようになったのだ。

これは私からすると、科学的プロセスをとても有効なものにする基本的な資質を反映しているように思える。そしてその資質が、量子力学の出現にとても明確にあらわされていると思うのだ。「それまでの確信」なんてものは、いずれ覆されるのを待っている確信にすぎない――もし必要ならば実証的なデータによって。それまで大事にしてきた古い考えがもし通用しないなら、それは昨日の新聞のようにあっさり捨てられてしかるべきものだ。そして実際、物質の発する放射の性質を説明するのに、古い考えは通用しなかったのである。

プランクは、光が波であることを承知しながらも、それがある最小エネルギーのひとくくりの「塊（パケット）」というかたちでしか放出されないのではないか、そしてその放射は振動数と比例しているのではないかという基本的な仮定から、放射の法則を導き出した。このエネルギーと振動数とを関連づける定数を、プランクは「作用量子」と名づけた。これが現在で言うところのプランク定数だ。

この説のどこが画期的なのかと思われるかもしれないが、ファラデーが電磁場に関してやったように、プランクもその仮定を、単に自分の分析を成り立たせるための方策として、正式な数学の補助に使っていただけだった。「実際、それについてはとくに深く考えていなかった」と、のちに本人が語っているくらいである。にもかかわらず、光が粒子のような塊として放出されるというその提案は、光を波ととらえる古典的な見方とは明らかに折り合いが悪い。波によって運ばれるエネルギーは、単にその波の振動の大きさと関連づけられるだけで、振動の大きさはゼロから連続的に変化することができる。ところが、プランクの説にしたがえば、ある任意の振動数の光の波というかたちで発せられるエネルギー量には絶対的な最小量があるというのだ。この最小量は「エネルギー量子」と呼ばれた。

プランクは引き続き、このエネルギー量子を古典的な物理で理解できないかと考えてみたが、どうにもうまくいかず、本人の言葉を借りれば「たいへんな窮地」に陥った。それでも彼は、ほかの多くの同僚と違って、宇宙が彼の人生を楽にするために存在しているのではないことを知っていた。物理学者であり天文学者でもあったサー・ジェームズ・ジーンズは、放射によってもたらされた証拠を前にしても古典的な見方をあきらめようとしなかった人物だが、プランクはそのジーンズを引き合いに出して、こう言った。「私にはジーンズの頑固さが理解できない——彼は、あってはならない理論家の見本で、哲学にとってのヘーゲルと同じだ。自分の理論に事実が合わないなら事実のほうが悪い、だなんて」(読者が私に手紙を送ってこないよう念のため言っておくが、このヘーゲルへの非難はプランクが言っているのであって、私ではない!)

プランクはのちに、やはり自分と同じく事実から画期的なアイデアを生むにいたっていた、もうひとりの物理学者と友達になった。アルベルト・アインシュタインである。一九一四年、ベルリン大学の学部長となったプランクは、大学にアインシュタインのための新しい教授職を用意してやった。プランクは最初、アインシュタインの驚くべき提案——特殊相対性理論が提案されたのと同じ年の一九〇五年に提出されたもの——を受け入れられなかった。なんと光は量子的な塊で物質から発せられるだけでなく、光のビームそれ自体が、そうした量子の集まりとして存在しているというのである。つまり光そのものが、粒子状の物体でできているということであり、その物体が現在で言うところの光子である。

アインシュタインがこの提案をするにいたったのは、光電効果という現象を説明するためだった。光電効果は、一九〇二年に物理学者のフィリップ・レーナルトによって発見されていた。ちなみにレーナルトは、反ユダヤ主義者で知られ、のちにアインシュタインのノーベル賞受賞を遅らせること、および、その受賞理由を相対性理論についての研究ではなく光電効果についての研究にさせるという妙なことに——そこに一種の詩を感じられなくもないが——大いなる影響力を及ぼした人物である。ともあれ、その光電効果によって、金属の表面に当たった光は金属の原子から電子を叩き出し、電流を発生させる。ただし、光の強度がどれほど大きくても、その光の振動数が一定の限界よりも低ければ、電子はいっさい放出されない。その限界の値より振動数が高くなった瞬間に、光電効果による電流が発生する。

アインシュタインはこれに対して、もし金属に入射する光が最小エネルギー量の塊になっていて、そのエネルギー量が光の振動数に比例しているのなら、この効果を説明できると正しく認識した。そしてその仮定は、まさにプランクが物質から発せられる光について仮定したことだった。この場合、ある一定の限界振動数より大きな振動数を持った光だけが、原子から電子を叩き出すのに十分なエネルギーの量子を含んでいるということだ。

プランクは、自分が立てた放射の法則を説明するものとして、発せられる放射の量子化については受け入れることができた。しかし、光それ自体が量子のようなもの（すなわち粒子のようなもの）であるという仮定は、光を電磁波と見なす通常の理解からするとあまりに異質だったから、さすがにプランクもひるんだ。そしてようやく六年後、のちに有名となるソルベー会議の第一回がベルギーで開催されたとき、ついにアインシュタインはプランクを説き伏せて、光についての古典的な見方は捨てなければならないこと、そして量子――またの名は光子――は現実のものであることを確信させた。

アインシュタインは、のちに量子力学と現実の確率論的な本質を冷やかした「神はこの宇宙に関してサイコロを振らない」という有名な言葉で自ら非難することになる事実を、初めて実際に使った人物でもあった。彼は、もし原子が自発的に（すなわち、直接的な原因がなくても）放射の有限の塊を吸収したり放出したりするあらわれとして、原子内の電子が離散したエネルギー準位のあいだを飛び移れるなら、やはりプランクの放射の法則が導けることを明らかにしたのである。

皮肉なことに、量子革命を開始しておきながら最後までそれに加わることのなかったアインシュタインは、おそらく物質の性質を記述するために確率論的な論理を使った最初の人物でもあった。これはアインシュタイン以降、量子力学を完全な理論に変えた物理学者たちが中心に据えることになった戦略である。結果として、まさにアインシュタインは、神がこの宇宙に関してサイコロを振ることを実証した最初の物理学者たちのひとりだったわけだ。

この類推をもう一歩進めると、アインシュタインは、量子の領域に入ると古典的な因果関係の概念が通用しなくなることを実証した最初の物理学者のひとりだったということになる。私がこの宇宙に原因は必要ではなかった、宇宙は単に無から生じたのだと言ったとき、多くの人が異議を唱えた。だが、あなたがこのページを読むのに使っている光には、まさしくそれが起こっている。熱い原子内の電子は光子を放出する。この光子は放出されるまでは存在しなかったものだ。その光子の放出は自発的になされ、特定の起因は何もない。このような、原因がなくても光子が無から生じうるという考えに、私たちは少なくともある程度までは慣れているはずだ。これはよくて、なぜ宇宙全体では駄目なのか？

電磁波が粒子でもあるという認識とともに、自然に対するわれわれの見方を全面的に変えることになる量子革命が始まった。粒子であると同時に波でもあるなどということは、古典的な見方からすれば――この章の前半で見てきたことから明らかなように――ありえない。しかし、量子世界ではありえるのだ。そして、同じく明らかなことながら、これはただの始まりにすぎなかった。

第七章　宇宙は小説よりも奇なり

ですから、あなたがたの確信を捨ててはいけません。
それには大きな報いがあるのです。

――「ヘブライ人への手紙」十章三十五節

世間一般には、われわれを取り巻く宇宙を説明するのにいかれた奥義を発明するのが大好きなのが物理学者というもので、なぜそんなことをするかと言えば、ほかにやることがないからか、ことさらにひねくれているからだろう、と思われているのかもしれない。しかしながら、量子世界が初めて姿を現したときの経緯が実証するように、たいていの場合は、むしろ自然のほうが私たち物理学者を、いくら騒いで抵抗しようとおかまいなしに、見慣れた安全な世界から引きずり出しているのである。

とはいえ、私たちを量子世界へと突き進ませたパイオニアたちがただ流されていたのかと言うと、それもまた大きな語弊がある。彼らは前例のない、案内人もいない航海に乗り出したのだ。彼らが踏み入った世界はあらゆる常識と、あらゆる古典的論理を平然と無視するところだったから、彼らはいつどこでルールが変わるかと、つねに備えていなければならなかった。

よその国に足を伸ばしたときのことを想像してみればいい。そこの住人はみな知らない言葉をしゃべり、そこでの法則は、あなたが生まれてこのかた経験したこともないようなものにもとづいている。そのうえ、交通信号が隠されていたり、行く先々で変わるようなものだったりしたら。そう考えてみれば、二十世紀前半に自然についてのわれわれの理解を一変させた威勢のいい若手物理学者たちが、どんなところへ向かっていたか察しがつくだろう。

量子の奇妙な新世界を探るのと、新たな景色をめぐる旅に乗り出すのとを類比するのは、こじつけのように思えるかもしれない。だが、まさにその二つを自らの人生の中で平行させたのが、ほかならぬ量子力学の創始者のひとり、ヴェルナー・ハイゼンベルクである。一九二五年のある夏の晩、ヘルゴラント島という北海に浮かぶ美しいオアシスで、自分がかの理論を発見したと気づいたときのことを、のちにハイゼンベルクはこう回想している。


午前三時ごろのことだった。その直後、目の前に計算の最終結果があった。そのエネルギー原理はすべての項に当てはまっていた。私の計算が指し示している量子力学の無矛盾性と一貫性に、もはや疑いは持てなかった。最初は私もひどく不安を覚えた。自分が原子の現象の表面下にある、不思議に美しい内部を見ているような気がして、自然が寛大にも私の前に広げて見せてくれた、この豊かな数学的構造をこれから探らねばならないのだと思うと、めまいがしそうだった。興奮して眠れそうもなかったから、新しい一日が明けようとしているなかで、私は島の南端に向かうことにした。そこの海に突き出た岩にかねて登りたいと思っていたのだ。そしていまや、私はほとんど苦労することなくそれを実現しながら、太陽が昇るのを待っていた。

ハイゼンベルクは博士号を得た直後、ドイツのゲッティンゲンにある有名な大学に移って、マックス・ボルンとともに量子力学の無矛盾の理論を考案するべく研究にいそしんでいた（ちなみに一九二四年に「量子力学について」という論文で初めて量子力学という用語を使ったのがボルンだった）。しかし花粉症に苦しめられたハイゼンベルクは、緑の田園を逃れて島に移った。その新たな地で、原子の量子的ふるまいに関するアイデアに磨きをかけ、成果をボルンに送ったところ、ボルンがそれを出版に向けて投稿してくれた。

ハイゼンベルクの名前は一般にも知られているかもしれないが、それはおそらく、彼の名がついた有名な原理のゆえだろう。ハイゼンベルクの不確定性原理は、いつのまにかニューエイジ的なオーラをまとうようになっており、それに焚きつけられた多くのいかさま師が、どんな法外な夢でもかなう世界という希望を量子力学が与えてくれるかのように思っている人々を食い物にしている。

ハイゼンベルクのほかにも、ボーアや、シュレーディンガーや、ディラックや、そしてのちにはファインマンやダイソンといった有名どころが、それぞれ未知の世界への大きな躍進を果たした。しかし、彼らは単独でそれをやったわけではない。物理学は、共同作業が必須の分野だ。えてして科学の物語は、主人公が夜中にたったひとりで、いきなり何かに気づく経験をするかのように描かれがちだが、ハイゼンベルクは何年ものあいだ、博士課程の指導教官だったドイツの優れた物理学者、アルノルト・ゾンマーフェルトとともに量子力学を研究しており（彼の教え子からは四人、ポスドク研究助手からは三人が、ノーベル物理学賞受賞者となっている）、そのあとにはボルン（彼の功績は三〇年近く経ってからついにノーベル賞で認められた）、および若手の同僚パスクアル・ヨルダンとともに研究していた。名前や賞で称えられているすべての主要な功績には、多数の勤勉な個人がたいてい人知れず関わっていて、そのひとりひとりが攻防ラインを少しずつ前に進めているのだ。そうした小さな一歩の連続は標準であって、例外ではない。

未知の世界へのとりわけ驚くべき躍進は、それをやった本人にさえ、ずっとあとになるまで完全には評価されないことがほとんどだ。たとえばアインシュタインにしろ、自分が導いた美しい一般相対性理論を最後まで十分には信用せず、したがってその理論が予言する、この宇宙が静的ではありえないこと、むしろ膨張しているか収縮しているに違いないことも、観測によって膨張が実証されるまではなかなか信じようとしなかったのだ。そしてハイゼンベルクの論文が出たときも、世の中の反応は薄かった。ハイゼンベルクの同年代の友人にして、優秀かつ怒りっぽい物理学者だったヴォルフガング・パウリ（彼もまた将来ノーベル賞を受賞するゾンマーフェルトの助手のひとりに数えられる）は、研究なんて本質的には数学的マスターベーションだという意見を持っており、それに対してハイゼンベルクはおどけた調子でこう返した。

君もこれは認めなくてはならないが、いずれにしても、われわれは物理学を悪意によって破壊しようとしているわけではない。われわれが大馬鹿だから物理学に何も新しいものを生み出せないと君が非難するのは、まあそのとおりかもしれない。しかし、だとしたら、君も同じくらい大馬鹿だということになる。君だってまだ何もなしとげていないのだから。……どうか悪く思わないでおくれ。またよろしく。

物理学は、教科書で列挙されるように一直線に前進するわけではない。現実には、多くの優れた推理小説にあるように、進む先々に誤った手がかりや勘違いや失敗があるものだ。量子力学の発展の物語は、まさにそうしたものに満ちている。だが、ここではさっさと要点に入りたいので、ニールス・ボーアのアイデアが原子にかかわる量子世界の最初の基礎的な規則を明らかにするとともに、現代化学のほとんどの土台をつくった話は割愛しよう。同じく、エルヴィン・シュレーディンガーが驚くほど奔放な性格で、多くの愛人とのあいだに少なくとも三人の子供をもうけたことや、彼の波動方程式が量子力学の最も有名なアイコンであるといった話も割愛する。

その代わり、まず取り上げるのはハイゼンベルクだ。というより、ハイゼンベルク本人ではなく、彼の名を有名にした計算結果、すなわちハイゼンベルクの不確定性原理である。これはしばしば、量子系の観測が量子系の特性に影響を与えることを意味すると解釈される。実際、それは前に論じた、電子や光子が二つのスリットを通過して奥のスクリーンに突き当たる現象にもはっきりとあらわれていた。

あいにく、その解釈は誤解につながりやすい。観測者、とりわけ人間の観測者が、ある意味で量子力学に主要な役割を果たしているという誤解である。この紛らわしさを利用してきたのが、私のツイッターでの論敵ディーパック・チョプラで、彼はいろいろと要領を得ない話をするけれども、どうやらこの宇宙はわれわれの意識がなかったら、つまり、宇宙の特性を測定して確定させる人間の意識がなかったら、存在しなかったと考えているようなのだ。幸い、宇宙はチョプラの意識がある前から存在していたし、地球上のあらゆる生命の出現よりずっと前から存続していた。

ハイゼンベルクの不確定性原理は、根本的に、観測者とはまったく関係がない。この原理によって観測者の測定能力に限界が生じるとは言えるというだけだ。むしろ、この原理は量子系の基本的な特性

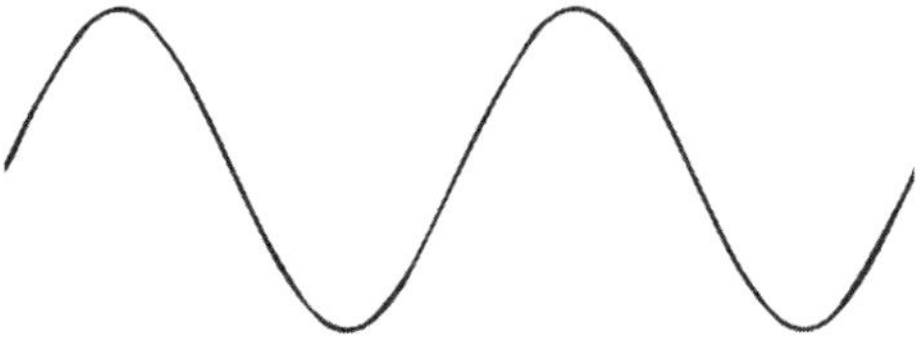

図7-1

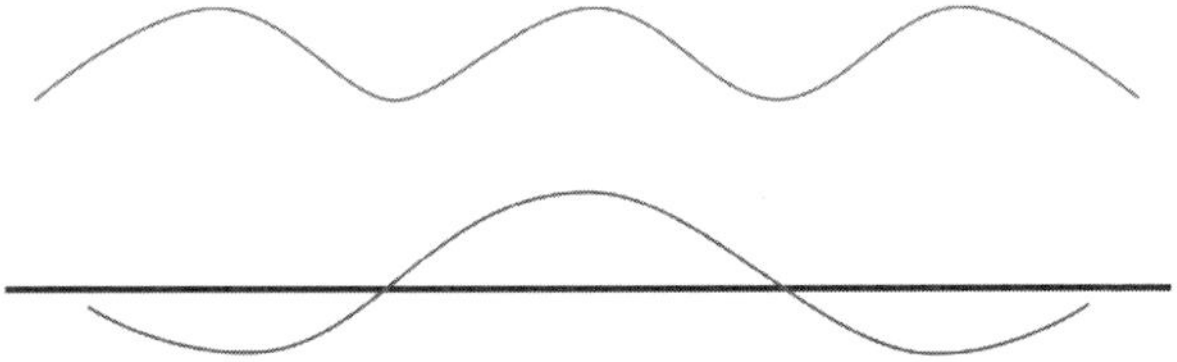

図7-2

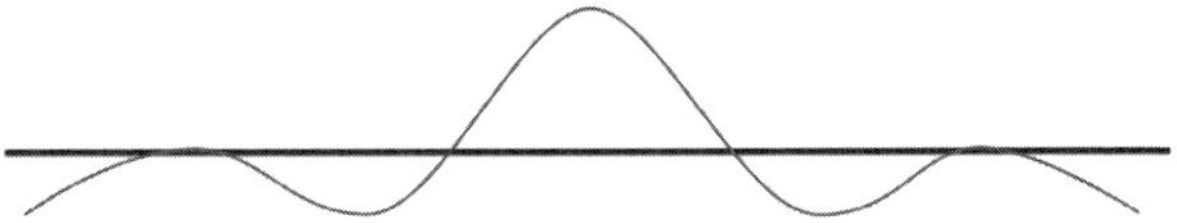

図7-3

であり、その量子系の波の性質にもとづいて、比較的単純に、数学的に導けるものである。

例として、単純な波形の乱れを考えてみよう。この波は、上の図のように、単一の振動数（波長）で振動しながらx軸の方向に進む[図7-1]。

すでに述べたように、量子力学では、粒子が波のような性質を持つ。マックス・ボルンのおかげで、任意の点にある粒子に関連した波の振幅の二乗――これを現在では、シュレーディンガーにしたがって、その粒子の波動関数と言う――が、その点に粒子が見つかる確率を決めることがわかっている。右の図で言うと、振動している波の振幅はどの山でもほぼ一定だから、波の振幅が電子の見つかる確率の振幅と一致しているとすると、このような波は、その経路において電子が見つかる確率がほぼどこででも一様になっていることを意味する。

そこで今度は、わずかに振動数（波長）の異なる二つの波がともにx軸に沿って進んでいた場合、その二つが合わさってどのような乱れになるかを考えてみよう。まずは、このような二種類の波がある

［図7‐2］。

これらが合わさると、乱れはこのように見える［図7‐3］。

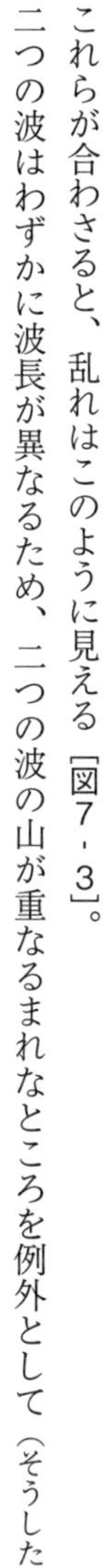

二つの波はわずかに波長が異なるため、二つの波の山が重なるまれなところを例外として（そうした場所のひとつが前の図での山になっている）、あとはすべてのところで二つの波の山と谷が互いを打ち消しあう、つまり「負の干渉」をすることになる。この様子は、前に述べたヤングの二重スリット実験での波の干渉の現象とよく似ている。

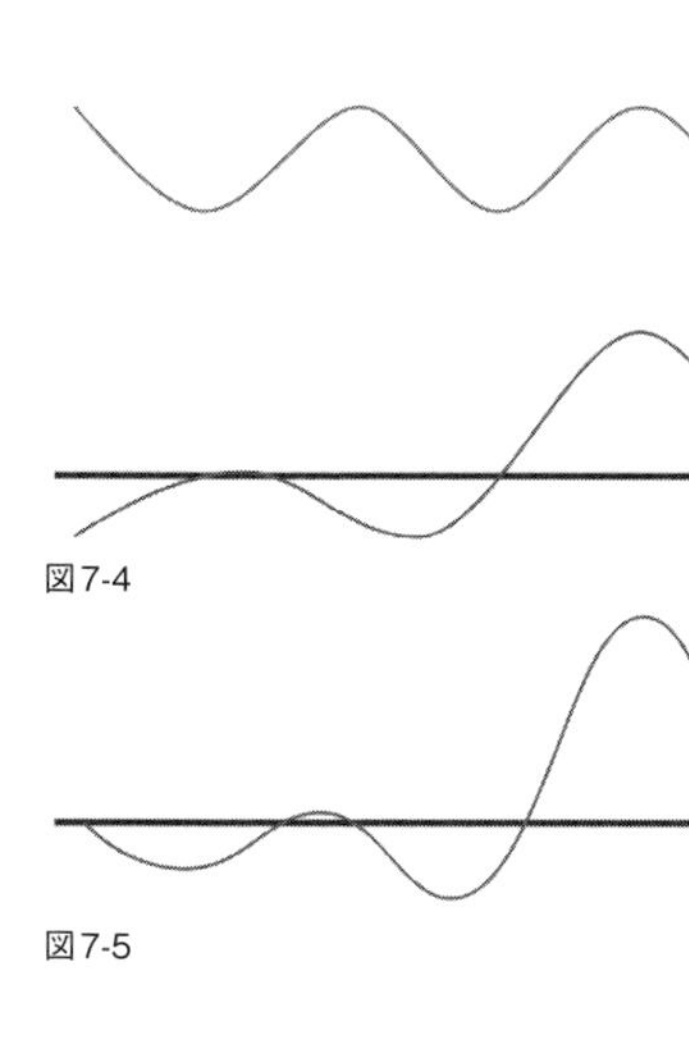

図7-4

図7-5

ここにまたひとつ、わずかに波長が異なる波を加えたらどうなるだろう［図7‐4］。

結果は、次のような波になる［図7‐5］。干渉によって振動はいっそう打ち消されるが、二つの波の山が重なるところは例外なので、そこだけ波の振幅の山がほかのところより高くなる。

このプロセスを何度も繰り返し、もともとある波とわずかに振動数が異なる波を適切な数だけ加えると、最後にどうなるかは想像がつくだろう。やがて波の振幅は、図の中央の狭い領域を除いてどんどん均されていき、中央から遠く離れたところでは、いずれ波の山がふたたび重なることになるだろう［図7－6］。

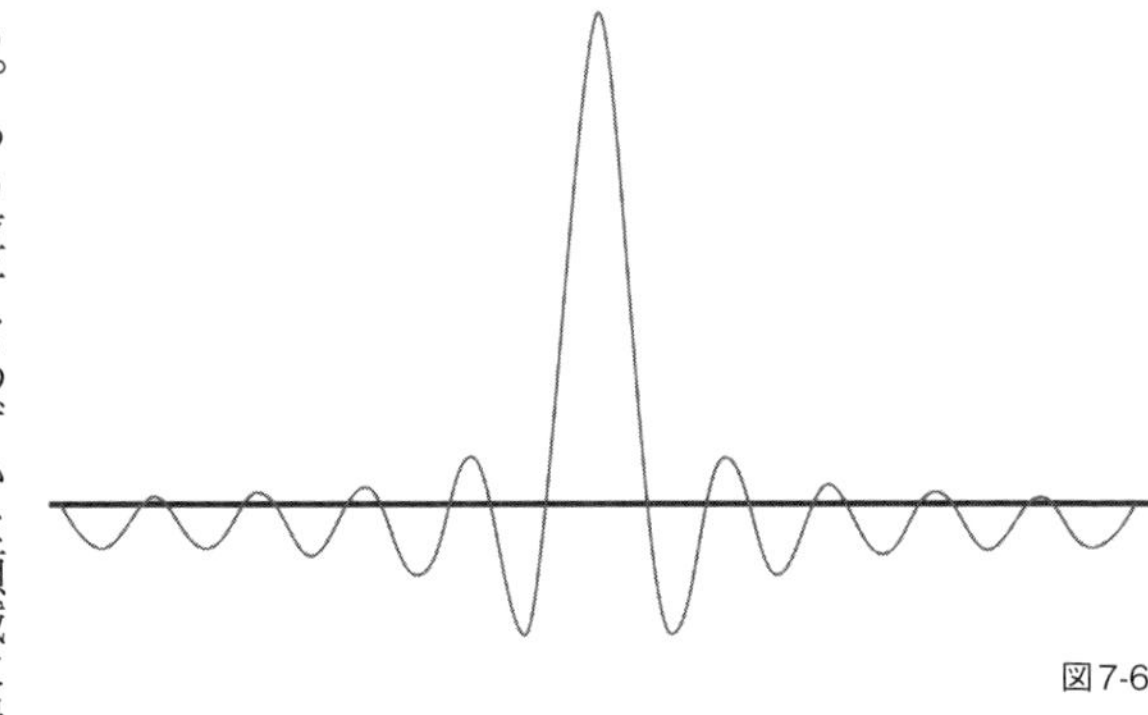
図7-6

わずかに振動数の異なる波が追加されればされるほど、中央の最も高い山の横幅は狭くなっていく。そこで今度は、これがある粒子の波動関数をあらわしていると想像してみよう。中央の山の振幅が大きくなればなるほど、その山の横幅の範囲のどこかに粒子が見つかる確率が高くなっていく。とはいえ、中央の山の横幅はまったくのゼロにはならない。したがって、いくら幅が狭くなっていっても、そのわずかな領域にあいかわらず乱れは残っている。

ここで、プランクとアインシュタインの話を思い出そう。彼らによれば、少なくとも光の波の場合、個々の放射の量子、すなわち個々の光子のエネルギーは、波の振動数に直接的に関係している。そして当然ながら、同じような関係が、質量のある粒子に関連した確率の波にも当てはまる。ただしこの場合、粒子に関連した確率波の振動数に関係しているのは、その粒子の運動量である。

したがって、ハイゼンベルクの不確定性の関係は以下のようになる。ある粒子をわずかな領域に局所化したい場合、すなわち、その粒子の波動関数の最も高い山の幅をできるだけ狭くしたい場合、その波動関数は、わずかに振動数の異なる波がたくさん追加されることによってできているのだと考えなくてはならない。だが、そうだとすると、波動関数の振動数に関連した粒子の運動量は、ある程度まで広がっていなくてはならない。粒子の波動関数の最も目立つ山の占める空間が狭くなれば狭くなるほど、その最終的な波動関数を生じさせるために追加されなければならない異なる振動数の数（すなわち運動量）は大きくなるのだ。これをもっとなじみのある言い方であらわすと、ある粒子の厳密な位置をできるだけ正確に特定したいと思うほど、その粒子の運動量は不確定性を増すのである。

もうおわかりのように、実際の観測やら、意識やら、あらゆる観測に関連する特定のテクノロジーやらに関係する制限は、ここにはいっさいない。これは量子世界でのひとつの事実に固有の特性なのだ。すなわち、波動関数は個々の粒子に関連しており、ある一定の運動量を持った粒子にとって、その波動関数はひとつの特定の振動数を持っているという事実である。

この関係を発見したのち、ハイゼンベルクは、これが本当にそうかもしれない理由についての発見的（ヒューリスティック）な見方を誰よりも先に提供した。彼はそれを思考実験のかたちで投げている。ある粒子の位置を測定するには、その粒子に光を当てて跳ね返らせなければならない。さらに粒子の位置を高い精度で分解するには、その位置の分解ができる程度に小さい波長を持った光が必要だ。しかし波長が小さいほど、それだけ振動数が大きくなり、その放射の量子に関連づけられるエネルギーは高くなる。だが、粒子に当てて跳ね返らせる光のエネルギーが高くなれば、当然ながらその分だけ、粒子のエネルギーと運動量が変わってしまう。したがって測定がなされたあと、測定時の粒子の位置はわかるかもしれないが、光がぶつかることによって粒子に与えられた可能性のあるエネルギーと運動量の幅は、いまやかなり大きい。

多くの人がハイゼンベルクの不確定性の関係を、量子力学の「観測者効果」として知られるようになったものと混同しているのは、これが理由だ。しかし、先ほどの例が実証しているように、本質的にハイゼンベルクの不確定性原理は観測とはいっさい関係ない。わが友人の言い分を引用すれば、もし意識が量子物理学の実験結果の確定と少しでも関係があるのなら、われわれは物理実験の結果を報告するにあたって、実験者がその実験をしたときに何を考えていたか——たとえばセックスとか——を論じなければならないことになる。しかしもちろん、そんな必要はない。あなたや私の身体を構成している原子を生み出した超新星爆発は、私たちの意識が存在するよりずっと前に起こったことなのだ。

ハイゼンベルクの不確定性原理は、多くの面で、自然に関するわれわれの古典的な世界観の完全なる死の縮図となっている。われわれが将来どんなテクノロジーを開発しようと、それとはまったく無関係に、自然はわれわれの知る能力に絶対的な制限をかけている。どの粒子の運動量と位置を同時に知ろうとしても、そこにはつねに、ある程度の不確定性がともなうのである。

だが、そう言われて想像されるより、この問題はずっと奥が深い。「知る」ことはそれと何の関係もない。前の二重スリット実験のところで述べたように、粒子がどんなときでも特定の位置と特定の運動量を持っていようと、それはなんら意味をなさない。われわれが測定するまで、粒子は広い範囲の位置と運動量を両方とも同時に持っている。そして測定された時点で、少なくともそのうちのどちらかが、われわれの測定機器によって決められたわずかな領域の範囲内に固定されるのだ。

＊＊＊

ハイゼンベルクに続いて、量子的な現実像のとんでもなさを解き明かすための次の一歩を踏み出したのは、ポール・エイドリアン・モーリス・ディラックである。ある意味で、ディラックはこの仕事にうってつけの人間だった。のちにアインシュタインはディラックのことをこう評したと言われている。

「天才と狂気のあいだのめまいがするような道を、このようにバランスをとって進んでいるとは、すさまじいことだ」

私がディラックのことを考えるとき、こんな古いジョークが思い出される。ある子供がずっと一言も発しないので、両親がさまざまな医者を訪ねて助言を求めるが、いっこうにらちがあかない。しかしついに、四歳の誕生日に朝食をとりにきた息子が、両親を見上げて、「このトースト、冷めてる！」と言った。両親は泣き出さんばかりに喜んで、固く抱きあったあと、息子にどうして今まで話さなかったのかと聞く。息子がこう答える。「だって今までは、何も困ることがなかったから」

ディラックはひどく口数が少ないことで有名だった。また、当意即妙の会話にはどんなものであれ関わりたがらなかったこと、人から言われたことをすべて文字どおり受け取っているようであったことについても、数々の逸話がある。あるとき、講演中のディラックが黒板に字を書いていたところ、聴衆のひとりが手を挙げて、こう言ったという。「ちょうど今あなたが書いたところが、よくわかりません」。ディラックがいつまでも黙ったまま立っているので、とうとう会場の誰かがディラックに、質問に答えてやったらどうですかと促した。するとディラックはこう言った。「今の発言の中に質問はありませんでしたが」

私は実際にディラックと話したことがある。ある日、電話でだ――私は本当にびびっていた。そのとき私はまだ大学院生で、全国の大学院生のために組織した会合に彼を招きたいと思っていたのだ。私は自分が量子力学の授業を受けた直後に彼に電話をかけるという失敗をやらかしており、それがまた私をいっそう震えさせていた。私が出し抜けに言いだした要領を得ない依頼を聞いたあと、ディラックはしばらく黙ってから、一行だけの簡潔な答えを返してきた。「いいえ、私が大学院生に話すことは何もないと思いますので」

性格はさておいて、新たな聖杯を彼なりに探し求めることに関しては、ディラックは臆病とは程遠かった。その聖杯とはすなわち、二十世紀になされた二つの新しい画期的な発展、量子力学と相対性理論とを統一できるような数学的定式化である。シュレーディンガー以来（彼は数人の恋人との二週間にわたる山での逢引のあいだに、彼の名を冠する有名な波動方程式を導出した）、そしてハイゼンベルクが量子力学の基本的な土台を明らかにして以来、無数の努力が重ねられてきたにもかかわらず、まだ誰も原子の内部に束縛された電子のふるまいを完全に説明することに成功していなかった。

これらの電子は、平均して、光速にかなり近い速度を持っており、これらを記述するには特殊相対性理論を使わなくてはならない。シュレーディンガーの方程式は、水素のような単純な原子の外縁部にある電子のエネルギー準位を記述するのには、とてもうまくいった。その場合はニュートン物理学がうまく量子的に拡張されたからだ。しかし相対論的な効果を考慮に入れる必要がある場合、この方程式では適切な記述にならなかった。

最終的にはディラックが、ほかの誰もが失敗していたところで成功を収めた。彼が発見した方程式は、現代素粒子物理学における最も重要な方程式のひとつであり、当然ながら、それはディラック方程式と呼ばれている（数年後、この物語でもまもなく出会うことになる物理学者のリチャード・ファインマンに初めて会ったとき、ディラックはまたもぎこちない沈黙のあと、「私は方程式を持っています。あなたは？」と言ったという）。

ディラックの方程式は美しかった。そして電子を初めて相対論的に扱ったものだったから、これによって原子内のあらゆる電子のエネルギー準位、それらが発する光の振動数、ひいてはあらゆる原子スペクトルの性質を、正しく精密に予言することが可能となった。だが、この方程式には基本的な問題があった。存在しない新しい粒子を予言してしまうようだったのである。

相対論的な速さで運動している電子を記述するのに必要な数学を確立するため、ディラックはまったく新しい、電子を記述するための四つの異なる量を用いた数学的形式を導入しなくてはならなかった。

われわれ物理学者が認識するかぎり、電子は半径の長さが本質的にゼロの微視的な点粒子である。しかしながら量子力学では、その電子が回転するコマのようにふるまうため、必然的に、電子は物理学用語で言うところの角運動量を持っていることになる。物体はひとたび回転しだしたら、何かブレーキのような力がかけられないかぎり止まらない。それをあらわしているのが角運動量だ。物体の回転速度が速いほど、あるいは物体の質量が大きいほど、角運動量は大きくなる。

ところがあいにく、古典的な見方では、電子のような点状の物体が軸を中心に回転しているなどという像はありえない。量子力学には、それに対応する古典的な、直感的にとらえられる類似物がそもそも存在しないというものが多々あるが、この回転もそのひとつだ。シュレーディンガー方程式を相対論的に拡張したディラック方程式では、電子が持てる角運動量の値は二種類しかないとされ、そのような固有の角運動量は、単純に、スピンと呼ばれる。電子はある方向に回転しているか、あるいは反対の方向に回転しているのだと考えてみよう。その方向を便宜的に、上向き、下向きと呼ぶ。電子はそのどちらかで回転しているのだから、電子の配置を記述するには二つの量が必要となる。ひとつは上向きスピンの電子のための量で、ひとつは下向きスピンの電子のための量である。

最初は少々混乱したが、やがて、ディラックが量子力学の相対論的な定式化の中で電子を記述するために追加した二つの量が、何やらとんでもないものを記述するようであることが明らかになった。それは言うなれば、別バージョンの電子で、質量とスピンは通常の電子と同じだが、電荷の符号だけが逆になっているのである。電子が通常どおり負の電荷を持っているとすれば、その新しい粒子は正の電荷を持っているのだ。

ディラックはうろたえた。そんな粒子は一度たりとも観測されたことがない。やけになったディラックは、自分の理論で記述される正の電荷を持った粒子がじつのところ陽子なのではないかとも考えたが、陽子なら質量が電子の二〇〇〇倍にもなっているはずだった。そこで、正の電荷を持った粒子の質量が大きくなってもかまわないような適当な論もいくつか考えてみた。たとえば重さが増えるという現象は、本来ならば空っぽな空間とのあいだに粒子が別の電磁相互作用を起こしていれば生じるはずだから、そこはひょっとすると空っぽではなく、観測できない粒子でできた無限の海が広がっているのではないか、とディラックは想像した。これは実際、さほど突拍子もない考えではない。しかし、なぜそうなるかを記述しようとすると、ここで避けたい紆余曲折のひとつにどうしても向かわざるを得なくなる。いずれにしても、このアイデアが通用しないことはすぐに明らかとなった。第一に、そもそも数学がこの論を支持せず、新しい粒子はやはり電子と同じ質量でなければならなかった。そして第二に、もし電子と陽子がある意味での鏡像だったなら、それらは対消滅するはずだが、そうなったら中性の物質は安定していられなくなる。そんなわけで、もしディラックの理論が正しいのなら、正の電荷を持った電子とも言うべき新しい粒子が自然界に存在していなければならないことを、ディラック自身も認めるしかなかった。

しかし運よく、ディラックがおとなしく降伏してから一年もしないうちに、カール・アンダーソンが宇宙線の中に、電子とまったく同じでありながら、電荷の符号だけが逆になっている粒子を発見した。かくして陽電子が生まれ、ディラックは自分の計算の意味するところを自ら認めたがらなかったことに関して、「私の方程式は私より賢かった！」と言ったと伝えられている。そして、さらに後年、彼は新しい粒子の可能性を認めなかったことについて、別の理由を挙げたとも言われる――それは「純粋な臆病さ」だったと。

たとえ不本意だったにせよ、ディラックがなした「予言」は、記念すべき画期的な偉業だった。史上初めて、計算から出てきた理論的な考えのみにもとづいて、新しい粒子が予言されたのである。これがどれほどのことか考えてみてほしい。

マクスウェルは、自分がなした電気と磁気の統一の結果として、光の存在を「後言」した。ルヴェリエは、天王星の軌道に変則性が観測されていたことを利用して、海王星の存在を予言した。しかしディラックは、実験的な直接の動機をあらかじめ持つこともなく、最も基礎的なスケールの自然についての理論的な論拠のみにもとづいて、宇宙の新しい基本的な一面を予言した。これは信念の問題のように思われていたかもしれないが、決してそうではなかった――なにしろ提唱者本人が信じていなかった――し、信念と同じように観測されない現実を提唱していたものの、信念と違って、これは検証の可能な現実を提唱していた。ゆえに、これが間違っていることだってありえたのだ。

アインシュタインによる相対性理論の発見は、空間と時間についての考え方に革命をもたらし、シュレーディンガーとハイゼンベルクによる量子力学の法則の発見は、原子についての見方に革命をもたらした。そしてディラックによるその二つの初めての結合は、きわめて微小なスケールでの物質の隠れた性質を解き明かすにあたっての、新たな窓をもたらした。それは素粒子物理学における新時代の幕開けを告げるものであり、このときをきっかけに動き出した流れは、以後一世紀近くにわたって続くこととなった。

第一に、もしディラック方程式がもっと広く、ほかの粒子にも適用されるなら、そしてそうならないとする理由が何もないのなら、電子が「反粒子」を持つというだけでなく、のちに明らかになったとおり、自然界のほかのすべての既知の粒子も同様だということになる。

いまや反物質はサイエンスフィクションになくてはならないものになっている。『スタートレック』のUSSエンタープライズのような宇宙船は、決まって反物質によって動力を得ることになっており、最近のミステリースリラー『天使と悪魔』では、筋書きの最も馬鹿げた部分に反物質爆弾の可能性が使われていた。しかしながら、反物質はまぎれもない現実である。宇宙線の中に陽電子が発見されただけでなく、のちに反陽子や反中性子も同じように見つかっている。

基礎的なレベルでは、反物質はそれほど奇妙なものでもない。なんといっても陽電子は電子と同じようなもので、ただ電荷の符号が逆になっているだけなのだ。多くの人が思っているように、陽電子が重力場の中で浮き「上がった」りすることはない。たしかに物質と反物質は相互作用して完全に対消滅し、純粋な放射に変わることができるので、それを不吉と見る人もいるだろう。しかし粒子と反粒子の対消滅は、ひとたび原子以下の領域に入ってしまえばいくらでも起こりうる、新しい素粒子相互作用のひとつにすぎない。さらに言えば、本当に物質を対消滅させてエネルギーを得ようにも、白熱電球を点灯させる程度のエネルギーを生み出すのに、大量の反物質を用意しなくてはならないだろう。

結局のところ、そこが反物質の本当に奇妙なところなのだ。なぜ奇妙なのかと言えば、われわれの住む宇宙には物質があふれているが、反物質はあふれていない。たとえ宇宙が反物質でできていたとしても、その宇宙はわれわれの宇宙とまったく同じように見えただろう。一方、同じ量の物質と反物質でできた宇宙があったなら、その宇宙は——たしかにその状態で始まる宇宙が最も理にかなっているようには思えるが——途中で何かが起こらないかぎり、いたって退屈なものだろう。なぜなら物質と反物質がとうの昔に対消滅して、もはやその宇宙には放射しかないからだ。

なぜわれわれの世界には物質があふれていて、反物質があふれていないのかという問題は、いまだに現代物理学の最も興味深いテーマのひとつである。だが以前、反物質が奇妙だと言われる本当の理由が、単にそれとは遭遇しないからだというのがわかってから、私はこんなアナロジーを考えついた。反物質が奇妙だというのは、ベルギー人が奇妙だというのと同じようなものだ。もちろん、ベルギー人が本質的に奇妙だというのではない。しかし、もしあなたが人でいっぱいの大講堂で、私がかつてやってみたように、ベルギー人のみなさんは手を挙げてくださいと頼んでみたら、ほとんど誰も手を挙げてくれないだろう。

ただし例外もある。私がベルギーで講演したときだ。最近それを経験してみて、このアナロジーは駄目だとわかった。

第八章　時間のひだ

あなたがたは、つかの間現れ、やがては消えてゆく霧にすぎません。

――「ヤコブの手紙」四章十四節

ガリレオの時代以降、自然界の隠れたつながりが科学によって明るみに出されるたびに、物理学は思いもよらない新しい方向へと導かれてきた。電気と磁気の統一は、光の隠れた性質を明らかにした。その光がガリレオの運動の法則と統一されると、今度は現実に現れている空間と時間の隠れたつながりが明らかにされた。次に光と物質が統一されると、奇妙な量子宇宙が現れた。そして量子力学と相対論が統一されると、反粒子の存在が明らかになった。

ディラックによる反粒子の発見は、電子と電磁場の相対論的な量子相互作用を記述するための正しい方程式を「推論」した結果として実現した。そのときのディラックには、自分の発見を正しいと思えるような物理的な直感はほとんどなかった。だからディラック自身もほかの人々も、最初はその結果に懐疑的だったのだ。反物質が物理学的な必然であることが明らかになったのは、二十世紀後半の最も重要な物理学者のひとりである、リチャード・ファインマンの研究があってこそだった。

ファインマンは、これ以上ないほどディラックとは違っていた。ディラックは極端に寡黙だったが、ファインマンは社交的で、魅力的な語り部だった。ディラックはどんなに多く見積もっても、ごく稀にしか冗談を言わなかったが、ファインマンはいたずら者で、人生のあらゆる側面を堂々と楽しんでいた。ディラックは女性とつきあうには内気すぎたが、ファインマンは最初の夫人を亡くしてから、さまざまな女友達を探し求めた。にもかかわらず、物理学は奇妙な連帯を生むもので、ファインマンとディラックは、これからもずっと知的なつながりでくくられるだろう——またしても光によって。彼らは二人して、長いこと探されてきた放射の量子論の記述を完成させることに寄与したのである。

ディラックの次の世代にあたる者として、ファインマンはディラックを崇敬し、ディラックのことを自分の物理学のヒーローのひとりと話していた。それを思うと、量子力学への新しいアプローチが示されていたディラックの一九三九年の短い論文に刺激され、のちにノーベル賞を獲得することになる研究をファインマンがやる気になったというのも頷ける話である。

ハイゼンベルクとシュレーディンガーは、最初に何らかの初期状態にあった系が時間とともにどう変化するかを計算することで、系の量子力学的なふるまいを説明していた。しかし、ここでもまた、光が量子系についての別の考え方にヒントを与える。

私たちは、光がつねに直線的に進むものだという考え方に慣れている。だが、じつはそうではない。それがよくわかるのは、暑い日に、長くまっすぐ伸びた高速道路に蜃気楼ができているのを見たときだ。道路の先が濡れているように見えるのは、空からの光が屈折しているからである。道路の表面近くまでの連続した暖かい空気の層をいくつも抜けてくるあいだに曲げられた光が、最後にふたたび上がってあなたの目に飛び込むのだ［図8-1］。

フランスの数学者ピエール・ド・フェルマーは、一六五〇年に、この現象を理解する別の方法を証明した。光は比較的低温の空気を進むときよりも、比較的高温で低密度の空気を進むときのほうが速度が速い。最も高温の空気は表面の近くにあるから、光が地面の近くまで降りてきてから再度上昇してあなたの目に飛び込む場合、まっすぐ直線的にあなたの目に達する場合より、光は短い時間であなたの目に届くのである。フェルマーが定式化した「最小時間の原理」で示されているのは、AからBに達するのに取りうる経路をすべて調べて、所要時間が最も短いものを見つけさえすれば、あらゆる光線の最終的な軌道が確定されるということだ。

こう聞くと、まるで光が意図を持って進んでいるように思われるかもしれない。実際、私もつい、光はあらゆる経路を知っていて所要時間が最も短いものを選んでいるのだと言いたくなってしまうところを、何とかこらえたことがある。さもないとディーパック・チョプラに私の言葉を引用されて、ほらやっぱり、光には意識があると言われるに決まっているからだ。光に意識はない。しかし数学的な結果が、あたかも光が最短距離を選んで進んでいるかのように見せてしまうのだ。

さて、ここで思い出してほしいのだが、量子力学では光線も電子も、あるところから別のところに達するのにただ一つの軌道を取っているかのようにはふるまわない。むしろ、あらゆる軌道を同時に取る。それぞれの軌道にはそれ独自の測定される確率があり、古典的に最小時間となる軌道は、その確率があらゆる軌道の中で最も高い。

一九三九年、ディラックはそうした確率を計算する方法、および、それらを合計して、Aを出発した粒子がBに帰着する量子力学的な見込みを確定する方法を提案した。当時、大学院生だったリチャー

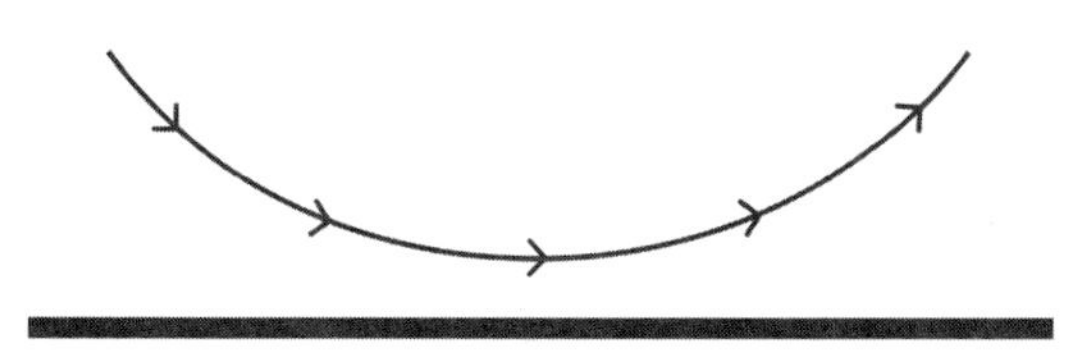

図8-1

ド・ファインマンは、あるビアパーティーでディラックの論文のことを知ると、そのアイデアがたしかに通用することを実証する特定の例を数学的に導き出した。ディラックによるヒントを出発点として、シュレーディンガーやハイゼンベルクの考え方を使って導出されるのとまったく同じ結果を、少なくともある単純なケースでは、導出できたのである。しかも、さらに重要なことに、ファインマンはこの新しい「経歴総和法」の式を使うことにより、ほかの手法では記述も分析も容易でなかった量子系を扱うことができた。

最終的に、ファインマンはこの数学的技法を洗練させて、電子の量子的ふるまいを記述するディラックの相対論的方程式をさらに前進させ、光と電子の相互作用についての完全に無矛盾な量子力学理論を生み出した。この研究により、量子電磁力学（QED）という理論が確立され、その功績でファインマンは一九六五年にジュリアン・シュウィンガーと朝永振一郎とともにノーベル賞を受賞した。

しかし、この研究を完成させる以前から、すでにファインマンは、量子力学と結びついたときの相対性理論になぜ反粒子の存在が必要となるかの物理学的理由を、直感的にわかる方法で記述していた。

たとえば一個の電子が、ある可能な「量子的」軌道に沿って進んでいるとしよう。これは何を意味するのだろうか。電子が進んでいるのを私が測定していないかぎり、電子は二点間のあらゆる可能な軌道を通っている。それらの軌道の中には、古典的には許されない軌道もある。たとえば物体は光より速くは進めないという（相対論から出てくる）制限のような、古典的な規則をその軌道が破っている場合だ。とはいえ、ハイゼンベルクの不確定性原理は、たとえ私がある短い時間間隔のあいだに軌道上の電子を測定しようとしても、その電子の速度には固有の不確定性がどうしても残ると言っている。したがって、たとえ私が軌道をさまざまな点で測定しても、その間隔のあいだになされた非古典的な奇妙なふるまいは排除できない。そこで、こんな軌道を想像してみよう［図8-2］。

この時間間隔の真ん中の短い時間のあいだ、電子は光速よりも速く進んでいる。

しかしアインシュタインによれば、時間は相対的なものだから、異なる観測者は、ある事象とある事象のあいだの時間間隔を異なって測定するだろう。そして、ある座標系で粒子が光よりも速く進んでいるとすれば、別の座標系では、左の図のように、その粒子が時間をさかのぼって進んでいるように見えるだろう［図8-3］（相対論において、観測されるすべての粒子は光速以下で進んでいなければならないという制限が設けられるのは、これがひとつの理由である）。

ファインマンは、この後者の座標系で電子がどのように見えるかを考えた。電子はしばらくのあいだ時間を前向きに進んだあと、今度は時間を後ろ向きに進み、それからまた時間を前向きに進むことになる。だが、時間を後ろ向きに進んでいる電子とはどのように見えるのだろう？　電子は負の電荷を持っているわけだから、時間を後ろ向きに進みながら右側に向かっている負の電荷は、時間を前向きに進みながら左側に向かっている正の電荷に等しいはずだ。したがって、図にすればこのようになる［図8-4］。

この図では、まず時間を前向きに進んでいる電子が一個ある。それから少し時間が経つと、一個の電子に加え、電子のようだが電荷の符号が逆になっている粒子が一個、いきなり空っぽの空間から現れる。

この正の電荷を持った粒子が、やはり時間を前向きに進みながら左側に向かい、最初にあった電子とぶつかる。すると、その二個の粒子は対消滅する。そして残ったのが、たった一個の電子で、これが先へ進み続ける。

このすべてが、直接観測するのが不可能な時間スケールで起こる。というのも、もし直接観測が可能だったなら、この奇妙なふるまいは相対論の教義を破っているわけだから、したがってそんなふるまい

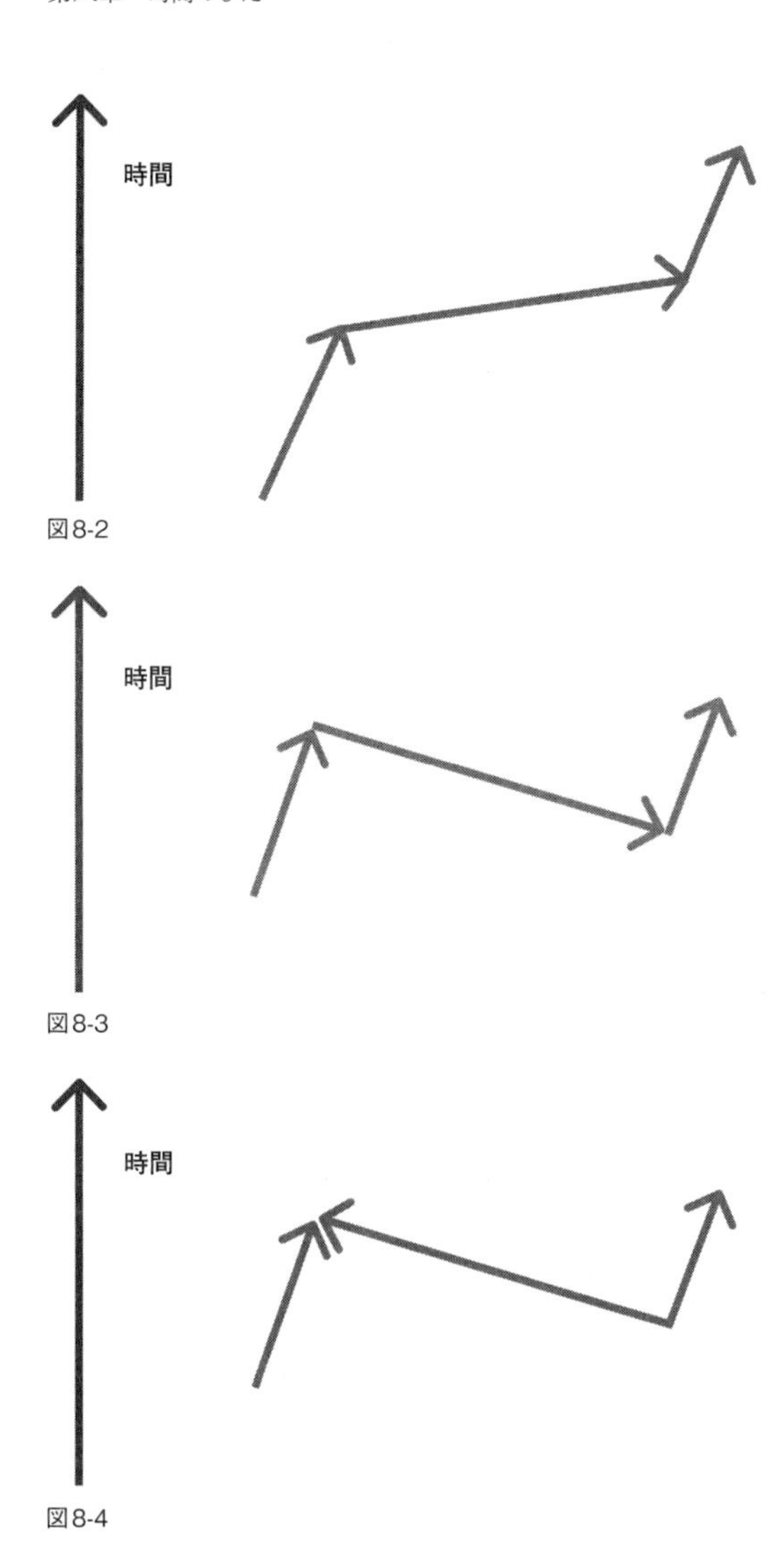

図8-2

図8-3

図8-4

はありえないことになる。にもかかわらず、間違いなく、今あなたが読んでいるこの本の紙の内部でも、あるいは電子書籍の画面の向こうでも、このようなプロセスが絶えず起こっているのである。

とはいえ、もし目に見えない量子世界でそのような軌道がありうるというのなら、目に見える世界にも反粒子が、すなわち、既知の粒子とまったく同じでありながら電荷の符号だけが逆になっている粒子（この理論の方程式では、時間をさかのぼっている粒子としてあらわされる粒子）が、存在していなくてはならない。そして、もしそうなら、粒子と反粒子のペアが空っぽの空間から自発的に現れることもありうるという結論になる――そのペアが存在していたことを測定できないぐらい即座に対消滅してしまうのならば。

ファインマンはこのような論理をもって、相対性理論と量子力学の統一によって必要となった反粒子の存在に物理学的な論拠を与えただけでなく、いかなる時点でも、粒子がある領域に一個か二個しか存在していないとはとうてい言えないことを実証した。「仮想」の粒子と反粒子のペア――直接観測できないくらいに素早く消滅してしまう粒子のペア――の数は潜在的に無限であって、それらがつねに自発的に現れたり消えたりしているのだが、それらを測定するのは存在時間があまりにも短すぎて不可能なのである。

そんなとんでもない話が実像だなんて、とうてい信じられないと言われてもしかたない。そもそも、その仮想粒子が直接測定できないものなら、どうしてそれが実在していると言えるのか？

答えを言えば、たしかに仮想の粒子・反粒子ペアの効果を直接検出することはできないが、これらの存在を間接的に推論することはできるのだ。なぜならこれらは、観測可能な系の特性に、間接的な影響を及ぼせるからである。

こうした仮想粒子が電子と陽電子の電磁相互作用とともに組み込まれている理論は、量子電磁力学

（QED）と呼ばれ、現時点での最も優れた科学理論となっている。この理論にもとづいた予言がこれまでずっと観測結果と比較されてきたが、小数点以下一〇桁よりも低い誤差で一致している。記述できるかぎりの最も基本的なスケールに基礎的な原理を直接当てはめてなされる予言と、実際の観測とを比較したときに、これほどまでに高い精度が得られる科学分野はほかにない。

とはいえ、理論と観測が一致しうるのは、仮想粒子の効果が含まれている場合だけだ。実際、仮想粒子という現象そのものが、量子力学においては、粒子間に働く力が仮想粒子の交換によって運ばれていることをほのめかしている。それがどんなふうになされるかは、次のように説明できる。

量子電磁力学では、電磁力の量子、すなわち光子が、吸収されたり放出されたりすることによって電磁相互作用が起こるとされる。この相互作用は、ファインマンが考案した図であらわすことができる。まずは一個の電子が波線であらわされる「仮想」の光子（γ）を放出し、電子の進行方向が変わる［図8 - 5］。

次に、二個の電子のあいだで起こる電気相互作用は、このようにあらわされる［図8 - 6］。この場合、二個の電子は一個の仮想光子を交換することによって相互作用する。この仮想光子は、左側の電子によって自発的に放出され、右側の電子によって吸収されるが、それがなされる時間があまりにも短いので、この光子を観測することは不可能である。この相互作用のあと、二個の電子は互いに反発して、別々の方向に進んでいく。

この図は、電磁力が長距離にわたって働く力である理由も説明する。ハイゼンベルクの不確定性原理にしたがえば、ある系を、ある時間間隔のあいだ測定した場合、その系の測定されたエネルギーには、ある関連した不確定性が存在する。そして、その時間間隔が大きいほど、関連したエネルギーの不確定

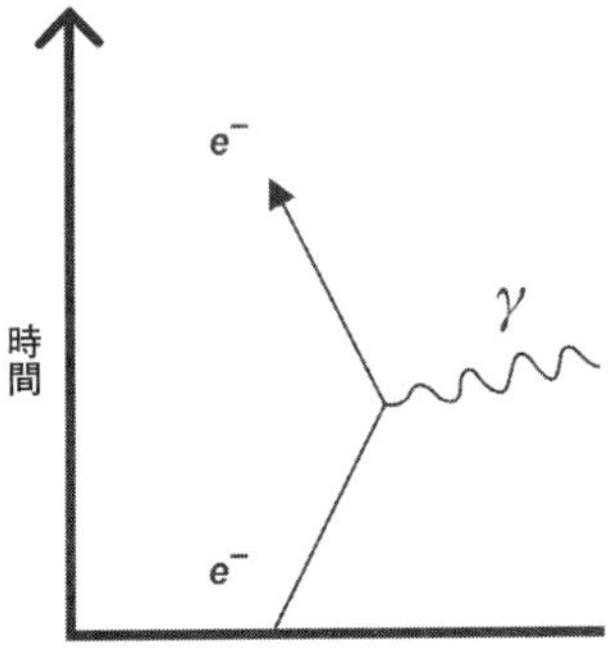

性は小さくなる。光子には質量がないので、アインシュタインの質量とエネルギーの関係を使えば、質量ゼロの仮想の光子は、発生時点で任意に小さい量のエネルギーを持てる。したがって、その仮想光子は吸収されるまでに任意に長い時間のあいだ――および任意に長い距離を――進むことができる。しかも、そのエネルギーがあまりにも小さければ、目に見えるエネルギー保存の破れはいっさい起こらないから、いわば不確定性原理によって保護されることになる。ゆえに、地球上の電子から放出された仮想光子が四光年先のアルファケンタウリまで飛んでいくことだってありうるし、そこでその光子を吸収

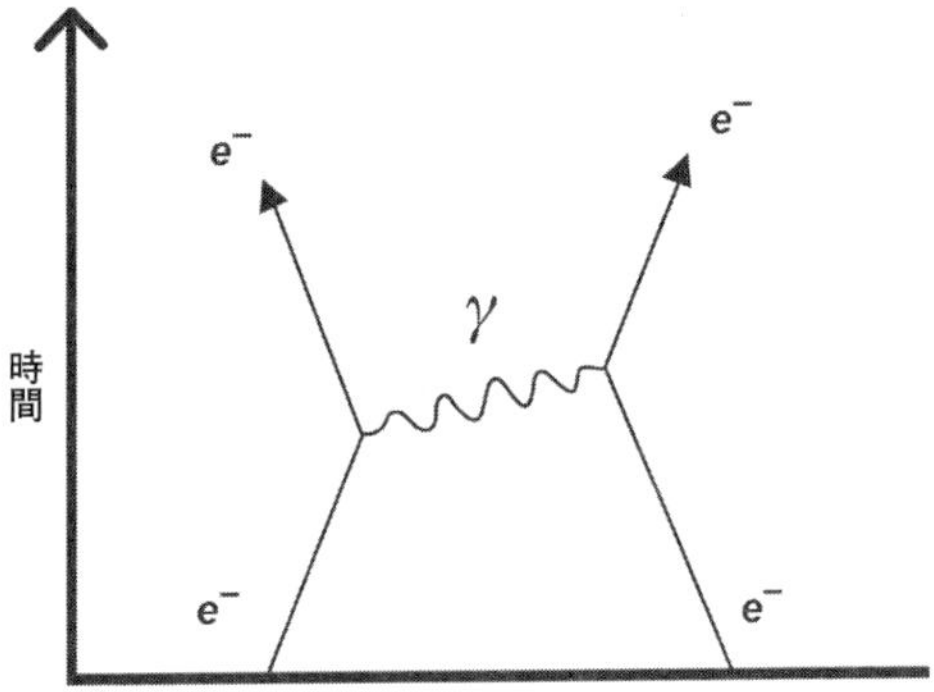

時間

e⁻

γ

図8-5

図8-6

する電子に力を及ぼすことだってありうる。しかし、もし光子が質量ゼロでなく、ある程度の静止質量を持っていたなら、$E = mc^2$ によって最小限のエネルギーを持つことになるから、目に見えるエネルギー保存の破れをいっさい起こすことなく吸収されるまでに、有限の距離（すなわち、有限の時間間隔のあいだ）しか進めないことになる。

だが、こうした仮想粒子には潜在的な問題がある。一個の粒子が交換されたり、一組の仮想の粒子・反粒子ペアが自発的に真空から現れたりすることが許されるなら、二個や三個、あるいはそれこそ無限の数だって許されるのではないか？　さらに言えば、仮想粒子が持っているエネルギーに逆比例する時間のあいだに消えなくてはならないのが決まりだとすれば、粒子が任意に大きな量のエネルギーを持って空っぽの空間から飛び出してきて、任意に小さい時間のあいだ存在することだって可能になるのではあるまいか？

こうした効果を物理学者が計算に入れようとすると、その計算には、無限大という結果が出てきてしまう。

では、どうする？　――その無限大を無視すればいい。

実際のところを言えば、この解決方法は無限大を無視するのではなく、計算の無限大の部分をシステマチックに隠して、有限の部分しか残らないようにするということだ。しかしそうすると、どの有限の部分を保持すればいいかどうやってわかるのか、そして、このやりかた全体がどうして正当化されるのか、という疑問が出てくる。

答えが整理されるまでには何年もかかったが、ファインマンをはじめとする何人かが、どうにかその答えを見つけた。しかしファインマンは、それから何年ものあいだ、一九六五年にノーベル賞を獲得したときも含めて、こうした努力すべてを一種のごまかしと見なし、いつかもっと基礎的な解決方法が出てくるだろうと思っていた。

とはいえ、任意に高いエネルギーを持った仮想粒子によって持ち込まれた無限大を無視することには、それなりに妥当な理由がある。ハイゼンベルクの不確定性原理のおかげで、そうした高エネルギー粒子は消滅するまでにわずかな距離しか伝わらないと考えられる。それなら、現時点で測定できるスケールでの現象を説明することを目的とした現在の物理理論が、そのようなきわめて小さなスケールでも同じように通用するかどうかはわからないだろう。きわめて小さなスケールでは、何か新しい物理、新しい力、新しい素粒子が関係してくるのではなかろうか?

私たちが感知する、はるかに大きなスケールでの現象を説明するために、限りなく小さなスケールにいたるまでのすべての物理法則を知っておかなくてはならないなんてことになれば、それこそ物理学は絶望的だ。**すべてについての理論**を得てからでなくては、**どんなものについての理論**も得られないことになってしまう。

そんなことになるよりも、従来の理論が記述することを目的としていたスケールよりはるかに小さなスケールでどんなことが起こりえようと、そうした新しい物理には関知しない理論こそ、妥当な物理理論というものだ。そうした理論を、**繰り込み可能**な理論という。「繰り込み」とは、何もしないと無限大が出てきてしまう予言から、その無限大を排除して、理にかなった有限な答えのみを残すようにする技法のことだ。

しかし、繰り込みが必要とされるのはいいとして、これが本当に可能なのかを証明するのはまったく別の話である。この技法が正しく理解されるまでには長い時間がかかった。繰り込みの効力を実証した最初の具体的な例では、水素原子のエネルギー準位が精密に計算され、その結果、水素原子が放出したり吸収したりする光のスペクトルについて、実験室で測定されるとおりの正しい予言がなされることがわかった。

ファインマン、およびノーベル賞を共同受賞したシュウィンガーと朝永は、この繰り込み技法を数学的に実行するためのメカニズムを解明したが、量子電磁力学（ＱＥＤ）が「繰り込み可能」な理論であること、つまり、この理論で測定可能と見なされるあらゆる物理量を正確に予言できることの証明を果たしたのは、フリーマン・ダイソンだった。彼の証明により、量子電磁力学は物理学において前例のないほどの地位を得た。この理論によって電子と光の量子的相互作用についての完全な理論ができあがり、エネルギーが許すかぎり、そして計算を実行する理論家のやる気が続くかぎり、どこまでも高い精度で観測と一致しうる予言ができるようになったのだ。結果として、われわれは電子が放出する光のスペクトルをきわめて高い精度で予言できるようになり、距離や時間を前例のない精度で測定できるレーザーシステムや原子時計を設計できるようになった。量子電磁力学の予言はかくも正確なので、実験において予言からほんのわずかでも逸脱があれば見つかるし、調べる距離や時間のスケールをどんどん小さくしていくなかで、ひょっとしたら現れるかもしれない新しい物理を探ることも可能となる。

五〇年後の今から思えば、量子電磁力学がこのように優れた物理理論となった理由のひとつが、これに関連する「対称性」にあったことも理解できる。物理学における対称性は、物理的現実の深い特性に探りを入れるものだ。今後しばらく、物理学の進展を支配するのは対称性の探索ということになるだろう。

対称性は、物理世界を記述するにあたっての基礎となる数学的な量に変化があっても、その世界の仕組みや外見にはまったく変化が生じないことを示している。たとえば球は、どの方向にも、どの角度でも回転できるが、どのように回転したところで見かけはまったく同じである。球の物理に関しては、方位に依存するものは何もない。物理法則がどこでもいつでも同じということは、深い意味のあることだ。物理法則の時間的な対称性——時間が経過しても物理法則になんら変化がないように見えること——をつきつめると、物理学的な宇宙におけるエネルギー保存が導かれる。

量子電磁力学では、電荷の性質にひとつの基礎的な対称性がある。電荷は「正」と「負」という呼ばれ方をするものの、これは明らかに任意だ。宇宙の中のすべての正の電荷は負に変えられるし、逆もまた同じで、変えたところで宇宙の外見は何も変わらないし、そのふるまいもまったく同じままである。たとえば世界が巨大なチェス盤で、白黒の正方形のマスでできていると想像してみよう。たとえ私が黒のマスを白に変え、白のマスを黒に変えても、チェスの試合そのものには何も変化がない。白の駒が黒になり、黒の駒が白になっても、それ以外、盤はまったく同じに見えるだろう。

まさにこの対称性のおかげで、電荷は保存されている。正の電荷にしろ負の電荷にしろ、それらはどんなプロセスでも、量子力学によってでも、同じものと逆のものが同時に現れることなくして、自発的に現れることはできないのである。そのため、仮想粒子が空っぽの空間で自発的に生み出されるときは、必ずその反粒子と組み合わせになっている。地球で雷が起こるのも、同じ理由からだ。雷雲がその下層部で巨大な負の電荷を蓄積させるので、地表では正の電荷が蓄積される。この電荷をなくすには、地面から上空に向かって巨大な電流を流すしかない。

この対称性の結果として導かれる電荷の保存は、先ほどのチェス盤のアナロジーを使って理解することができる。すべての白マスが黒マスの隣に位置していなければならないということは、私が白と黒を入れ替えても、つねに盤の見かけは同じになっているということだ。もしも私が黒マスを二つ連続して並ばせれば、それはチェス盤が多少なりとも「黒」に寄っているということだから、もはや「白」と「黒」は等しい任意の標識ではなくなってしまう。黒が物理的に白と違うものになってしまうのだ。要するに、チェス盤上の白と黒とのあいだの対称性が破られたということである。

さて、ここからは、これまでよりはるかに微妙な概念について話すことになるが、それははるかに重要な概念でもあるので、もう少し辛抱してつきあってもらいたい。これがどれほど重要かというと、本質的に、現代物理学理論はすべてこれにもとづいていると言っていい。だが一方、これがどれほど微妙かというと、数学を使わずしてこれを記述するのは難しいと言っていい。あまりに微妙な概念なので、そこから派生する問題が最初に指摘されてから一〇〇年以上が経った今日でも、いまだに解明されていない始末なのである。だから、あなたがこれを完全に理解するのに、ここを一回や二回は読まなくてはならないとしても、驚くにはあたらない。物理学者はこれを理解するのに、二十世紀のほとんどを費やしてきたのだ。

この対称性は、もう少しあとで述べることになる、いわく言いがたい歴史的理由から、ゲージ対称性と呼ばれている。だが、その奇妙な名前はどうでもいい。重要なのは、この対称性が何を意味するかということだ。

電磁力におけるゲージ対称性にしたがえば、私は正の電荷とは何かという定義を、電荷に関連する基礎的な法則を変えないままで、空間のどの点においても局所的に変えることができるが、そうするには同時に、この定義の変化を点から点へと追跡できるようにする何らかの量を導入しなくてはならない。この量が、電磁場だということになる。

この文を、ふたたびチェス盤のアナロジーを使って解析してみよう。私が先ほど述べた全体的な対称性は、あらゆるところで黒を白に変えるものなので、チェス盤を一八〇度回転させても、回転させる前と見かけはまったく同じだし、チェスの試合にも明らかに影響はない。

では、あるひとつのマスで黒を白に変え、その隣のマスで白を黒に変えなかったらどうなるかを考えてみよう。その場合、盤上には二つの隣り合った白いマスができることになる。この盤は、明らかに前の盤とは違った見かけになっている。試合も前と同じようにはできなくなる。

だが、ちょっと待って。もし私が持っている説明書に、隣り合った二つのマスの一方の色が変えられていて、もう一方の色が変えられていないところに出くわしたら、必ず駒はこうするようにと指示されていたらどうだろう。その場合、私が駒を動かすたびに説明書の指示を仰いでいるかぎり、試合のルールは同じままでいられる。つまり、この説明書があることによって、まるで何も変わっていないかのように試合が進行できるというわけだ。

数学では、チェス盤のような表面上の各点に関連した何らかのルールを定めている量を、関数と呼ぶ。物理学では、物理的空間の中のすべての点で定義される関数を、場と呼ぶ。たとえば電磁場もそのひとつで、これが空間の中の各点で電磁力がどれだけ強いかを記述する。

さて、ここで思わぬ展開がある。必要な関数の形式を特徴づけなくてはならない特性（それがあることによって、電荷の相互作用を支配する根本的な物理を変えることなく、電荷の定義を場所ごとに変えられるもの）が、まさしく、電磁場を支配するルールの形式を特徴づける特性なのである。

　別の言い方をすれば、ゲージ変換――すなわち「正」や「負」と呼ばれる電荷を局所的に変えるような変換――のもとで自然の法則が不変のままでいるという必要条件は、マクスウェルの方程式に厳密に支配される電磁場の存在をまったく同等に必要とするのである。これをゲージ不変性といって、これが電磁場の性質を完全に決定する。

　ここから、ある興味深い哲学的な疑問が生じる。対称性と、その対称性をあらわす物理方程式とでは、どちらがより基礎的なのだろう？　もし前者なら、この自然界のゲージ対称性が光子、すなわち光の存在と、マクスウェルとファラデーによって初めて発見されたすべての方程式と現象を必要としているわけだから、神が言ったとされる「光あれ」という命令は、「電磁力にゲージ対称性を持たせよ」という命令に等しいということになる。キャッチーなフレーズとは言いがたいが、それでも真実は真実だ。

一方、理論こそが基本なのだという見方もあるだろう。その場合、基礎的な方程式に数学的な対称性が発見されたのは、嬉しい偶然だったということになる。

　この二つの見方の違いは、おもに意味論的な違いのようであり、いかにも哲学者の興味を引きそうだ。しかし、これには自然がちょっとしたヒントを出している。もし量子電磁力学がこうした対称性を尊重する自然界で唯一の理論だったなら、後者の見方のほうが、より理にかなっているように見えるだろう。

　しかし実際には、基礎的なスケールでの自然を記述する既知のすべての理論に、ある種のゲージ対称性が現れている。結果として、いまや物理学者は、自然界の対称性を基礎的なものだと考える傾向にあり、一部の理論家などは、そうした対称性を尊重するために、形式に制限のあるものとして自然を記述しており、それが翻って、この物理的宇宙の根底にある重要な数学的特徴を反映させている。

この認識論的な問題に関してどのような見方をとるにせよ、最終的に物理学者にとって重要なのは、このゲージ対称性という数学的な対称性の発見と応用により、最小スケールでの現実の性質に関して、ほかのどんなアイデアにもできなかったさまざまな発見ができるようになってきたということだ。結果として、自然界の四つの力、すなわち電磁力と、原子核に関わる二つの力としてこのあと見ることになる強い力と弱い力、および重力についての現在の理解をさらにその先まで進めようというあらゆる試み——量子重力理論を確立する試みも含めて——が、ゲージ対称性の数学的基盤の上に築かれている。

＊＊＊

ゲージ対称性がこのような奇妙な名前を持っているのは、量子電磁力学とはほとんど関係がなく、むしろアインシュタインの一般相対性理論に関連した、一種の時代錯誤である。ほかのあらゆる基礎的な理論と同様に、一般相対性理論もゲージ対称性を持っているのだ。アインシュタインは、われわれが身のまわりの空間を記述するのに、どんな局所的な座標系でも好きなように選べる一方で、そうした点ごとの座標系がどうつながるかを示す関数、もしくは場は、その空間に存在する物質のエネルギーと運動量によって決定される、空間の根本的な曲率に関係していることを証明した。この場を、われわれは重力場と認識しているが、それと物質との結合は、まさしく異なる座標系のどれを選択しようと空間の幾何学が変わらないことによって決定する。

数学者のヘルマン・ワイルは、この一般相対性理論の対称性に触発されて、電磁力の形式にも、長さスケールでの物理的変化に関連した根本的な対称性があらわれているという考えを示した。ワイルはそれを、鉄道線路のさまざまな軌間(ゲージ)にちなんで、異なる「ゲージ」と称した

（鉄道に触発された物理学者はアインシュタインと『ビッグバン★セオリー』のシェルドンだけではなかったということだ）。のちにワイルの考えは誤りであったことが判明したが、電磁力に適用される対称性は、ゲージ対称性という名で知られるようになった。

名前の由来はともあれ、ゲージ対称性は、自然界においてわれわれが知る最も重要な対称性となっている。量子の観点からすると――つまり電磁力の量子論である量子電磁力学においては――ゲージ対称性の存在はいっそう重要となる。これは量子電磁力学が理にかなったものとなるのに不可欠な特徴なのである。

対称性の性質を考えれば、まさにそうした対称性が量子電磁力学をつじつまの合うものにしているのかもしれないと腑に落ちてくるだろう。たとえば対称性は、自然界のさまざまな異なる部分が関連していることや、ある特定の量はさまざまな種類の変換のもとでも一定のままであることを教えてくれる。正方形を九〇度回転させても同じに見えるのは、四辺の長さがすべて同じで、四隅の角度がすべて同じであるからだ。したがって対称性は、物理学的計算から導かれる異なる数学的な量、たとえば多数の仮想粒子の効果と、多数の仮想反粒子の効果が、同じ大きさを持ちうることを教えてくれる。そしてそれらの量は、互いをぴったり打ち消しあえるような逆の符号を持っているかもしれない。そうしたぴったりの相殺を必要とできるのも、この対称性があってこそのことだ。

このようにして、量子電磁力学では、本来的に無限大という結果を出してしまうような厄介な項が、ほかの潜在的に厄介な項と打ち消しあって、すべての厄介ごとを消滅させせられるのだろうと想像されるかもしれない。そして実際、まさにそれが量子電磁力学で起こることなのだ。ゲージ対称性があることによって、それがなかったら物理的予言を導く際に出てきてしまうかもしれないどんな無限大も、いくつかの厄介な項に隔離させることができる。そして対称性により、それらの項は消滅してしまうか、あるいは物理的に測定されるあらゆる量から切り離せることがわかっている。

このきわめて重要な結果は、創造性と才能にあふれた世界有数の理論物理学者たちによる数十年間の研究から証明されていることであり、これによって量子電磁力学は、二十世紀の最も精密で卓越した量子論として確立されたのである。

それを思うと次の展開にはいっそう動揺してしまうのだが、じつのところ、たしかにこの数学的な美技のおかげで、自然界の基礎的な力のひとつ——電磁力——については納得のいく理解ができるようになった。しかしその一方で、原子核のふるまいを支配する力について考えると、また別の厄介ごとが始まってしまったのである。

第九章　崩壊と破片

太陽の下、新しいことは何一つない。

——「コヘレトの言葉」一章九節

われわれ人間が放射能を持っていると初めて知ったとき、私は衝撃を受けた。そのとき私は高校生で、トーマス・ゴールドの講演を聞いていた。ゴールドは博識で知られる高名な天体物理学者で、宇宙論、パルサー、月科学の分野において先駆的な研究を果たしていた人物だ。その彼が、私たちの身体の質量の大部分を構成している粒子である中性子が、約一〇分しか平均寿命を持たない不安定な粒子であることを教えてくれたのである。

すでにあなたが一〇分はこの本を読んでくれていることを祈るが、もしそうなら、あなたも今の話には驚いたかもしれない。この一見すると矛盾するような話がどう解決されるかは、われわれの存在を可能にしている自然のみごとな偶然の中でも最初に挙げられるような、とりわけすばらしいもののひとつだ。「なぜ私たちはここにいるのか？」という疑問をどんどん深く掘り下げていくと、やがてこの偶然が大きくそびえているのが見えてくる。中性子は、これまでこの物語の中心的存在だった光とは、ずいぶんかけ離れたもののように思えるかもしれないが、これから見るように、この二つは究極的には深く結びついている。中性子の崩壊という現象——その原因は不安定な原子核の「ベータ崩壊」にあるのだが——を前にして、物理学者は、それまでの単純でエレガントな光の理論の先へ進まねばならなくなった。そして宇宙の新たな基礎的領域を切り開き、そこを探索することになったのである。

だが、少し話が先走りしすぎたようだ。

一九二九年、ディラックが電子と放射についての理論を初めて書き下ろしたとき、それは最終的にはほぼすべてについての理論になるのではないかと見られた。電磁力のほかに考えるべき力は重力だけだったし、それについてもちょうどアインシュタインが大きく理解を深めさせていたところだった。素粒子というのは電子と光子と陽子のことで、それらがさまざまに組み合わさって、原子を、化合物を、生命を、そして宇宙を理解するのに必要なすべての物質を構成していると考えられていたのだ。

反粒子の発見はそれまでの考え方をいくぶん覆しはしたが、ディラックの理論が事実上それらを予言していたので（たとえディラック本人はその理論に遅れをとっていたとしても）、この発見はせいぜい現実に対する路面の減速バンプといったところで、バリケードや迂回路ではなかった。

そんななかで、一九三二年がやってきた。科学者はこのときまで、原子が完全に陽子と電子でできているものと思い込んでいた。だが、その推測には少々問題があった。原子の質量の計算が合わなかったのである。すでに一九一一年にラザフォードが原子核の存在を発見し、電子軌道の大きさより一〇万倍も小さな領域に原子のほぼすべての質量が収まっていることがわかっていた。この発見に続いて、重い原子核の質量が、原子核内部の陽子の数が原子核のまわりを回っている電子の数と等しかった場合——

そうであれば原子が電気的に中性になれるので――に計算される質量の、ちょうど二倍余りになることが明らかになったのである。

この謎に対して提案された解決策は、シンプルなものだった。実際には原子核のまわりを回っている電子の二倍の数の陽子が原子核内部にあるのだが、ちょうどぴったりの数の電子が原子核の内部にとらわれているので、やはり原子の合計電荷量はゼロに等しくなるのだろう。

しかしながら、量子力学にしたがえば、電子が原子核の内部に閉じ込められていることはありえない。この論はやや専門的になるのだが、要はこういうことだ。素粒子に波のような特徴があるとすれば、その素粒子を短い距離に閉じ込めるには、その閉じ込めるスケールより素粒子の波長の大きさが小さくなくてはならない。しかし量子力学では、粒子に関連する波長は、その粒子が持っている運動量に逆比例するから、その粒子が持っているエネルギーにも逆比例することになる。もし電子が原子核の大きさぐらいの領域に閉じ込められたなら、電子が持たなければならないエネルギーは、電子が原子軌道のエネルギー準位を飛び移るときに放出する特徴的なエネルギーに関連したエネルギーの約一〇〇万倍にもなってしまう。

そんなエネルギーをどうやって獲得できる？　どうやっても無理だ。というのも、たとえ電子が電気力によって原子核内部の陽子に固く結びつくとしても、この過程で電子が原子核に「落下」するときに放出される結合エネルギーは、量子力学的な電子の波動関数を原子核内部に収まる領域に閉じ込めるのに必要なエネルギーの、一〇分の一にもならないからだ。

ここでも結局、数字が合わない。

当時の物理学者たちも問題には気づいていたが、それをそのままやり過ごしていた。私が思うに、この問題には量子力学と原子核物理学の最先端の物理が絡んでいたから、不可知論的なアプローチをとるのは賢明と思われたし、もっと詳しいことがわかるまでは物理学者たちも不信の停止を決め込んでいたのではないだろうか。いずれにしても、風変わりな新しい理論が出されることもとくになく（たぶん私が知らないところではあったのだろうが）、物理学者たちは最終的に、合理的な次の一歩を踏み出すことへの自然なためらいを吹き飛ばされるような実験に出くわすこととなった。彼らは本来、自然はこれまでに明らかにされてきた以上に複雑なものではないかと考えるべきだったのだ。

　一九三〇年、ディラックの導いた反粒子がやはり陽子ではなかった可能性をディラック本人が悟り始めたのと同じころ、原子核のパラドックス問題を解き明かすのにまさしく必要な手がかりを、一連の実験が提供した。まるで一篇の詩のようなこの発見に匹敵しうるのは、その研究者たちのなんともドラマチックな生涯くらいのものだろう。

　マックス・プランクは、原子系から放出される放射のスペクトルのパラドックスを解決することによって、量子革命の先駆的な役割を果たしていた。したがって、原子核構成のパラドックスという問題の解決にプランクが間接的な役割を果たしたのも、当然といえば当然だろう。プランクは、これに関連する研究を自ら先導したわけではなかったが、自分が教えるベルリン大学で、ひとりの若い学生に数学と物理学と化学と音楽の才能を見いだした。この学生がヴァルター・ボーテで、プランクは一九一二年に彼を博士課程の学生として受け入れてから、終生ボーテの研究の師でありつづけた。

　ボーテはとんでもない幸運の持ち主で、プランクの指導を受けたばかりか、ほどなくして、ガイガーカウンターで知られるハンス・ガイガーにも指導されることになる。私の見るところ、ガイガーは、ノーベル賞をもらいそこねた最も才能ある実験物理学者のひとりである。ガイガーの研究者としての第一歩は、アーネスト・マースデンとともに行なった一連の実験で、それを使ってアーネスト・ラザフォードが原子核の存在を発見した。ガイガーはずっとイギリスのラザフォードのもとで研究していたが、ベルリンで新しい研究所を指揮することになったため帰国して、まず一番にやったことのひとつが、ボーテを助手として雇い入れることだった。ボーテはそこで、すぐに結果の出るシンプルなアプローチを使って重要な実験を集中的に行なうことを学んだ。

ボーテは第一次世界大戦中にシベリアで戦争捕虜となり、五年に及ぶ「非自主的な休暇」を過ごしたが、帰還したのちにガイガーと固い協力関係を築き、最終的にガイガーのあとを継いで研究所の所長となった。その共同作業のなかで、二人はコインシデンス法（同時計数法）という新しい手法の先駆者となり、それを使って原子の物理を、そして最終的には原子核の物理を探った。ターゲットの周囲に設置された複数の検出器を使って、慎重に時間を計りながら、同時発生した事象を探すことによって、信号の発生源が単一の原子崩壊、もしくは原子核崩壊に違いないことをつきとめられたのである。

一九三〇年、ボーテと助手のヘルベルト・ベッカーは、まるで予想もしなかった、まったく新しいものを観測した。ベリリウムの原子核に、アルファ粒子と呼ばれる原子核崩壊生成物（これがヘリウムの原子核であることはすでにわかっていた）を照射したところ、まったく新しいタイプの高エネルギー放射線の放出が観測されたのである。この放射線には二つのユニークな特徴があった。最も高エネルギーのガンマ線より透過力が大きい一方で、ガンマ線と同じく電気的に中性の粒子でできているらしく、物質を透過するときに原子をイオン化することがなかった。

この驚くべき発見の知らせは、たちまちヨーロッパ中の物理学研究所に伝わった。ボーテとベッカーは最初、この放射が新種のガンマ線ではないかと提案していた。パリでは、かの有名な物理学者マリー・キュリーの娘であるイレーヌ・ジョリオ＝キュリーと夫のフレデリックが、ボーテとベッカーの実験結果を追試して、この放射線をさらに詳しく調べた。するとわかったのが、この放射線をターゲットのパラフィンに照射すると、放射線がとてつもないエネルギーで陽子を叩き出すということだった。

この観測により、問題の放射線がガンマ線ではありえないことが明らかになった。なぜかと言えば、答えは比較的単純だ。たとえばあなたが近づいてくるトラックにポップコーンを投げたとしても、おそらくトラックを止めることはできないし、フロントガラスを壊すことだってできないだろう。なぜならポップコーンは軽すぎるので、どれだけ大きなエネルギーを込めて投げたとしても、ポップコーンの運動量はほとんどないも同然だからだ。トラックを止めるには、その運動量を大幅に変える必要がある。たとえゆっくり走っていても、トラックはあまりに重いのだ。トラックを止めたり、あるいはトラックから重い物体を叩き出したりするには、巨大な岩を投げつけなくてはならないだろう。

同じように、陽子のような重い粒子をパラフィンから叩き出すためには、質量ゼロの光子でできたガンマ線はよほどのエネルギーを持っていなければならない（そうであれば個々の光子の持つ運動量の大きさでも重い陽子を叩き出せる）が、わかっているかぎりのどんな原子核崩壊過程をもってしても、それだけのエネルギーを得るのはまず無理で、少なくとも一桁は足りない。

意外なことに、ジョリオ＝キュリー夫妻（彼らは現代的で、互いの結婚前の姓をハイフンでつないで夫婦の姓として採用していた）はディラックと同じく、データを説明するために新しい素粒子を提案するのを嫌がっていたものと見られる。おそらく陽子と電子と光子はなじみのある粒子だったというだけでなく、その時点までは、原子に関連した風変わりな量子現象も含めて、既知のすべての現象を説明するのにその三種類だけで十分に事足りたのだろう。そのためイレーヌとフレデリックは、ボーテとベッカーが発見した崩壊においては新しい中性の重い粒子が生み出されるのではないかという、今となっては明白な提案をしなかった。残念なことに、同じような臆病さのせいで、ジョリオ＝キュリー夫妻は陽電子の発見についても主張をしそこなった。じつは彼らは、カール・アンダーソンが自分の発見を報告するよりしばらく前に、すでに実験中に陽電子を観測していたのである。

そして結局、ことを進展させたのは物理学者のジェームズ・チャドウィックだった。チャドウィックは明らかに物理学に対して鋭い嗅覚を持っていたが、彼の政治的な読みはそれほど鋭くはなかった。一九一三年に修士号を取得してマンチェスター大学を卒業したあと、チャドウィックはラザフォードのもとで仕事をしながら特別研究員の資格を取得して、それにより、どこでも好きなところで研究ができるようになった。そこで彼はベルリンに行き、ガイガーのもとで働いた。これ以上ないほどの優れた師を得て、放射性崩壊についての重要な研究を始めたところ、運悪く第一次世界大戦が勃発して、ドイツにいたチャドウィックはそれから四年間、敵国人収容所で過ごさなければならなかった。

最終的にチャドウィックは、ラザフォードが移ってきていたケンブリッジに戻り、ラザフォードの指導のもとで博士課程を修了した。そしてその後もラザフォードのもとに残り、研究を続けながら、ケンブリッジ大学のキャベンディッシュ研究所の運営を手伝った。チャドウィックもボーテとベッカーの実験結果については知っており、自ら再現までしていたのだが、ついに転機が訪れたのは、教え子のひとりからジョリオ＝キュリー夫妻の実験結果を知らされたときだった。ここでようやく、先ほど私が話したエネルギーの観点にもとづいて、チャドウィックは確信に至った。観測されていた放射線は、新しい中性の粒子――ちょうど陽子の質量と同じくらいの質量を持った粒子――からもたらされた結果に違いない。そうした粒子が原子核の内部に存在しているのではないだろうかという考えを、じつは彼とラザフォードが数年前から育んでいたのである。

チャドウィックはジョリオ＝キュリー夫妻の実験をそのまま再現したり拡張したりして、パラフィン以外のターゲットも使いながら、照射のあとに出てくる陽子を丁寧に調べた。その結果、衝突時のエネルギーからして原因がガンマ線ではありえないことが確認されただけでなく、その新しい粒子と原子核との相互作用の強さが、ガンマ線で予言される強さに比べてはるかに大きいことも確認された。

チャドウィックはぐずぐずしなかった。一九三二年、実験を始めてから二週間としないうちに、ネイチャー誌に「中性子の存在の可能性」と題したレターを送り、さらにその補足として詳細を記した論文を王立協会に送った。かくして、中性子が――今では重い原子核の質量のほとんどを、ひいては私たちの身体の質量の大部分を占めているとわかっている粒子が――発見されたのである。

この発見によって、チャドウィックは三年後の一九三五年、ノーベル物理学賞を受賞した。しかし世に報いはあるもので、チャドウィックにこの結果を得させる発端となったそもそもの実験を行なった――しかし中性子の特定まではしそこなった――三人も、ほかの業績によってノーベル賞を受賞している。ボーテは一九五四年に、複数の検出器で観測された事象の同時性を利用して原子核と原子の現象の詳細な性質を調べた研究により、ノーベル物理学賞を獲得した。イレーヌとフレデリックのジョリオ＝キュリー夫妻は、このほかにも二つのノーベル賞級の発見をもう少しのところで逃したものの、人工放射能を発見したことによって一九三五年のノーベル化学賞を獲得した。ちなみにこの人工放射能は、のちに原子力発電と核兵器の両方の開発において不可欠な要素となる。興味深いことに、イレーヌがフランスでようやく教授職を得られたのは、このノーベル賞を受賞してからのことだった。彼女の母親のマリーはノーベル賞を二度受賞していたから、キュリー家は全部で五つのノーベル賞を集めたことになる。

一つの家で得た数としては今もって最多の記録である。

チャドウィックはこの発見後、中性子の質量の測定に着手した。一九三三年の最初の推定では、陽子の質量と電子の質量の合計よりわずかに小さい質量が示唆された。この結果は、陽子と電子の束縛状態が中性子なのではないかという考えを後押しするものだった。おそらくそのわずかな質量差は、アインシュタインの $E = mc^2$ の関係により、陽子と電子の結合時に失われるエネルギーのせいだと考えればよかった。しかしながら、ほかのグループによる測定でいくつか相反する結果が出ていたこともあり、一年後にチャドウィックがさらなる解析のため、ガンマ線によって誘導される核反応を使って調べてみた──この手法によって全エネルギーがきわめて高い精度で測定できた──ところ、結果は間違いなく、〇・一パーセント未満というわずかな質量差ではあったが、中性子が陽子と電子の合計質量より重いことを示唆していた。

蹄鉄や手榴弾を投げるときには「近さ」だけが重要だと言われるが、陽子と中性子の質量の近さは、とてつもなく重要なことである。それこそ今日われわれが存在していることの重要な理由のひとつなのだから。

アンリ・ベクレルが一八九六年にウランの放射能を発見し、そのわずか三年後、アーネスト・ラザフォードが二種類の放射性崩壊を識別して、それぞれをアルファ崩壊、ベータ崩壊と名づけた。その一年後にはガンマ線が発見され、ラザフォードがそれを一九〇三年に新種の放射線と確認して、その名前を授けた。そしてベクレルが一九〇〇年に、ベータ崩壊で現れる「光線」が実際には電子であることを確定させ、今ではそれが中性子の崩壊から生じることがわかっている。

ベータ崩壊において、中性子は陽子と電子に分かれる。そしてこのあと説明するように、もし中性子が陽子よりわずかに重くなかったら、この分離はありえないことになる。この中性子崩壊について驚くべきことは、これが起こることではなく、起こるのにとても長い時間がかかることだ。普通なら、不安定な素粒子の崩壊は、数百万分の一秒だの数十億分の一秒だのという単位で起こる。それに比べ、孤立した中性子の寿命は平均して一〇分以上もある。

中性子がそんなにも長命でいられる主要な理由のひとつは、中性子の質量が陽子と電子の合計質量よりほんの少しだけ大きいことにある。つまり、中性子の静止質量を通じて得られるほんのわずかのエネルギーで、かろうじて中性子は陽子と電子に崩壊しつつ、さらにエネルギーの保存をするのである（もうひとつの理由は、中性子が陽子と電子だけに崩壊するわけではないことだ。中性子は三つの粒子に崩壊するのだが……それについては乞うご期待！）。

原子の時間スケールでは一〇分は永遠にも等しいかもしれないが、人間の一生や地球上の原子の寿命に比べれば、きわめて短い。本章の冒頭で述べた謎に戻ると、三〇分のテレビ番組で最初のコマーシャルが入る前に中性子が崩壊してしまうものなら、なぜまたわれわれは大部分が中性子でできているのか？

答えはまたもや、中性子と陽子の質量がきわめて近いことにある。自由な中性子は一〇分かそこらで崩壊する。しかし、中性子が原子核の内部に束縛されているとしたらどうだろう。束縛されているからには、中性子が原子核から飛び出すにはエネルギーが必要となる。しかし、だとすると、そもそも中性子は原子核に束縛されるときにエネルギーを失っているということになる。しかしアインシュタインが教えているように、質量のある粒子の総エネルギーは、$E=mc^2$ により、その粒子の質量に比例している。ということは、もし中性子が原子核に束縛されるときにエネルギーを失っているのなら、中性子の質量は小さくなっているはずだ。しかし孤立しているときの中性子の質量は、陽子と電子の合計質量よりほんのわずかに大きいだけだから、それが質量を失ってしまうと、もはや陽子と電子に崩壊できるだけの十分なエネルギーを持たないということになる。もし中性子が陽子に崩壊するつもりなら、ひとつの道としては、陽子も原子核から追い出せるだけのエネルギーを放出しなければならないが、標準的な原子核結合エネルギーを考えれば、中性子にそれだけのエネルギーはない。あるいはもうひとつの道は、新しい安定した原子核の中に新しい陽子が残っていられるだけのエネルギーを放出することだ。その新しい原子核は別の元素の原子核なのだから、原子核に正の電荷をもう一個追加するのにも、やはり中性子が崩壊するときに得られるわずかな量のエネルギーより多くのエネルギーが必要となる。結果として、中性子も、中性子を含んだ原子核のほとんども、安定したままでいるというわけだ。

われわれの身体の中にあるほとんどの原子も含めて、われわれの見るあらゆるものを構成している原子核の全体的な安定性は、中性子と陽子の質量が〇・一パーセントしか違っていないという事実の偶然の帰結である。その違いのわずかさのため、中性子が原子核の内部に埋め込まれるときに少しだけ質量が変化すると、もはや中性子は陽子に崩壊しなくなる。これを私はトーマス・ゴールドから教わったのだ。

これについて考えると、私はいまだに驚愕する。複雑な物質、周期表、そして遠くの星々から私が今この文字を打っているキーボードまで、私たちが見ているすべてのものの存在が、こうした驚くべき偶然の一致にかかっているのだ。しかし、なぜ？　これは本当に偶然なのか、それとも物理法則が何らかの未知の理由でこれを必要としているのだろうか？　こうした疑問が私たち物理学者を駆り立てて、ありえそうな答えをさらに深く探らせるのである。

中性子の発見と、それに続く中性子崩壊の観測は、次々と新種の素粒子が発見される原子以下の世界にまたひとつ新しい粒子を加えただけのことにとどまらなかった。この発見によって、自然界の最も基礎的な特性の二つ――エネルギーの保存と運動量の保存――が、おそらく原子核のような微視的な距離スケールでは通用しなくなることが見えてきたのだ。

中性子を発見するより二〇年ほど前に、ジェームズ・チャドウィックはベータ線に関して、ある奇妙なことを観測していた。まだ彼にしてもほかの誰にしても、ベータ線が崩壊する中性子から発することをまったく知らなかったころのことである。中性子崩壊で放出される電子が持っているエネルギーのスペクトルは、本質的にゼロのエネルギーから最大エネルギーまで連続的につながっていて、最大エネルギーの大きさは中性子が崩壊したあとに得られるエネルギーによって決まる。自由中性子の場合、この最大エネルギーは、中性子の質量と陽子と電子の合計質量とのエネルギー差にあたる。

だが、これには問題がある。この問題を最も簡単に理解するには、とりあえず、陽子と電子が等しい質量を持っていると仮定して考えてみるといい。その場合、崩壊後に陽子が電子より多くのエネルギーを持っていたら、陽子は電子より速く運動するだろう。しかし、陽子と電子の質量が同じだったなら、陽子は電子より運動量についても多く持つことになる。しかし中性子が静止状態で崩壊すれば、崩壊前の中性子の運動量はゼロだから、出てくる陽子の運動量が、出てくる電子の運動量を相殺していなくてはならない。しかし、陽子と電子が同じ運動量を持って逆の方向に出ていかないかぎり、それは不可能だ。したがって、陽子の運動量の大きさが電子の運動量の大きさを上回ることはありえない。要するに、もし陽子と電子が等しい質量を持っているなら、崩壊後の二つの粒子のエネルギーと運動量には一つの値しかないということになる。

数学的にはもう少し複雑になるのだが、基本的にはこれと同じ論理が、陽子と電子の質量が異なっている場合にも当てはまる。もし中性子の崩壊で生じるのがその二つの粒子だけなら、それらの速さ、ひいてはエネルギーと運動量も、それぞれ独自の、それぞれの質量の比に依存した一定の値を持っていなくてはならない。

結果として、もし中性子のベータ崩壊から生じた電子がさまざまに異なるエネルギーを持って出てくるのなら、それはエネルギーと運動量の保存を破っていることになる。しかし、今しがた微妙にほのめかしたように、これが真となるのは、中性子崩壊の生成物として生じるのが電子と陽子、その二つの粒子だけだった場合だ。

ふたたび一九三〇年、中性子の発見よりほんの数年前に、オーストリアの名高い理論物理学者ヴォルフガング・パウリが、スイス連邦工科大学の同僚たちに向けて「親愛なる放射能持ちの紳士淑女のみなさま」という不朽の書き出しで始まる書簡を送った。パウリはその中で、この問題を解決する提案の概要を示していたが、あわせて、「これについてはあえて論文を発表するほどの確信」はないとも記していた。パウリの説は、電気的に中性の新しい素粒子が存在しているというもので、パウリはそれを中性子と呼び、その新しい中性の粒子がベータ崩壊のときに電子と陽子に加えて生成されるので、崩壊時に得られるエネルギーを電子と陽子とこの粒子とで分け合うから、エネルギースペクトルが連続的になるのだと説明した。

のちに量子力学の「排他原理」でノーベル賞を獲得することになるパウリは、当然ながら、馬鹿ではなかった。むしろ彼は、馬鹿に我慢がならないたちだった。真偽はともかく彼にまつわる有名な逸話では、彼は誰かの講演中、馬鹿げたことがべらべら喋られていると感じると即座に演壇の黒板に直行して、講師の手からチョークを奪い取ったという。パウリは自分の好まない説に対しては容赦なく批判的になれる人物だったが、その最も辛辣な批判は、あまりにも要を得ない、彼の言葉を借りれば「間違ってすらいない」アイデアのために確保されていた（私がイェールで教えていたころの親愛なる同僚で、きわめて優れた数理物理学者だった故フェザ・ギュルセイは、かつてある記者から、一部の目立ちたがり屋の科学者が提唱する過剰宣伝のアイデアを発表することにどういう意味があるのかと聞かれ、こう返答した。「パウリはもう死んでいるのだということです」）。

パウリは、まだ一度も観測されたことのない新しい素粒子を提案するのはこの上ない空論であるとわかっていたから、その書簡の中で、そんな粒子はおそらく存在しないだろうと述べている。そして二つ理由を挙げ、ひとつには、その粒子が実際に観測されていない以上、物質との相互作用がきわめて弱いものでなければならないからで、もうひとつには、ベータ崩壊で得られるエネルギーが陽子の質量に比べてきわめて小さいことから考えると、その粒子が電子とともに生成されるにはきわめて軽くなければならないからだ、と論じていた。

パウリのアイデアに関して浮上した第一の問題は、彼が選んだ名前だった。チャドウィックが一九三二年に実験的に発見した粒子が、今日「中性子（ニュートロン）」と呼ばれているもので、それは同じような質量を持った陽子の中性のいとこのようなものだと考えれば、適切な名前だ。しかしそうなると、パウリの仮説上の粒子には別の名前が必要となる。そこでパウリの同僚の優れたイタリア人物理学者——エンリコ・フェルミ——が一九三四年にひとつの妙案を思いつき、その名前を「ニュートリノ」に変えた。「小さな中性子」を意味するイタリア語のもじりだ。

その後、パウリのニュートリノが発見されるまでには二六年がかかることになる。こんな小さな粒子にとっては十分なほどの時間であり、その大型のいとこである中性子にとっても十分な時間だった。そのあいだに物理学者は、ある力――この宇宙や、光の性質や、空っぽの空間の性質さえも支配する力――について、従来の見方を完全に改めさせられることになったのである。

第十章　ここより無限に：太陽に光を当てる

わたしは、戦いをよく戦い抜き、走るべき道のりを走り終えて、信仰を守りました。

――「テモテへの手紙　二」四章七節

物理学者のエンリコ・フェルミは、目立って賛美されることはほとんどないが、それでも二十世紀の最も偉大な物理学者のひとりである。私自身、物理学において特筆すべき時代に多数輩出された同じくらい特筆すべき人物の誰にもまして、リチャード・ファインマンとこのフェルミから物理学に対する姿勢やアプローチに関しても、そして同じく物理学に対する理解に関しても、多大なる影響を与えられた。この二人のどちらかほどの才能が私にもあればいいのに、と思うばかりだ。

一九〇一年生まれのフェルミは、五三歳でがんのため亡くなった。おそらく彼がしていた放射能研究の影響だろう。一九五四年に亡くなったときの彼は、現在これを書いている私より九歳も若かった。しかし、その短い生涯で、フェルミは実験物理学と理論物理学の両方の分野を大きく切り開いた。そんな物理学者はフェルミ以前にひとりもいなかったし、おそらく今後もいないだろう。現在、物理学のモデルを構築するのに使われている一連の理論的ツール、および、それらのモデルを検証するのに使われている機械装置は、どちらもそれぞれ洗練されて、複雑極まりなくなっており、いまやどれほど才能ある人間でも、個人でその両方の取り組みの最前線に立ち続けるのはとうてい無理だ。しかしフェルミの時代には、彼がそれを高いレベルでやりとげたのである。

一九一八年、フェルミはローマの高校を卒業した。このころ、科学を志す優秀な若者の前には、今よりずっと自由な可能性が広がっていた。ちょうど量子力学が生まれたばかりで、あちこちに新しいアイデアが転がっていたが、そうしたアイデアを扱うのに必要とされる厳密な数学は、まだ構築されても応用されてもいなかった。実験物理学はまだ、多数の人材と多額の資金が投入される「巨大科学(ビッグサイエンス)」の域には達しておらず、実験は個人の研究者によって間に合わせの実験室で行なわれ、数ヵ月ではなく数週間で完了とされていた。

フェルミはピサの高等師範学校に願書を出し、入試の一環として小論文の提出を求められた。その年のテーマは「音の固有の特性」だった。フェルミが出した「小論文」の中では、振動棒に対する偏微分方程式が解かれ、フーリエ解析と呼ばれる技法が応用されていた。今日ですら、普通は学部課程三年目ぐらいにならないと、これらの数学的技法には出会わない。場合によっては大学院に入って初めて出会う学生もいるだろう。ところがフェルミは一七歳にして、試験官を感心させるに十分なことをやり、みごと第一位で試験を通った。

フェルミが大学で最初に専攻したのは数学だったが、のちに物理学に転向して、ちょうど数年前にアインシュタインが考案したばかりだった一般相対性理論をほとんど独学で勉強し、同じく新興の研究分野だった量子力学と原子物理学も独学で習得した。大学に入ってから三年のうちに、一般相対性理論から電磁気学にいたるまで、さまざまな主題の論文を主要な物理学専門誌で発表した。そして大学で学び始めてから四年後の二一歳のときに、エックス線回折への確率の応用を探った学位論文で博士号を取得した。当時のイタリアでは、純粋に理論的な問題を扱った学位論文では物理博士号をもらえないのが普通だったから、フェルミはこの一件により、自分の実験室での能力とともに文筆での能力についても自信を深めた。

その後フェルミは、新興の量子力学研究の中心地だったドイツに移り、さらにオランダのライデンに移って、当時の最も有名な物理学者たち――ボルン、ハイゼンベルク、パウリ、ローレンツ、アインシュタイン、その他大勢――と出会ったのち、イタリアに戻って教職に就いた。一九二五年、ヴォルフガング・パウリが「排他原理」を提唱し、これによって二個の電子が同じ時間に同じ場所で同じ量子状態を占められないことが明らかになり、原子物理学の全面的な基礎が築かれた。一年もしないうちに、フェルミはこのアイデアを、電子のような、まったく同一でありながらスピン角運動量の取りうる値が二つある、すなわち上向きスピンと下向きスピンのどちらかとなる、さまざまな粒子の系に応用した。フェルミはこれにより、統計力学と呼ばれる分野の現代的なかたちを確立したことになる。この統計力学は、材料科学や半導体科学、コンピューターをはじめとする現代電子装置を生み出すにいたったさまざまな分野の物理学の、ほぼすべての基盤となっている。

前にも強調したとおり、軸を中心にして回転しているかのような点粒子を直感的に思い描くのは不可能だ。これもまた、量子力学がわれわれの常識的な概念から外れていると言われるゆえんである。電子はスピン½の粒子と言われるが、それは電子のスピン角運動量の大きさが、原子内の電子の軌道運動に関連した角運動量の最小値と比較して、半分であるとわかっているからだ。電子のようなスピン½の粒子はすべて、フェルミの名にちなんだフェルミオン（フェルミ粒子）という種類の粒子に分類される。

フェルミは弱冠二六歳で、ローマ大学の新しい理論物理学科長に選出されると、続いて、将来のノーベル賞受賞者を何人も含む威勢のいい学生グループのリーダーとなり、最初は原子物理学、のちには原子核物理学を研究した。

一九三三年、フェルミはパウリのまた新たな提案に刺激を受けた。今回は、中性子崩壊のときに生じる新しい粒子についてで、フェルミはその粒子にニュートリノという名をつけた。しかし、新粒子の命名などは余談にすぎない。フェルミには、それよりはるかに重要な仕事があった。彼は中性子崩壊についての理論を考案し、そのなかで、新しい基礎的な力が自然界に存在する可能性を明らかにした。それは電磁力と重力のほかに、科学界が初めて知ることになる新しい力で、やはり光について考えることから出てきた力だった。当時はまだ誰も知らなかったが、これは原子核に関連した二つの新しい力のうちの最初のものであり、現在わかっているかぎり、その二つと電磁力と重力とで、原子以下の最小スケールから銀河の運動まで、自然界で作用するすべての力が出揃ったことになる。

フェルミはその理論をネイチャー誌に提出したが、ネイチャーの編集者はそれを「読者の関心を得るには物理的現実からかけ離れすぎている」からという理由で却下した。以後、この雑誌の同じくらい高飛車な編集者に論文を拒否されてきた私たち研究者の多くからすれば、二十世紀物理学における最も重要な仮説のひとつであるフェルミの論文でさえ審査を通らなかったのだと知れば、多少の慰めにもなるというものだ。

この理不尽な却下に、当然ながらフェルミは立腹したが、これが予想外の価値ある副次的効果をもたらした。フェルミはこれを機に実験物理学に戻ることを決めると、チャドウィックによって二年前に発見されていた中性子を使った実験にさっさと着手した。数ヵ月のうちに、フェルミは中性子による強力な放射能源を開発し、気がつけば、自然界では安定している原子に中性子を照射することによって原子に放射性崩壊を誘導することに成功していた。さらにウランとトリウムにも中性子を照射してみたところ、やはり原子核の崩壊が見られたので、フェルミは自分が人工的に新しい元素を生み出したのだと考えた。しかし実際のところ、彼が引きこしたのは核分裂反応だった。重い原子核が分裂して、もっと軽い原子核に変わるのである。その過程で、吸収されるよりも多くの中性子が放出されるのだが、それはのちの一九三九年、ほかの科学者たちによって発見されることになる。

切れ目なく続くフェルミの実験への取り組みは、結果的に、彼にとってはよいことだった。四年後の一九三八年、三七歳にして、フェルミはノーベル賞を受賞した。受賞理由は、人工放射能を導入して、中性子照射により新しい放射性元素を生成したことだった。だが、その一九三八年までには、すでにナチスがドイツ国内で人種法を確立しはじめており、イタリアもそれに倣ったため、フェルミのユダヤ人の妻ラウラに危険が迫っていた。ストックホルムでノーベル賞を受け取ったあと、フェルミ一家はイタリアには戻らず、ニューヨーク市に向かった。フェルミはそこでコロンビア大学の教授職に就いた。

一九三九年、ニールス・ボーアがプリンストンで核分裂理論についての講演を行なったのに続いて、ドイツで核分裂反応実験が実際に成功したという知らせををニューヨークで聞いたフェルミは、前年のノーベル賞受賞スピーチを修正して自分のかつての過ちを明確にすると、迅速にドイツでの実験結果を再現した。ほどなくして、フェルミと共同実験者たちは、これが連鎖反応の可能性を生み出すことに気づいた。ウランに中性子をぶつけると、核分裂が起こってエネルギーが放出されるとともに、さらに中性子が放出されて、それがまたウラン原子にぶつかって、核分裂が起こり……と続いていくのだ。

その後まもなく、フェルミは合衆国海軍に向けて講義を行ない、この結果の潜在的な重要性について警告を与えたが、ほとんど誰からも真剣に取り合われなかった。その年のうちに、アインシュタインの有名な書簡がルーズヴェルト大統領の手元に渡り、歴史の流れを変えることとなる。

フェルミはじつのところ、これよりずっと前から、原子核のエネルギー放出にともなう潜在的な危険を認識していた。博士号を取得した翌年の一九二三年、フェルミは相対性理論についての本につけた付録の中で、$E = mc^2$ の潜在能力について語っているが、その時点でこう記している。「このような恐ろしい量のエネルギーを放出する方法が見つかるとは思われないし、少なくとも近い将来においては無理だと見られるが、それはかえってよいことだろう。そんな恐ろしい量のエネルギーの爆発の最初の効果は、それを実現する方法を不運にも見つけてしまった物理学者を木っ端微塵に吹き飛ばすことだろうから」

この考えが、そのときも彼の頭にはあったに違いない。一九四一年、新たに組織されたマンハッタン計画の一環として、フェルミは制御された核連鎖反応を生み出すという役目を任じられた。すなわち、原子炉を製造せよということである。当然ながら、関係者はこれを都市部で実行することに不安を覚えたが、フェルミは自信満々に計画の責任者を説得して、シカゴ大学の構内に原子炉を製造する許可を得た。一九四二年十二月二日、原子炉は臨界に達し、シカゴは無事に生き残った。

その二年半後、フェルミはニューメキシコ州に出向き、史上初の核爆発実験となる「トリニティ実験」を観察した。いかにもフェルミらしく、ほかの人々が畏敬と恐怖に立ち尽くすなかで、彼だけは爆弾の威力を評価する即興の実験を指揮し、爆風が来たときに数枚の紙切れを落として、それがどれだけ遠くまで飛ばされるかを測った。

物理学に対するフェルミの不動の実験的アプローチは、私が彼を心から追慕する理由のひとつだ。彼はつねに、正しい答えにたどりつくためのシンプルで容易な方法を見つけていた。自分にどれほど優れた数学的技能があっても、複雑さを好まず、正確な答えを得るには何ヵ月も何年もかかりそうな問題でも、短時間で「十分によい」と言える近似的な答えを得られることをわかっていた。フェルミは自分のその能力を磨いただけでなく、今で言うところの「フェルミ推定」の問題［実際に調査するのが難しいような特定しにくい数量を論理的な推論によって短時間で概算させる問題］を考案して、学生たちにもその能力を養わせた。伝えられるところによると、彼は毎日のランチタイムに、自分のもとで働くチームの面々にこれをやらせていたという。とくに私が気に入っている問題は、「シカゴには何人のピアノ調律師がいるか」というもので、私はいつもこれを物理学の基礎課程の学生にやらせている。あなたもお試しあれ。一〇〇人から五〇〇人までに入る答えが出たら、合格だ。

フェルミは実験研究でノーベル賞を獲得したが、彼の物理学への理論的な遺産は、ことによるとはるかに大きい。あの却下されたことで有名な、中性子崩壊についての論文の中で彼が提唱していた「理論」は、例によって驚くほどシンプルでありながら、立派に目的を果たしていた。完全な理論ではまったくなかったし、当時の段階では、あれを発展させるのは時期尚早でもあっただろう。代わりに彼は、ありうる仮定の中で最も単純な仮定を立てた。ある一点で起こる、粒子間の新種の相互作用を想像したのである。そこに関わる四つの粒子は、中性子、陽子、電子、およびパウリとフェルミがニュートリノと名づけた新しい粒子だった。

フェルミの考えの出発点には、またもや光が関わっていた。実際、現代物理学のほぼすべてには光が関わっていたし、この場合で言えば、これは物質と相互作用する光についての現代量子論だった。前にも述べたように、ファインマンは反物質の存在を論じるにあたり、時間と空間における基礎的な過程について考えるための図解的な枠組みを考案した。ここでふたたび電子が光子を放出している時空の図をお見せするが、ここでは電子が陽子（p）に置き換わっている［図10‐1］。

フェルミは同じような方式で中性子崩壊を想像したが、中性子が光子を放出したのち、そのまま同じ粒子でいるのではなく、中性子が二個の粒子、すなわち電子（e）とニュートリノ（ν）を放出したのち、陽子（p）に変わると考えた［図10‐2］。

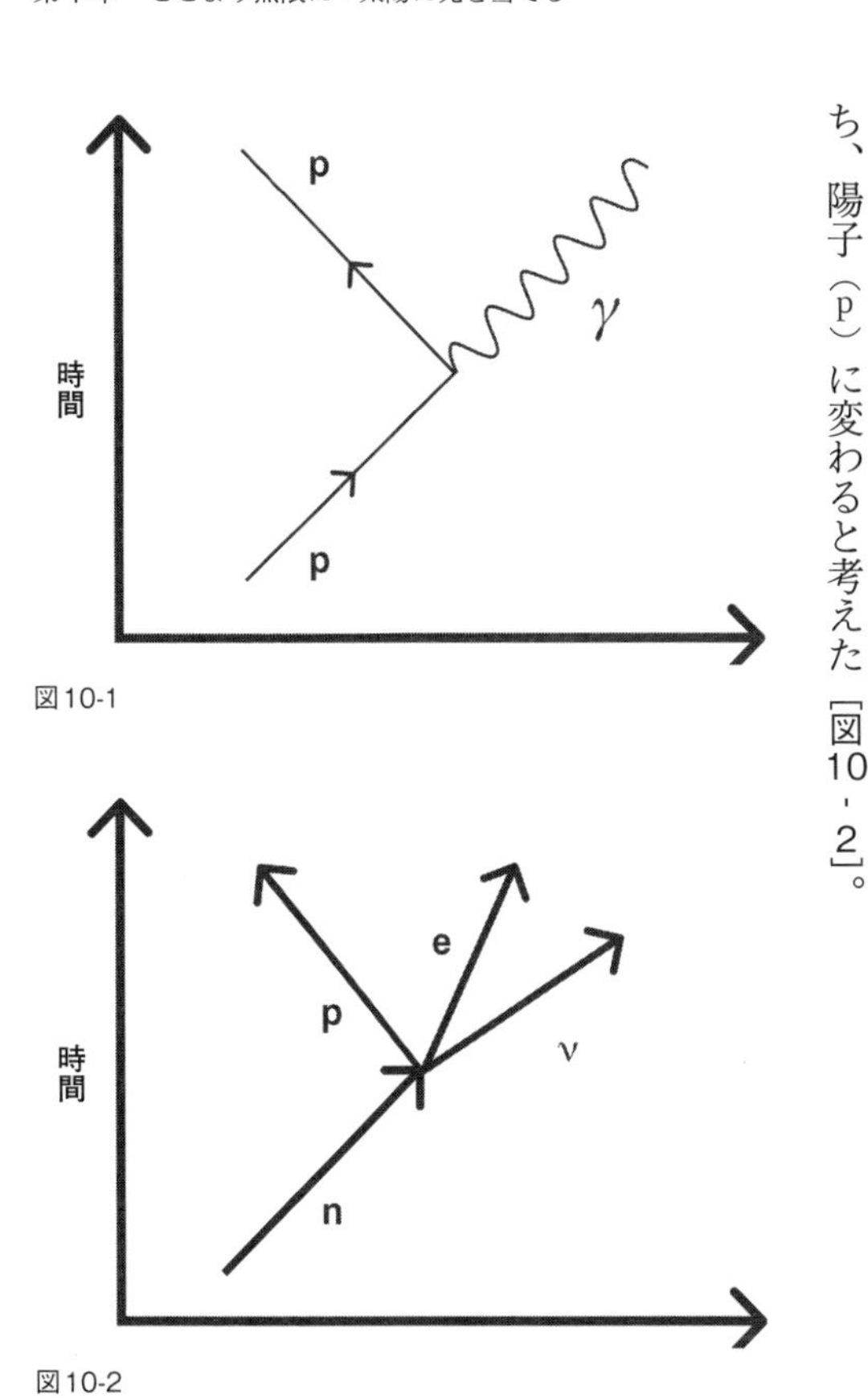

電磁力の場合、電荷を持った粒子と光子との相互作用の強さ（それが前のページの最初の図で示されている点で、光子を放出する確率を決定する）は、粒子の電荷に比例する。電荷があるからこそ、粒子と粒子は相互作用ができる、言い換えれば、電磁場と「結合」できるので、電荷の基礎的な量子――すなわち一個の電子や陽子が持っている電荷――の大きさは、電磁場の「結合定数」と呼ばれる。

一方、フェルミの相互作用では、図で中性子が陽子に変わる相互作用点にあらわれる数量が、こうした変換の確率を決定する。この量の値は実験によって決まり、今ではそれをフェルミ定数と呼ぶ。電磁力に比べて、この量の数値は小さい。その理由は、たとえば原子内で電磁遷移が起こるペースなどと比べて、中性子が崩壊するまでにかかる時間が長いからだ。結果として、フェルミの相互作用は、自然界の新しい力を記述した、弱い相互作用として知られるようになる。

フェルミの提案はじつに驚くべきものだったが、その理由のひとつは、これが物理学史上初めて、光子以外の粒子が量子世界では自発的に生成されうるという提案をしていたからだ（この場合で言えば、中性子が陽子に変わると同時に電子とニュートリノが生成される）。これは以後、自然界の基礎的な力の量子的な特性を探る試みを促すことになるとともに、そのほとんどにとっての原型となった。

しかも、これは自然について「後言」をしたのではなく、まさしく「予言」をしていた。中性子崩壊を引き起こす相互作用をあらわした一つの数学的形式が、あとになってわかってみれば、のちに観測されるほかの多くの現象を予言してもいたのである。

さらに重要なことに、この相互作用は、まったく同様の強さで、自然界のほかの粒子の同じような崩壊を支配してもいる。たとえば一九三六年に、陽電子の発見者であるカール・アンダーソンが、宇宙線の中にまた別の新たな粒子を発見した。これを最初として、以後、あまりにも多くの新粒子が続々と発見されるものだから、はたしてこの流れに終わりはあるのだろうかと素粒子物理学者が悩み始めたほどだ。この発見のことを知らされた原子物理学者で、のちにノーベル賞受賞者となるＩ・Ｉ・ラビは、「誰がこんなものを注文したんだ？」と叫んだと言われる。

今では、このとき発見されたミュー粒子（ミューオン）という、ギリシャ文字のμであらわされる粒子が、電子より約二〇〇倍重いだけの、本質的にまったくの電子のコピーであることがわかっている。ミュー粒子は重いので崩壊することが可能で、崩壊時に中性子崩壊とまったく同じような相互作用で一個の電子と一個のニュートリノを放出するが、ミュー粒子そのものは陽子に変わらず、別の種類のニュートリノ（ミューニュートリノという）に変わる。驚くべきことに、この相互作用の強さにフェルミの相互作用のときと同じフェルミ定数を使うと、ミュー粒子の正確な寿命がぴったり導けるのである。

明らかに、ここには新しい基礎的な、自然界に普遍的に存在する力が働いている。それは電磁力と似たところもありながら、一方で重要な違いも持っている。第一に、この力の相互作用は電磁力よりずっと弱い。第二に、これは電磁力と違って、相互作用がきわめて短い範囲でしかなされないように見える。たとえばフェルミの模型では、たった一点だ。中性子はあるところで陽子に変わって、ほかのところで電子をニュートリノに変えさせるのではない。もっと長い距離ででも電子どうしが仮想光子を交換して互いに反発することができる、電子と光子との相互作用とは対照的だ。第三に、この相互作用はある種類の粒子を別の種類の粒子に変える。電磁力の場合、光の量子である光子の生成と吸収がなされるだけで、光子と相互作用する荷電粒子は相互作用の前でも後でも種類は変わらない。重力にしても、その力の及ぶ範囲は長く、地球に向かってボールを落としても、ボールはボールのままだ。しかし弱い相互作用は中性子を陽子に崩壊させたり、ミュー粒子をニュートリノに崩壊させたりする。

このように、弱い相互作用には明らかにほかの相互作用との違いがあるが、だからどうした、と思っている人もいるかもしれない。中性子崩壊は興味深い現象だが、幸いにも、原子核の特性のおかげで、われわれは中性子崩壊から守られ、原子が安定して存在していられるようになっている。したがって日常生活にほとんど影響はないだろう。弱い相互作用にほかにたいした重要性もないのなら、その変則的な性質を見過ごしたっていっこうにかまわないではないか。

しかしながら、弱い相互作用は、少なくとも重力や電磁力と同じくらい、われわれが存在しうる直接的な原因となっている。一九三九年、その後まもなく原子爆弾の製造計画に主導的な役割を果たすことになる物理学者のハンス・ベーテが、原子爆弾の爆発力の源となる、重い原子核を分裂させる相互作用は、別の状況下では、小さな原子核から大きな原子核をつくるのに利用しうることに気がついた。その場合、原子爆弾で放出されるよりもはるかに大きなエネルギーを放出させることができるのだ。

そのときまで、太陽のエネルギー源は謎とされていた。太陽の中心核の温度が最大でも数千万度であることは、すでにはっきりと確立されていた。とてつもない温度に思われるかもしれないが、その温度で衝突核が得られるエネルギーはすでに実験室で達成されていたのだ。さらに言えば、太陽がろうそくのように、ただ単純に燃焼しているだけではないこともわかっていた。

すでに十八世紀から、太陽のような質量を持った天体が、もし単なる燃焼中の石炭のようなものだったなら、それが観測されている太陽の明るさで燃え続けていられる期間は一万年ぐらいにしかならないことがわかっていた。それはアッシャー主教が聖書の天地創造の話から推定した宇宙の年齢とはきれいに合ったが、すでに十九世紀までには、地球そのものの年齢がそれよりずっと高いことを地質学者と生物学者が確定させていた。しかし、ほかに新しいエネルギー源も見当たらないことから、太陽の寿命の長さと明るさは依然として謎のままだった。

ここに、ハンス・ベーテが登場する。彼もまた二十世紀前半のドイツ出身の、信じられないほど才能のある多産な理論物理学者であり、彼もまたアルノルト・ゾンマーフェルトの博士課程の学生で、のちにノーベル賞を受賞することになる教え子のひとりだった。ベーテはもともと科学の分野で研究者の道に入った。それというのも、彼のいた大学では物理学の基礎課程の教育がお粗末だったからだ――じつによくある問題である（私も同じ理由で大学一年目に物理学をやめようとしたが、幸い、私の大学の物理学科は、私が次の年に物理学の上級課程を履修するのを認めてくれた）。ベーテはのちに物理学に転向して大学院に進み、ナチを逃れてアメリカに移住した。

ベーテは非常に優秀な物理学者で、黒板の右上から左下まで書き連ねられたさまざまな問題を、詳細な計算を駆使して、しかもほとんど消して直すことなく解くことができた。リチャード・ファインマンはベーテに強く影響を受け、問題に対するベーテの辛抱強い数学的アプローチにつねづね驚愕していた。ファインマン自身は往々にして、問題の最初から最後へ一足飛びに行き着いて、途中の段階についてはあとで考えるというタイプだったのだ。ベーテの堅実な職人的技量とファインマンの鮮やかな洞察力とがみごとに組み合わさったのが、二人がともにロスアラモスで原子爆弾の研究に携わったときだった。彼らが話をすると、いつも途中で、辛抱強いが頑固でもあるベーテにファインマンが大声で反論することになり、同僚たちはそれを「戦艦と魚雷艇」と称していた。

私が若手の物理学者だったころ、ベーテは伝説的な存在だった。すでに九〇代の年齢になっていたにもかかわらず、依然として重要な物理学論文を書いていたからだ。加えて、彼は誰とでも嬉しそうに物理学の話をした。私がコーネル大学――ベーテが物理学者としてほとんどの年数を過ごしたところ――

で客員として講義をしたときも、彼が私の研究室までやってきて、まるで私が彼に何かを教えられる人物であるかのように、私に方程式について質問し、そのあとも私の話を熱心に聞いてくれたので、私はとんでもなく光栄に思ったものだ。

ベーテは身体的に頑健でもあった。これは、同じく客員としてコーネル大学に行った友人の物理学者から聞いた話だ。ある週末、友人は大胆にも、大学近くのハイキングコースの中でもとりわけ険しい山に挑戦することにした。彼がぜいぜい息を切らしながら誇らしい気分で頂上のすぐ手前まで行き着くと、なんと八〇代後半のベーテが、楽しそうに頂上から山道を降りてくるのを見つけたという。

私は昔からベーテが好きで、敬服していたが、この本を書くにあたって資料を調べていたときに、予想外の嬉しい個人的なつながりを二つ発見した。それを喜んでご披露させていただこう。まずひとつは、私がある意味で、ベーテの学問的な孫だったことだ。私の物理学部課程の卒業論文の指導教官だったM・K・サンダルサンは、ベーテの博士課程学生のひとりだったのである。そしてもうひとつは、ベーテがポスドク時代に、ある論文をからかうためにでっちあげの論文を書いていたことだ。ベーテは、本物の動機や証拠がまったくないまま言い出された、基本的な結果だけでできた壮大な主張に我慢のならないたちで、彼からすると馬鹿げているとしか思えなかったその論文の著者は、有名な物理学者のアーサー・スタンリー・エディントンだった。エディントンは、いくつかの基礎的な原理を使って電磁力の基礎的な定数を「導出」したと主張していたが、ベーテはその主張が見当違いの数霊術にほかならないと看破したのだ。私はこれを知って、自分がイェール大学で助教をしていたときに書いたでっちあげの論文のことを、いくぶん誇らしく思うようになった。私の場合も、自分がおかしいと思う論文がとある著名な物理学専門誌で発表されていたのを見たからで、その論文では、自然界の新しい力を発見したとの主張がなされていた（それはやはり誤りであると後日判明した）。ベーテがその論文を書いた当時、物理学界はそれを比較的真面目に受け取ったので、ベーテと同僚たちは謝罪を表明しなければならなかった。私がその論文を書いた当時、私に否定的な反応をしたのは私の大学の学科長だけだった。彼はフィジカル・レビュー誌が本当に私の論文を掲載するのではないかと不安になったのだ。

ベーテは三〇代の初めにして、すでに一流の物理学者としての地位を確立していた。彼の名は、荷電粒子の物質内の通過を記述したベーテ公式や、多体物理における特定の量子的問題に正確な解を得るための手法であるベーテ仮設など、彼が残した多くの結果に付されるようになっていた。また、彼が一九三六年に共著で出した、当時まだ生まれたばかりだった原子核物理学という分野についての一連の論説は、その後もしばらく権威として残り続け、「ベーテのバイブル」とまで呼ばれるようになった（伝統的な「聖書（バイブル）」と違って、こちらは検証可能な予言をしており、科学の進歩にともなって最終的には別のものに置き換わられた）。

一九三八年、ベーテは「恒星エネルギー世代」についての会議に誘われて出席したが、その当時、天体物理学は彼の主要な関心の対象ではなかった。しかし会議が終わるまでに、ベーテは四つの個別の陽子（水素原子の原子核）が最終的に――フェルミの弱い相互作用の結果として――「融合」し、二個の陽子と二個の中性子を含むヘリウムの原子核を形成する核過程を解き明かしていた。この融合は、石炭の燃焼で放出されるエネルギーの約一〇〇〇万倍ものエネルギーを原子一個あたりで放出する。それにより、太陽はそれまでの推定より一〇〇〇万倍も長く存続していられるのだ。つまり、太陽の寿命は一万年ではなく、約一〇〇億年だったということである。ベーテはのちに、太陽のエネルギー源が別の核反応によってでも支えられていることを証明した。そのひとつが炭素を窒素と酸素に変換する、いわゆるＣＮＯ

サイクルである。

太陽の秘密――われわれの太陽系における究極の光の誕生――は、こうして明らかにされた。ベーテは一九六七年にノーベル賞を獲得し、それからほぼ四〇年後、太陽ニュートリノの実験によってベーテの予言が確認された。そうした確認を可能にするものとして、太陽からやってくるニュートリノは、実験で観測できる重要なものだった。その理由は、一連の流れを見ればわかるだろう。まず初めに二個の陽子が衝突し、弱い相互作用を通じて、そのうちの一個が中性子に変わる。これにより、その二個が融合して重水素という重い水素の原子核に変われるようになり、それとともに一個のニュートリノと一個の陽電子が放出される。この陽電子はのちに太陽の内部で相互作用するが、ニュートリノは弱い相互作用を通じた相互作用しかしないので、その場で太陽を飛び出して、遠い地球までも、その先までもやってこられる。

毎日毎秒、そうしたニュートリノが四〇〇兆個以上もあなたの身体を貫通している。ニュートリノの相互作用の強さはきわめて弱く、相互作用するまでに固体の鉛を平均一万光年も通過できるほどだから、ほとんどのニュートリノはやすやすと、誰にも気づかれないままあなたの身体を通り抜け、地球をも通り抜ける。しかし、もし弱い相互作用がなかったら、ニュートリノは生成されず、太陽が輝くこともなく、私たちの誰ひとりとして、ここでこんなことを考えていない。

したがって、強さはきわめて弱いにもかかわらず、弱い相互作用はわれわれの存在の大きな起因となっているのだ。それもあって、これをあらわすために考案されたフェルミの相互作用と、これによって初めて予言されたニュートリノとが、ともに常識に逆らうものであるとわかったときに、物理学者たちはおのずと強い関心を示さざるを得なかった。その結果、現実そのものの従来の概念まで変えていくことになったのである。

第二部　出エジプト記

第十一章　非常時と非常手段

すべてに時機があり
すべての出来事に時がある。

——「コヘレトの言葉」三章一節

中性子の発見に続いて中性子崩壊の性質が模索され、その一方で、ニュートリノの発見に続き、短距離の弱い力が自然界の新しい普遍的な力として発見されるなど、一九三〇年代に急速に起こった一連の展開で、物理学者は大いに刺激されながらも、それ以上に困惑に陥った。電気と磁気の統一をもたらし、さらに量子力学と相対性理論の統一ももたらした輝かしい進展の歴史は、光の性質を探るという基盤の上に成り立っていた。しかしながら、量子電磁力学というエレガントな理論体系が新しい力についての考え方をどう引っぱっていけるのか、先はなかなか見通せなかった。弱い相互作用は、人間が直接的に感知できることとはあまりにも隔たっているうえに、新しい風変わりな素粒子や、まるで錬金術を思わせるような核変換が関わっているのだ。ただし錬金術と違って、こちらの変換は検証が可能で、再現も可能だというだけだ。

何よりも基本的な困惑は、原子核そのものの性質に関することにあった。そもそも原子核はなぜばらばらにならないのか。以前は、原子核の質量が正しくなるには追加の陽子が必要だと考えられて、その追加の陽子の電荷とバランスを取るために、一部の電子が原子核内部に閉じ込められていなければならないように思えたが、そのパラドックスは中性子の発見を通じて解決された。しかし、原子核から電子を放出することになるベータ崩壊が観測されてみると、問題はまだ解決していないことがわかった。

ベータ崩壊において原子核内で中性子が陽子に変わるのだとわかり、それはよかったが、そうすると今度は別の疑問が出てきた。この変換で、はたして陽子と中性子をともに原子核内に収めておく強い結合力を説明できるのだろうか？

もちろん弱い力と、電磁力の量子論である量子電磁力学には明らかに違いがあるが、それでも電磁量子力学が驚くほどみごとに原子のふるまいと電子と光との相互作用を記述できたものだから、この新しい力についても同じようにうまい説明ができるのではないかと、物理学者はどうしても期待してしまった。量子電磁力学に関連する数学的な対称性は、物理量の予言をするときに、仮想粒子の交換の結果として計算に生じてしまう困った無限大をみごとなまでに確実に取り去る働きをしてくれていた。だとすれば、陽子と中性子を原子核に拘束しておく力を理解するのにも、何か同じようなものがうまく働いてくれるのではないだろうか？

具体的に言えば、電磁力が粒子の交換で説明できるなら、原子核をまとめている力も粒子の交換で説明できると考えるのが妥当ではないか、と思われたのだ。一九三二年、ちょうど中性子が発見されたころに、このアイデアを提出したのがヴェルナー・ハイゼンベルクだ。もし陽子が電子を吸収して中性子になるというように、中性子と陽子が互いに変化できるものだとすれば、陽子と中性子とのあいだでの電子の交換がなんらかのかたちで結合力を生んでいるのではないか？

だが、この想像を正しいとするには、すでに知られている多くの問題があった。その第一は、「スピン」の問題である。ハイゼンベルクが想定したように、中性子が本質的に陽子と電子の結合したものでできていると仮定すれば、陽子と電子はともにスピン½の粒子だから、両者を足し合わせてできた中性子までがスピン½になるわけはない。½＋½は、イコール½にはなりえないからだ。ハイゼンベルクは半ばやけっぱちで、これはあらゆる慣例的な規則が破られているような非常時なのだから、中性子と陽子のあいだでやりとりされて、その二つを原子核内で結合させる「電子」は、とにかく自由電子とは別物で、だからスピンをまったく持っていないのだと論じた。

あとから振り返ってみれば、この想像には別の問題もある。電子が中性子と陽子を結合させるのだとハイゼンベルクが考える気になったのは、彼が水素分子について考えていたからだった。たしかに水素分子の場合、二個の陽子がそのまわりを回る電子を共有することによって結合している。しかし原子核の結合に同様の説明を当てはめることの難点は、スケールの問題だ。中性子と陽子はどうやって電子を交換しつつ、両者間の平均距離が水素分子の大きさの一〇万分の一以下になるぐらいまでぴったり結合するなんてことができるだろう？

あとでまた見ることになるので先に言っておくが、この問題については別の考え方もある。前にも述べたように、電磁力は長距離にわたって働く力だ。二個の電子はそれぞれ銀河の反対側にあっても、仮想光子の交換によって互いに反発を感じることが——きわめて微小にではあるが——できる。これを可能にするのが電磁力の量子論だ。光子には質量がないので、仮想光子はどこかで吸収されるまで、いくらでも遠くまで、いくらでも小さなエネルギー量で進んでいかれる。それでもハイゼンベルクの不確定性原理を破ることがないのだ。もし光子に質量があったなら、これはありえないことになる。

　そこで、もし原子核内の中性子と陽子のあいだの力が、たとえば仮想電子の放出と吸収によって生じているとすれば、その力は短距離で作用するということになる。なぜなら電子には質量があるからだ。では、どのくらいの短距離なのだろう。これは計算すると、一般的な原子核の大きさの約一〇〇倍である。したがって、電子の交換は原子核スケールの力を生み出す役には立たないことになる。たしかに、これは非常時だ。

　だが、スピンのない奇妙なタイプの電子というハイゼンベルクのやけっぱちのアイデアは、そのまま埋もれてしまうことはなかった。ある内気な若い日本人物理学者には通じたのだ。それが当時二八歳の湯川秀樹だった。数世紀にわたる孤立状態から出てきた日本が、帝国の思惑により太平洋で戦火の火ぶたを切ることになる直前の一九三五年、日本国内だけで教育を受けた物理学者によって出版されたものとしては初めての独自の物理学研究を、湯川は発表した。少なくとも二年のあいだ、その論文は誰からも注意を払われなかったが、一四年後、湯川はその研究によってノーベル賞を受賞することになる。そのころには間違いなく、彼の論文は知られるようになっていたが、それは間違った理由によってだった。

　一九二二年のアインシュタインの日本訪問で、育ちかけていた湯川の物理学への関心は固まった。まだ高校生だったとき、湯川は第二外国語の試験に通るための勉強になりそうな素材を探していて、マックス・プランクの『理論物理学入門』のドイツ語の原書を見つけた［こののち、一九二六年に『理論物理学汎論』の題名で日本語版が出版される］。それがドイツ語の本であることにも物理学の本であることにも喜んで、湯川は同級生の助けを借りながら、それを読んだ。その同級生が、やがて京都大学でも同僚となる朝永振一郎だった。朝永は非常に才能ある物理学者で、のちの一九六五年、量子電磁力学の数学的無矛盾性を実証した功績で、リチャード・ファインマンとジュリアン・シュウィンガーとともにノーベル賞を受賞した。

湯川の学生時代、まだ日本では、教師たちの多くが新興分野の量子力学を完全には理解していなかった。そんな環境で学んだ湯川が、ハイゼンベルクやパウリや、あのフェルミでさえも見過ごしていた核力の問題に対して可能な解を考えついたというのは、驚くべきことだった。私が思うに、これはある部分、二十世紀を中心として、おそらくその前後にも何度か起こった現象が災いしていたのではないだろうか。ある種の物理過程に関連するパラドックスや複雑性がどうにも克服できないように感じられはじめると、つい、相対性理論や量子力学にも比するような新しい革命的な仮説による思考の一大転換が必要とされているように思い込んでしまって、既存の技法での考えをそのまま推し進めても意味がないと結論してしまうのではないかと思う。

ハイゼンベルクやパウリと違って、フェルミは大々的な革命を求めてはいなかった。彼は自ら言うところの「試験的な理論」を提唱することになんら躊躇せず、ベータ崩壊時に電子が自発的に生成できるとすることで、電子を原子核内に閉じ込めておかずにすむ中性子崩壊の理論を堂々と提出した。たとえ完全な理論ではない、単なるモデルだとわかっているものでも、それでうまくいくならフェルミはそのモデルを提唱した。しかし実際、そのモデルを使えば計算もできたし、予言をすることもできたのだ。これこそフェルミの実際的なスタイルの真骨頂だった。

湯川はこうした進展を追いながら、ハイゼンベルクの原子核についての論文を序文とともに翻訳して日本で出版していたので、ハイゼンベルク説の問題点のことはすでによく知っていた。そして一九三四年、フェルミの中性子崩壊の理論を読んだところで、湯川の頭に新しいアイデアが浮かんだ。ひょっとしたら陽子と中性子を結合させている核力の原因は、陽子と中性子のあいだで仮想電子が交換されることではなく、中性子が陽子に変わるときに生成される電子とニュートリノの両方が交換されることではないのだろうか。

だが、そうだとすると、たちまち次の問題が生じた。中性子崩壊は、のちに弱い相互作用と呼ばれるようになるものの結果であり、その原因となっている力は弱いのである。電子とニュートリノのペアを交換することによって陽子と中性子とのあいだに生じるかもしれない力を計算に入れてみると、明らかにこの力は弱すぎて、陽子と中性子を結合させるなんてとても無理であることがわかった。

そこで湯川は、ほかの誰もやったことのないことをあえて試してみた。量子電磁力学の場合と同じように、この核力も仮想粒子の交換から生じるのだとして、その交換される粒子が、すでに知られているものや存在を仮定されているものだと考えなければならない理由があるのだろうか、と問うたのである。ディラックやパウリといった物理学者たちが新しい粒子を提案することを——たとえ結果的にはそれが正しかったとしても——どれだけ嫌がっていたかを思い出せば、湯川のアイデアがいかに過激だったか察しがつくだろう。湯川自身、のちにこう回想している。

> この時期、原子核はそれ自体が矛盾していて、きわめて不可解でした。しかし、なぜ？——それは、私たちの持っていた素粒子の概念の幅が狭すぎたからです。日本語には該当する単語がなかったので、私たちは英語の単語を使っていましたが、そのころ素粒子とは陽子（プロトン）と電子（エレクトロン）のことでした。どこからか神のお告げのようなものがやってきていて、私たちにそれ以外の粒子のことを考えるのを禁じ

ていたのです。その制限された範囲の外側について考えるのは（光子を例外として）傲慢で、天罰を恐れないことに等しかった。それは、物質は永続するという概念がデモクリトスやエピクロスの時代以来の伝統だったからです。光子以外の粒子の生成について考えるのは胡散臭いことであり、そのような考えに対する強い抑制がほとんど無意識のうちに働いていました。

［一九七四年の講演から。英文より和訳］

私の物理学関係の友人が言っていたのだが、彼にとって複雑な計算ができる唯一の時間は、自分の子供たちが生まれた直後だったそうだ。その時期はどうしたって眠れないので、遅くまで起きて仕事をするわけである。湯川もまた、一九三四年十月、ちょうど二人目の子供が生まれたばかりで眠れずにいたときに、あることに気づいた。強い核力の作用する範囲が原子核の大きさに制限されているのだとすれば、交換される粒子が何であるにせよ、それは電子よりもずっと重くなければならないはずだ。そして翌朝、その質量を推定してみると、電子の二〇〇倍という結果が出た。もしその粒子が中性子と陽子のあいだで交換されるなら、その粒子は電荷を持っているはずであり、また、その粒子が吸収されたり放出されたりしても陽子のスピンと中性子のスピンが変わらないためには、その粒子はスピンを持っていてはならないことになる。

ところで、この強い核力がどうのこうのというのは、前章の終わりから本章の始まりにかけての主題であった中性子崩壊と何の関係があるのか、とあなたは思っているかもしれない。一九三〇年代には、新しい粒子を想像するのが不本意とされていたのとまったく同様に、新しい力を発明することも、よく言えば不必要で、悪く言えば異端と見なされていた。原子核の中で起こる過程は、強かろうと弱かろうと、すべてつながっているものだと物理学者は確信していたのだ。

湯川はそれをうまく実現する方法を構想した。フェルミのアイデアとハイゼンベルクのアイデアの両方を結びつけるとともに、成功していた電磁力の量子論からのアイデアを一般化するという方法である。もしも原子核内の中性子が、光子を放出する代わりに、重くてスピンがなく電荷を持った新しい粒子を放出しているのだとすれば、その粒子が原子核内の陽子に吸収されて、引力を生み出せる。その引力の大きさを、湯川はある方程式を使って計算することができた。どんな方程式かと言えば、もうお察しだろう、電磁力から外挿した方程式だ。ちなみに最初、湯川はこの新粒子に「メソトロン」という名をつけたのだが、のちにハイゼンベルクが彼のギリシャ語を訂正して、その名は「中間子（メソン）」に短縮された。

とはいえ、これは電磁力の理論とまったくそっくりだったわけでもない。なにしろ中間子には質量があり、光子には質量がないからだ。このとき湯川は、いかにもフェルミがこんなときに取りそうな態度を取った。そう、理論は完全ではなかったが、それでも彼は堂々と、この理論が再現できない電磁力のほかの側面を無視したのである。機雷がなんだ、全速前進［Damn the torpedoes, full speed ahead：南北戦争時に海軍軍人デヴィッド・ファラガットが発した有名な言葉］。

湯川は、中間子が必ずしも単純に原子核内の中性子と陽子のあいだで交換されるのではないという独創的な考えにより、この強い力をうまく――最終的には間違っていたのだが――観測されていた中性子崩壊に結びつけた。中性子から放出された中間子のごく一部が途中で崩壊して電子とニュートリノに変わり、それらが再吸収されたところで中性子の崩壊が起こると考えたのだ。この場合、中性子崩壊は次頁の左側の図のように、中性子の崩壊とほかの粒子の放出がすべて一点で起こるものとして記述されるのではない。右側の図のように、崩壊は引き伸ばされて、放出された新しい粒子（すなわち湯川の中間子）が図の破線で示した短い距離を進んだあとに、崩壊して電子とニュートリノに変わる。この新しい中間的な粒子が存在することで、中性子崩壊を仲介する弱い力が、荷電粒子間の電磁相互作用にさらに似て見えるようになる［図11-1］。

湯川が提案した重い中間子という新しい粒子によって、中性子崩壊は、それ以前に確立された電磁力における光子の交換の図——もともと湯川のアイデアの要因となったもの——に似てはきたが、重要な違いもあった。こちらの場合、その中間的な粒子は質量も電荷も持っている一方、光子と違ってスピン角運動量を持っていないのだ。

それでも湯川の理論は明らかに、重い中間子という点で、フェルミの点相互作用で記述される中性子崩壊とは区別された。少なくとも、中性子崩壊の詳細の予言ということに関しては別物だった。湯川の理論は、原子核のあらゆる奇妙な特性——原子核内の中性子のベータ崩壊から、陽子と中性子を結合させる相互作用の強さまで——が、中間子という新しい粒子の交換による新しい相互作用をひとつ理解するだけで説明できるようになる可能性を示していた。

しかし、まだ問題はあった。この新しい重い中間子が存在するとして、それはどこにあるのか。なぜそれが今まで宇宙線の中に見つかっていないのか。この問題のため、および、湯川がどことも知れない遠いところで研究している無名の存在だったため、核子間の強い相互作用と中性子崩壊の原因と思しき弱い相互作用との両方を説明している彼の提案に、まともな注意はまったく払われなかった。それでも彼の提案は、ハイゼンベルクやほかの物理学者（フェルミも含めて）の説と違い、ずっとシンプルで、ずっと理にかなっていた。

こうした状況がすっかり一変したのが、湯川の予言がなされてから二年に満たない、一九三六年のこ

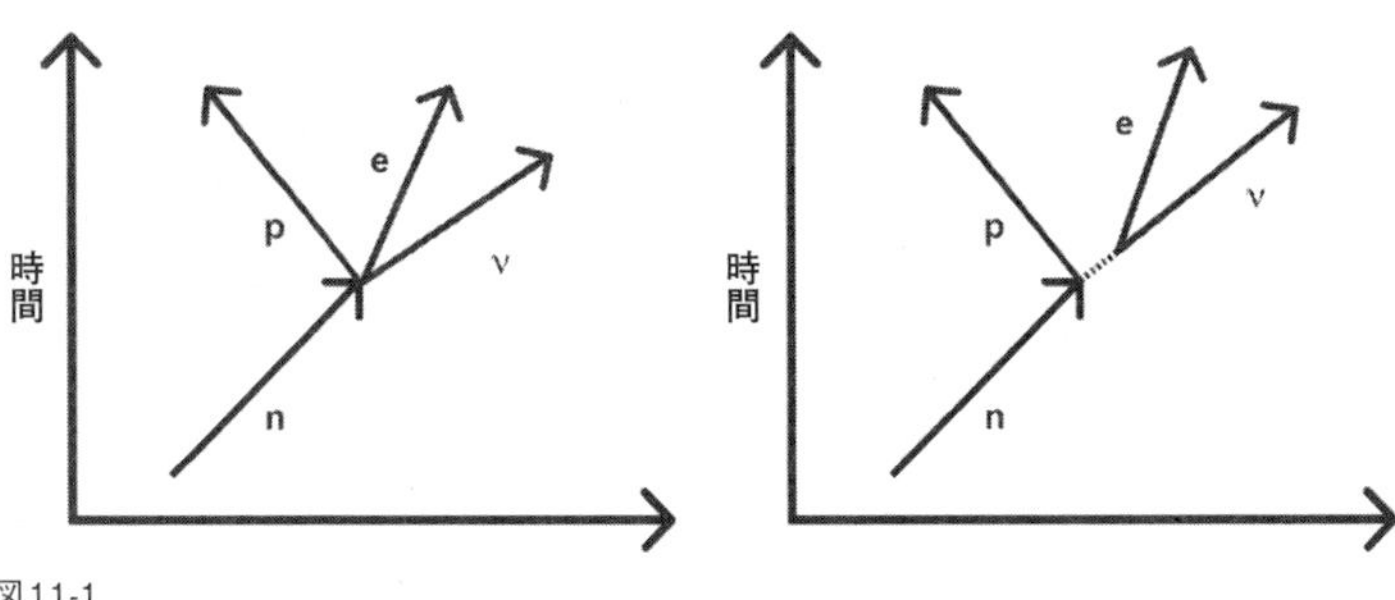

図11-1

とだった。陽電子の発見者でもあるカール・アンダーソンが、共同研究者のセス・ネッダーマイヤーとともに、いくつかの新しい粒子と思われるものを宇宙線の中に発見したのである。霧箱に見られたそれらの新しい粒子の飛跡の特徴は、物質を横断するあいだに発する放射がきわめて少ないことから、それらの粒子が陽子でも電子でもありえないことを示唆していた。加えて、それらの粒子は電子よりも重く、あるときには負の電荷を、またあるときには正の電荷を持っているようだった。ほどなくして、この新しい粒子が持っている質量は、湯川が予言していた電子質量の約二〇〇倍という範囲にあることが確定した。

世界は驚くほどの速さでその意味に気づいた。湯川は、自分がまさにそのような粒子を予言していたことを指摘した短い覚書を発表した。数週間のうちに、ヨーロッパ中の主要な物理学者が彼のモデルを検討しはじめ、自分の研究に彼のアイデアを組み込みはじめた。そして一九三八年、第二次世界大戦が科学界のほぼすべての国際共同作業を中断させる前の最後の大きな会議で、八名の主要発表者のうちの三名が、一、二年前なら知りもしなかったであろう名前を引用して、湯川の理論を扱った。

湯川の中間子はめでたく発見されたものと思われて、物理学界の大半がこれを祝福したが、この発見には問題がないわけでもなかった。一九四〇年に、湯川が予言していた中間子の電子への崩壊は宇宙線の飛跡の中で観測された。しかし一九四三年から一九四七年のあいだに、アンダーソンとネッダーマイヤーの観測した粒子が原子核と相互作用する強さが、湯川の粒子で予想される強さよりずっと弱かったことが判明したのである。

何かがおかしかった。

湯川の日本人の同僚三名が、中間子には二種類あって、湯川型の中間子はまた別の、もっと弱く相互作用する中間子に崩壊するのではないかという説を出した。しかし彼らの論文は日本語で書かれており、戦後になるまで英語での論文は出てこなかった。そしてそのころには、同じような説がアメリカの物理学者ロバート・マーシャックから出されていた。

結果的に、この遅れは幸運だった。そのあいだに写真乳剤で宇宙線の飛跡を観測するための新しい技法が開発されており、さらに一連の勇敢な研究者が新しい信号を探すために自前の装置を高地まで引きずり上げていた。多くの宇宙線が海抜に達する前に相互作用して消滅してしまうので、この天から降ってくる驚くべき新しい粒子源を探ることに関心を持つあちこちのグループは、できるだけ高いところを目指すよりほかなかった。そこでなら、宇宙線が大気中を進む距離が短いから、検出できる可能性もそれだけ高くなった。

イタリア人の元山岳ガイドで、物理学者に転向したジュゼッペ・オキャリーニは、戦争中にブラジルに招かれて、原子爆弾の研究をするイギリス人チームに参加していた。しかし外国人であるため原爆プロジェクトには関われなかったので、代わりにブリストルで宇宙線物理の研究グループに加わった。ここで登山訓練を受けていたオキャリーニの経験が役に立ち、彼は海抜二八〇〇メートルのピク・デュ・ミディというフランスの山の頂まで写真乳剤を引き上げた。今日ではケーブルカーでこの山頂の天文台まで登れるが、それでもぞくぞくするほど刺激的な旅である。しかし一九四六年当時、オキャリーニは自らの健康を危険にさらしてまで、エキゾチックな新しい物理の信号を発見するべく、自力で山頂まで登らなければならなかった。

そして実際、彼とそのチームは、エキゾチックな新しい物理を発見した。ブリストルでオキャリーニとともに研究していたセシル・パウエルの言葉を借りれば（パウエルはのちにノーベル賞を受賞したが、実際に山に登ったオキャリーニがノーベル賞をもらうことはなかった）、彼らが見たものは「まったく新しい世界だった。それはまるで、気がついたら自分たちがひょっこり壁に囲まれた果樹園の中にいたような感じで、そこでは保護された木々がいっぱいに茂り、ありとあらゆるエキゾチックな果実がおびただしい数で熟していたのだ」。

ここまで詩的ではない表現で言わせてもらえば、彼らが発見したものとは、一個目の中間子が乳剤の中で止まって、二個目の中間子を生み出すという、理論家たちが予測していたとおりの過程の二件の実例だった。さらにピク・デュ・ミディの倍近い高さの山上では、もっと多くの事象が乳剤で観測された。一九四七年十月、パウエルと、オキャリーニと、パウエルの指導学生のセザーレ・ラッテスは、共同でネイチャー誌に論文を発表し、そのなかで、彼らが見つけた一個目の中間子をパイ中間子（パイオン）――これこそ湯川の中間子にふさわしい核力で相互作用しているように見えた――と名づけ、そのあとに生まれた二個目の中間子をミュー粒子（ミューオン）と名づけた。

これでとうとう、湯川の中間子が発見されたように思われた。その「パートナー」であるミュー粒子に関しては、もともと湯川の中間子と混同されていたものだったが、やはりこちらはそうではなかった。ミュー粒子はスピンゼロではなく、電子や陽子と同じスピンを持っていた。そしてミュー粒子の物質との相互作用は、核子を結合させられるほどの強さには程遠かった。結局のところ、この粒子は電子の重い不安定なコピーにすぎず、それでラビに「誰がこんなものを注文したんだ」と言わせたのだった。

そんなわけで、湯川を有名にした粒子は、湯川が予言した粒子とはまったく別物だった。彼のアイデアが有名になったのは、最初の実験結果が誤って解釈されたせいだったのだ。幸いにも、ノーベル賞委員会は賞の贈呈を早まらなかったから、一九四七年のパイ中間子の発見を受けて、ようやく一九四九年に湯川はめでたくノーベル賞を受賞した。

だが、史上まれに見るほどの間違いと勘違いの重なりがあったあとだけに、パイ中間子が本当に湯川の予言した粒子なのかという疑問が出るのは当然だろう。その答えは、イエスでもあり、ノーでもある。電荷を持ったパイ中間子が陽子と中性子のあいだで交換されるのは、たしかに核子を結合させておく強い核力を正確に推定できる方法のひとつである。しかし、電荷を持ったパイ中間子——すなわち湯川が予言した中間子——に加えて、電荷を持たないパイ中間子というのも存在するのだ。まったく、誰がそんなものを注文したのだろう。

さらに言えば、核力を記述するために湯川が書いた理論は、中性子崩壊を記述するためにフェルミが書いた理論と同様に、数学的に完全に無矛盾ではなく、湯川もそれを認めたうえで提唱していた。つまりその当時、質量のある粒子の交換を含めた正しい相対論的な理論は存在しなかったのだ。まだ何かが抜けていた。そして驚くべき実験的発見と、不運にも間違った理論に適用されていた先見性のある理論的アイデアとが組み合わさって、一〇年以上に及ぶ混乱の末に、ようやく濃い霧を晴らしたのだった。トンネルの出口に、いや、洞窟の開口部に、ついに光が見えてきた。

第十二章　巨人たちの行進

狼は小羊と共に宿り
豹は子山羊と共に伏す。

——「イザヤ書」十一章六節

理論的な洞察と実験的な発見との関係は、科学の進展におけるとりわけ興味深い側面のひとつだ。物理学もほかのあらゆる科学と同様に、根本的には、実証で成り立つ分野である。しかし時として、理論的洞察が短期間のうちに激しい勢いですべてを変えてしまうことがある。たとえば二十世紀の最初の二〇年間にアインシュタインが示した時間と空間についての洞察などは、確実にその一例であるし、一九二〇年代にシュレーディンガーやハイゼンベルクやパウリやディラックなどが先導した量子力学の確立に関連する驚くべき理論的進展も、同じくその一例だろう。

これらに比べれば地味に到来したものの、一九五四年から一九七四年という時代もまた、革命的とまではいかないが、いずれ十分な時間が経ってみれば、二十世紀のとりわけ実りの多い、生産的な理論物理学の時代だったと評価されるに違いない。この二〇年間で、いろいろと騒乱はありながらも、われわれは確実にカオスから秩序へと、混乱から確信へと、醜から美へと、進歩を果たした。それは決して楽な道のりではなく、どこから出てきたのかと思うような余計な回り道もいくつかある。だが、しばし辛抱してつきあってほしい。もしちょっとばかり気分が悪くなったなら、私が序章で科学と安心について言ったことを思い出してほしい。この探求の旅に実際に関わった人たちの気持ちになって考えてみれば、彼らの挫折感や苛立ちが最終的に洞察に結びついたこともわかり、その洞察がいかに重要なものかを痛感できるだろう。

この騒然とした時代の前には、数々の実験の衝撃によってたいへんな混乱が広がった時代があった。それこそルイス・キャロルがその時代にいたら、自然が「ますます奇妙」になったと言ったかもしれない。陽電子が発見され、その後まもなく中性子が発見されたのは、ただの始まりにすぎなかった。中性子崩壊、原子核反応、ミュー粒子、パイ中間子、その他多くの素粒子が、続けざまに発見されて、もはや基礎的な物理は絶望的なほど複雑なのではないかとさえ思われた。陽子と電子だけでできた物質の相互作用を、電磁力と重力の二つの力だけで支配しているというシンプルな宇宙像は、歴史の塵となって消失した。当時の一部の物理学者は、今日の一部の政治的右派のように、古き良き時代の単純さを懐かしがった（それはたいていにおいて記憶違いなのだが）。

一九六〇年代になるころには、この新たにわかった複雑さを目の当たりにして、基礎的なものなど何もないと想像する人もいた。禅の世界さながらに、あらゆる素粒子は別のあらゆる素粒子でできていて、基礎的な力という概念さえ幻想かもしれないというわけである。

とはいえ、全体の背景には、やがて無知と混乱の暗いカーテンをふたたび開けて、自然の根底にある構造を明るみに出すことになる理論的アイデアがじわじわと現れていた。そして実際に明らかにされてみると、その構造は不思議にも驚くほどシンプルで、またもやそこでは光が重要な役割を担っていた。

すべては二つの理論的進展から始まる。ひとつは予告なく現れた、非常に意味の深いもので、もうひとつは比較的わかりやすく、すぐにそのすばらしさを評価されたものだった。そして驚くことに、その両方に同じ人間が関わっていた。

一九二二年に、数学者の父親のもとに生まれたヤン・チェンニン（楊振寧）は、中国で教育を受け、一九三八年に日本軍の中国侵攻を避けて北京から昆明に移った。四年後に国立の西南連合大学を卒業してからも、さらに二年そこにとどまった。ここでヤンは、同じく昆明に避難してきたもうひとりの学生、リー・チョンタオ（李政道）と出会う。二人ともアメリカにほとんど知り合いはいなかったが、一九四六年、二人はともにアメリカ政府の設定した奨学金をもらい、あわせて才能ある中国人学生をアメリカの大学院で学ばせようという中国の基金からの資金援助も受けた。ヤンは修士号を持っていたので、博士号を目指すうえでも比較的自由があり、フェルミを追ってコロンビア大学からシカゴ大学へと進んだ。一方、修士号を持っていなかったリーにはそれほど選択の幅はなかったが、修士課程を飛ばしていきなり博士号を目指せる唯一のアメリカの大学が、たまたま同じシカゴ大学だった。ヤンはエドワード・テラーの指導のもとで博士課程を修了し、卒業後に一年間だけ助手として直接フェルミのもとで研究をした。かたやリーは、じきじきにフェルミの指導を受けて博士課程を修了した。

一九四〇年代のシカゴ大学は、米国最大の理論物理学と実験物理学の中心地のひとつだった。そして、そこの大学院生は、フェルミやテラーだけでなく、ほかの多くの一流の科学者に直接出会えるという信じられないような恩恵を受けられた。その輝かしい教授陣のひとりに、優秀でありながらも決して偉ぶらない、天体物理学者のスブラマニアン・チャンドラセカールがいた。同僚からはたいてい「チャンドラ」と呼ばれる彼は、一九歳のときに、太陽質量の一・四倍以上の質量を持つ星は一生分の核燃料を使い果たしたあと、今日で言うところの超新星爆発を起こすか、あるいはそのまま今日で言うところのブラックホールになるか、必ずそのいずれかによって劇的に崩壊することを証明した。当時、彼の理論は馬鹿にされたものだが、チャンドラは五三年後にその研究でノーベル賞を受賞した。

チャンドラは優秀な科学者であるだけでなく、フェルミと同様、熱心な教師でもあった。ふだんはウィスコンシン州のヤーキス天文台で研究をしていたのに、登録している学生がリーとヤンのたった二人というクラスで授業をするために、週ごとに往復一六〇キロメートルの距離を車で行き来した。最終的に、このクラスは教授を含めて全員がノーベル賞受賞者になるという、おそらく科学史上でも類を見ないケースとなった。

ヤンは一九四九年に、由緒あるプリンストン高等研究所に移り、そこで始まったリーとの共同研究をさまざまなテーマで深めていった。一九五二年にヤンは研究所の終身所員となり、一方、リーは一九五三年に近くのニューヨーク市のコロンビア大学に移って、引退するまでそこに在籍した。

二人はそれぞれ多様な分野で物理学に大きな貢献を果たしたが、彼らを有名にした共同研究は、ある奇妙な実験結果をきっかけに始まった。それはまたしても宇宙線の観測から得られたものだった。

ヤンがシカゴ大学からプリンストン高等研究所に移ったのと同じ年に、パイ中間子の発見者であるセシル・パウエルが、宇宙線にまた新たな粒子を発見し、それをタウ中間子と名づけた。この粒子は、崩壊して三個のパイ中間子になることが観測された。それからまもなく、さらに新たな粒子が発見されて、二個のパイ中間子に崩壊するこの粒子は、シータ中間子と名づけられた。驚くべきことに、この新粒子は、質量も寿命もタウ中間子とまったく同じであることがわかった。

とはいえ、これはそう奇妙なことではないようにも思われた。たぶん、これらは同じ粒子で、単に崩壊のしかたが二種類あるのを観測されただけなのだろう。なにしろ量子力学では、禁じられていないことは何だって起こりうるのだ。その新しい粒子がパイ中間子二個にでも三個にでも崩壊できるぐらい重いのなら——そして弱い力がそうした崩壊を許すのなら——そのどちらが起こったとしてもおかしくないだろう。

だが、たとえその考え方がもっともだとしても、弱い力がその両方の崩壊を許していたはずはなかった。

ここでしばし、自分の手のことを考えてみてほしい。あなたの左手は、あなたの右手とは違っている。単純な物理過程では、鏡の国にでも入り込まないかぎり、その一方をもう一方に変換することはどうしたってできない。立ったり座ったり、振り向いたり、ジャンプしたりと、どんな運動をしてみても、無理なものは無理だ。

われわれに感知できるものを支配する二つの力、すなわち電磁力と重力は、左右の区別がわからない。どちらの力によって調整されるプロセスも、あなたの右手のようなものを、その鏡像に変換することはできない。たとえば私があなたの右手に光を当てても、それであなたの右手を左手に変えることはできないのだ。

別の言い方をすれば、もし私があなたの右手に光を当てて、それを遠くから見たとすると、その反射した光の強度は、私があなたの左手に同じことをやった場合に反射される光の強度とまったく同じになるだろう。何かに当たって反射するときの光は、左右をまったく気にしないのである。

われわれにとっての左右の定義は、人間の慣習によって押しつけられたものである。われわれは明日にでも、左は右、右は左と決めることができるし、そうなっても、われわれの意味づけ以外は何も変わらない。私は今、飛行機のエコノミークラスの座席でこれを書いているが、私の右隣の人は、私の左隣の人とはまったく違っているかもしれない。しかし、それもまた、たまたま私の状況がそうなっているだけであって、たとえばこの飛行機の航行を支配している法則が、右の翼と左の翼とで違っているとは思えない。

では、これが原子以下の世界だったらどうなるかを考えてみよう。前にも述べたように、エンリコ・フェルミは量子力学のルールにかんがみて、素粒子の集団やペアの数学的ふるまいは、それらの粒子がスピン½を持っているかどうか、すなわちフェルミオン（フェルミ粒子）であるかどうかに依存することを発見した。フェルミオンの集団のふるまいは、スピンの値が1である光子のような粒子（および、スピン角運動量の値が0、1、2、3など、整数になっているすべての粒子）とはまるで異なる。たとえばフェルミオンのペアを記述する数学的な「波動関数」は「反対称」だが、光子のペアを記述する波動関数は「対称」である。これはつまり、ある粒子を別の粒子に入れ替えると、フェルミオンを記述する波動関数は符号が逆になるということだ。一方、光子のような粒子の場合は、そうした入れ替えをしても波動関数は変化せず、そのままとなる。

二個の粒子を入れ替えるということは、それらの粒子を鏡に映すことと同じである。今、左側にある粒子が、右側にある粒子になるわけだ。したがって、そのような交換と、物理学者がパリティと呼ぶもののあいだには、本質的なつながりがある。このパリティは、ある系が反転したとき（すなわち左右が入れ替えられたとき）の全般的な特性である。

ある素粒子が崩壊して別の二個の粒子に変わったとすると、その最終状態の「パリティ」を記述する波動関数（すなわち、粒子の左右の入れ替えのもとで波動関数の符号が変わるか変わらないか）によって、もともとの粒子にパリティという一定の量が与えられることになる。量子力学では、もし崩壊を支配する力が左右を識別できないのなら、その崩壊によって系の量子状態のパリティが変わることはないとされる。

崩壊後の粒子の入れ替わりのもとで系の波動関数が反対称であるなら、その系は「負」のパリティを持つ。この場合、崩壊する粒子のもともとの量子状態を記述する波動関数は、やはり負のパリティを持っていなければならない（すなわち、左右が入れ替わっていれば波動関数の符号は逆になる）。

さて、ここでパイ中間子についてだが、湯川の理論によってその存在が予言され、パウエルによって発見されたこの粒子は、負のパリティを持っている。したがって、その鏡像の量子状態を記述する波動関数は、もともとの波動関数とは符号が変わることになる。正のパリティと負のパリティとの違いは、きれいな球形のボールを思い描いてみればわかるだろう。そのようなボールは、鏡に映してもまったく同じに見える。したがって、これは正のパリティを持っている［図12-1］。

一方、たとえばあなたの手などは、鏡に移してみると性質が（つまり左右が）変わってしまう。したがって、これは負のパリティを持っているということになる［図12-2］。

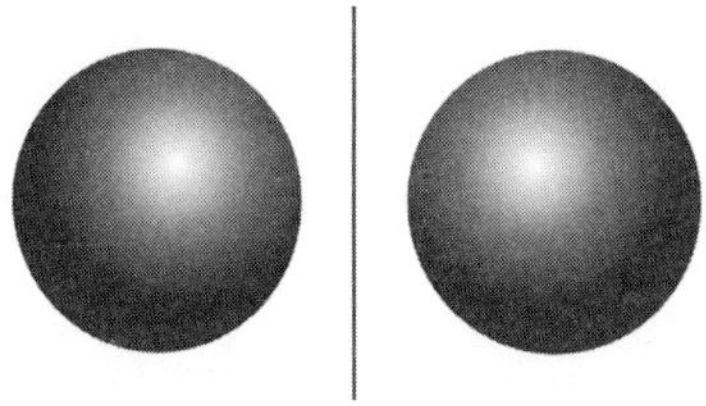

図12-1

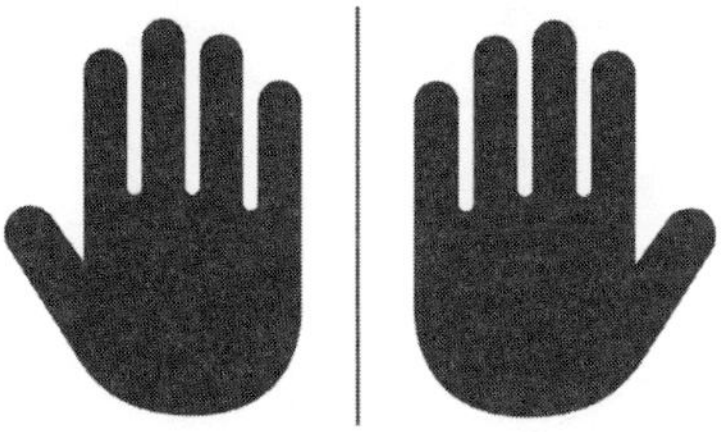

図12-2

このいくぶん抽象的な概念が、パウエルの発見した新しい粒子の崩壊についての観測データをわけのわからないものにした。パイ中間子は負のパリティを持っているから、二個のパイ中間子は、$(-1)^2 = 1$で、正のパリティを持つことになる。しかし同じように考えると、パイ中間子が三個ある系は、$(-1)^3 = -1$なので、負のパリティを持つことになる。だが、粒子が崩壊してもパリティが変わらないとするなら、もともとの一個の粒子がパリティの異なる二種類の最終状態に崩壊することはありえないのだ。

このときに、崩壊を生じさせる原因となっている力が、ほかのすべての既知の力、つまり電磁力や重力と同じようにふるまうなら、この力はパリティの違いがわからない（右と左を区別しない）わけだから、系のもともとのパリティが崩壊後に変わるはずはない。あなたの右手に光を当てても、それがあなたの左手に見えるようにはならないのと同じことだ。

ある種類の粒子が崩壊して、あるときには二個の中間子に、またあるときには三個の中間子になるというのはありえないはずなのだから、だとすると、解決策は単純であるように思われた。これは、二種類の新しい素粒子があるということに違いない。その二種類はもともと持っているパリティが違うのだ。パウエルはそれらの粒子を、タウ粒子、シータ粒子と呼んでいたが、そのうちの片方が二個のパイ中間子に崩壊し、もう片方が三個のパイ中間子に崩壊するのだろう。

観測データを見るかぎり、この二種類の粒子は質量も寿命もまったく同じだった。それは少々不思議なことだったが、リーとヤンは、それがさまざまな素粒子に当てはまる一般的な特性なのではないかと考えて、素粒子はパリティが逆どうしのペアになっているという説を提唱し、そのアイデアを「パリティ・ダブリング」と呼んだ。

一九五六年の春、こうした状況の中で、年に一度の高エネルギー物理学国際会議がロチェスター大学で開催された。一九五六年の時点では、素粒子物理学と核物理学に関心を持つ物理学者はすべてまとめても大学の講堂ひとつに収まる程度で、そうした物理学者たちは有名どころも全員含めて、たいていこの毎年の会合に集まってきていた。リチャード・ファインマンは、このときマーティ・ブロックと相部屋になった。実験物理学者であるブロックは、左右の区別をつけられる力が自然界の中にあるのかもしれないという考えが本質的に受けうる反対論に、さほど悩まされてもいなかった。そしてファインマンに、もしパウエルの観測した崩壊をつかさどる弱い相互作用が左右を区別するとしたらどうなるのかと尋ねた。もしそうなら、一個の粒子が異なるパリティの状態に崩壊できるということになる。それはつまり、タウ粒子とシータ粒子が同じ粒子かもしれないことを意味していた。

ブロックは公開のセッションでその質問をするほど無鉄砲ではなかったが、ファインマンは、そうだった。じつのところ、彼はその可能性はきわめて低いと考えていたのだが。ヤンはそれに対して、自分とリーもそれを考えてみたのだが、今のところそういった結果は出ていないと答えた。この会議には、のちに原子物理と核物理におけるパリティなどの重要性を解明したことでノーベル賞を受賞するユージン・ウィグナーも出席しており、彼もまた弱い相互作用について同じ質問をした。

しかし戦利品は勝者に行くもので、左右を区別する新しい自然界の力によってパリティが破れる可能性をいくらあれこれ考えたところで、それを実証しなければどうしようもなかった。一ヵ月後、リーとヤンはニューヨークのとあるカフェにいた。彼らはそこで、弱い相互作用が関わっている過去のすべての実験を調べて、パリティの破れの可能性を排除できるものがないかどうかを確かめてみることに決めた。するとまったく意外なことに、それらの実験の中に、この問題を確実に解決してくれるものはただのひとつも見当たらなかった。のちにヤンはこう言っている。「弱い相互作用におけるパリティ保存が、実験的な根拠もないままこんなにも長く信じられていたとは、本当に衝撃的だった。だが、それよりも驚いたのは、物理学者がこんなにもわかったつもりになっていた時空対称性の法則が、破られそうだということだった。それは私たちにとっても嬉しくない見込みだった」

彼らのために言っておくと、リーとヤンは、弱い相互作用が左右を区別する可能性を検証できる実験をいろいろと提案していた。たとえば、コバルト60の原子核における中性子のベータ崩壊を検討することだ。この放射性原子核はゼロでないスピン角運動量を持っている——すなわち、あたかも回転しているかのようなふるまいをする——ので、ちょっとした磁石のような働きもする。外部の磁場の中では、この原子核がいっせいにその磁場の方向を向くだろう。もし、この原子核内の中性子が崩壊するときに放出される電子が最終的に一方の半球に行き着いて、もう一方の半球に行き着かなければ、それはパリティが破られていることのしるしだ。なぜならそれらの電子は、鏡の中では、反対側の半球に行き着いているはずだからだ。

もしこれが事実だったなら、基礎的なレベルで、自然は左右を区別できていることになる。人間が生み出したはずの右と左の区別が（ひいては、西洋文化で古くから右と左に関連づけられる正と邪の区別も）、完全に人工的なものではなかったということだ。したがって、鏡の中の世界も現実の世界とは区別されるということであり、あるいはリチャード・ファインマンがのちに使った詩的な表現を借りれば、われわれはこの実験を利用して、火星人にどちらの方向が「左」なのかを——たとえば、より多くの電子の出現が観測された半球のほう、といったふうに——絵を描かずして伝えるメッセージを送れるわけだ。

当時、それが事実である可能性はきわめて低いと見られていたため、これをたいそうな大博打としておもしろがる物理学者も多かったが、わざわざ実験をやってみようと思う者は誰もいなかった。しかし唯一の例外が、リーのコロンビア大学での同僚で、実験物理学者のウー・チェンシュン（呉健雄）、通称マダム・ウーだった。

アメリカの教育機関で養成された女性物理学者の少なさについては今日でもしばしば嘆かれるところだが、一九五六年当時の状況はさらにひどかった。なにしろ一九六〇年代後半までは、女性がアイビーリーグの学部に入ることすら認められなかったのだ。中国出身のウーがカリフォルニア大学バークレー校で学ぶために一九三六年に渡米してから約三〇年後、彼女についてのニューズウィーク誌の記事の中で、本人はこう語っている。「科学界にこんなにも女性が少ないのは残念なことです。……中国では、とてもたくさんの女性が物理学をやっています。アメリカには、女性科学者はみんな冴えないオールドミスだという誤った認識があります。これは男性の責任です。中国社会では、女性はその人自身として評価され、女性が業績を挙げることを男性からも奨励されていますが、それで女性が女性らしさを失うということもまったくありません」

ともあれ、中性子崩壊のエキスパートだったウーは、友人のリーとヤンから弱い相互作用にパリティの破れが見つかるかもしれないという魅惑的な可能性を聞かされ、それに強く興味を引かれた。そこで、夫とともにヨーロッパで休暇を過ごすつもりだった予定をキャンセルして、この問題を最初にリーとヤンに聞いてから一ヵ月後の六月には実験の準備に入り、その年の十月——リーとヤンの論文が出版されたのと同じ月——には、数人の同僚とともに、すでに実験に必要な装置を集め終わっていた。そして同年のクリスマスの二日後には、実験の結果が得られた。

現代の素粒子物理学実験では、設計から完了までに数十年かかることも珍しくないが、一九五〇年代には、そうではなかった。また、その当時は、物理学者が休日など取らなくても結構と思っていたような時代でもあった。クリスマスの季節でも、リーの主催する毎週金曜の「中国人昼食会」は続いており、年が明けてから最初の金曜に、リーはウーのグループが発見したことを発表した。パリティは単に破られていただけでなく、この実験でとりうるかぎりの最大限の値で破られていたのである。あまりにも衝撃的な結果に、ウーのグループは、自分たちが実験の不備によってだまされていたのではないことを確認するべく、さらに研究を続けた。

そのころ、同じコロンビア大学のレオン・レーダーマンと、同僚のリチャード・ガーウィン、マーセル・ワインリッチは、自分たちがコロンビアのサイクロトロンで行なっていたパイ中間子とミュー粒子についての実験で、その結果を確認できることに気がついた。それから一週間もしないうちに、両者のグループと、およびシカゴ大学のジェローム・フリードマンとヴァレンタイン・テレグディが、それぞれ独立して、この結果の正しさを高い信頼度で確認した。そして一九五七年の一月半ば、彼らの論文がフィジカル・レビュー誌で発表された。これにより、従来の世界像は完全に一変した。

コロンビア大学は、おそらく史上初となる、科学的な結果発表のための記者会見を開いた。ファインマンは賭けていた五〇ドルを失ったが、ヴォルフガング・パウリはややラッキーだった。彼はチューリッヒからMITのヴィクター・ワイスコフに宛てて書いた一月十五日付の手紙の中で、ウーの実験でパリティの破れは証明されないほうに賭けていた。パウリはこのとき、実験がすでに終わっていることを知らなかったのだ。「神がちょっとした左利きだなんて思いたくもない」というパウリの言葉は、野球への興味深い一意見と思われなくもない。手紙を読んだ時点で結果を知っていたワイスコフは、親切にも、賭けに乗らなかった。

後日、この結果を知ったパウリは、直後にこう書いている。「最初の衝撃が収まったところで、私もようやく気を取り直してきた」。実際、これはそのぐらい衝撃的なことだった。自然界の基礎的な力のひとつが左右を区別できるなどという考えは、常識からすると信じがたいことであり、当時の理解の範囲では、現代物理学の基礎の大部分にも相反することだったのだ。

その衝撃のあまりの大きさゆえか、ノーベル賞の歴史においても数少ない事例のひとつとして、ここではノーベルの遺志がまさにそのまま実践された。ノーベルの遺言では、この賞が各分野で最も重要な仕事をその年に行なった個人や集団に贈られるべし、と規定されているのである。一九五七年十月、リーとヤンの論文が発表されてからちょうどほぼ一年後、そして、その考えがウーとレーダーマンの実験で確認されてからわずか一〇ヵ月後、三〇歳のリーと、童顔の三四歳のヤンは、これを提案した功績でノーベル賞を共同受賞した。残念ながら、中国の「キュリー夫人」とも呼ばれるマダム・ウーは、二〇年後にウルフ賞物理学部門の初代受賞者となることで満足しなければならなかった。

以後、弱い相互作用はにわかに興味深いものとなり、と同時に、悩ましいものともなった。それまで十分に事足りていたフェルミの理論は、おおむね電磁力をモデルにして組み立てられていた。電磁相互作用は、二つの異なる電流（カレント）のあいだに働く力と考えることができる。それぞれの電流は、二つの別々に運動している電荷に対応しており、その電荷と電荷が相互作用をするのである。弱い相互作用も、ある意味では同じように考えることができる。一方のカレントにある中性子が相互作用のあいだに陽子に変わると、もう一方のカレントから電子とニュートリノが出ていくのである。

しかし、そこには決定的に重要な違いが二つある。フェルミの弱い相互作用では、二つの異なるカレントは互いに離れたところではなく、一点で相互作用する。一方、弱い相互作用におけるカレントでは、ある種類の粒子が空間を進むとともに、別の種類の粒子に変化できるのである。

電磁相互作用は鏡の中でも現実世界と同じだが、弱い相互作用でパリティが破られるのであれば、弱い相互作用に関わる「電流」は、パウリが暗に言ったように「利き手」を持っていなければならないことになる。つまりコルク抜きやはさみなどと同様に、右利きのものと左利きのものがあるということだ。したがって弱い相互作用の鏡像は、現実世界とは同じにならない。

言うなれば、弱い相互作用におけるパリティの破れは、われわれがつねに右手で握手するという社会的ルールのようなものだ。鏡の中の世界では、人々はつねに左手で握手するだろう。したがって、現実世界はその鏡像とは違っている。もし弱い相互作用におけるカレントが利き手を持っているなら、弱い相互作用は左右を区別できるわけだから、鏡の中の世界での弱い相互作用は、われわれのいる世界でのそれとは違った力になっているだろう。

カレントどうしが単純に相互作用するフェルミ相互作用では、そこに関わる粒子に明確な利き手がある必要などなかったが、それでは足りないとわかったところで、物理学者はそれに代わるべき新しい相互作用とは正確にどのようなものなのかを模索しはじめた。解明のためにいろいろな研究がなされたが、出口はなかなか見えなかった。相対性理論はフェルミ相互作用のさまざまな一般化を可能にしたが、異なる実験のそれぞれの結果からは、この相互作用に対するそれぞれに相互排他的な数学的形式が出てきてしまい、単一の普遍的な弱い相互作用でそれらすべてを説明するのは不可能であるようにさえ思えた。

中性子とミュー粒子の崩壊に関する最初の実験結果が出て、パリティの破れがこの上なく大きいようであるのがわかったころ、ジョージ・スダルシャンというロチェスター大学の若い大学院生が、この錯綜した状況を探り始めて、フェルミの形式に代わりうる普遍的な相互作用の正しい形式と最終的に判明するものを考えついた。それは、当時の実験結果の少なくとも一部が間違っていることを前提とするものでもあった。

以降、この話はいくぶん悲劇的なものとなる。パリティの破れが発見されてから三ヵ月後、ロチェスター大学で、高エネルギー物理学国際会議（通称ロチェスター会議）が開かれた。リーとヤンが例のパリティ・ダブリングの考えを最初にこの会議で発表してからちょうど一年後のことだった。スダルシャンは自分の得た結果をそこで発表することを願い出た。しかし彼は大学院生だったため、許可は下りなかった。指導教官のロバート・マーシャックは、スダルシャンにこの研究課題を勧めた当人だったが、そのときは核物理学の別の問題にかかりきりになっていて、会議でもそちらの主題で話をすることを選んだ。教授陣のうちのもうひとりも、スダルシャンの研究について言及するよう頼まれていたにもかかわらず、そうするのを忘れた。結果として、弱い相互作用がどのような形式を取りうるかについては会議でもいろいろ議論されたものの、これといった結論は何も出なかった。

これに先立つ一九四七年、マーシャックはいち早く、セシル・パウエルの実験で発見されたのが二つの異なる中間子で、一方が湯川の提唱していた粒子、もう一方が現在で言うところのミュー粒子であるという見解を出していた。マーシャックはロチェスター会議の発起人でもあり、おそらく、この会議で自分の教え子に発言をさせてはえこひいきになると感じていたのだろう。加えて、スダルシャンのアイデアは実験データの少なくとも一部が誤りであることを前提としていたから、それを会議で発表するのは時期尚早だと判断したのかもしれない。

その夏、マーシャックはロサンゼルスのランド研究所で仕事をしており、スダルシャンともうひとりの学生をそこに招いた。当時、素粒子理論で最も世界的に有名な二人の物理学者、ファインマンとマレー・ゲル＝マンがカリフォルニア工科大学（カルテック）にいて、どちらもそれぞれ、弱い相互作用の形式を解明することに夢中になっていた。

ファインマンは、自ら問題を突き詰めなかったためにパリティの破れの発見を逃していたが、その後、自分の量子電磁力学の研究を弱い相互作用の解明に役立てられるかもしれないことに気づいていた。そして是が非でもそうしたいと思っていたが、それは、彼の量子電磁力学の研究がどちらかというと専門的な裏技に近いものであり、自然界のもうひとつの基礎的な相互作用を支配する法則の形式を見つけ出すことに比べたら、はるかに崇高でないと感じていたからだった。しかしファインマンの提案した弱い相互作用の形式も、やはり当時の実験結果に一致しないように見えた。

一方のゲル＝マンは、このころから一九五〇年代の終わりまでに、素粒子物理学における最も重要な、かつ不朽のアイデアをいくつも生み出すことになる。ゲル＝マンは陽子と中性子がさらに基礎的な粒子でできていることを提唱した二人の物理学者のひとりであり、その粒子をクォークと名づけたのが彼だった。彼にも彼なりに、パリティと弱い相互作用について考える理由があった。彼の成功の大部分は、自然界の新たな数学的対称性に注目することの上に成り立っており、彼はそれらのアイデアを使って弱い相互作用が取りうる新しい形式も考えついたが、やはり彼のアイデアも実験と相反する結果になっていた。

マーシャックはロサンゼルスにいたあいだに、スダルシャンがゲル＝マンと互いのアイデアについて話し合えるようランチの手配をしてやった。また、マーシャックとスダルシャンは有名な実験物理学者のフェリックス・ベームとも会った。ベームによれば、彼の実験結果はスダルシャンらの考えに一致しているとのことだった。スダルシャンとマーシャックは、ゲル＝マンのアイデアもスダルシャンの提案に一致していると本人から聞かされたが、そのときのゲル＝マンの話では、彼はその考えを弱い相互作用に関する長い概括的な論文の一パラグラフに含めるつもりであるとのことだった。

一方で、マーシャックとスダルシャンは自分たちのアイデアを論文にまとめる準備をした。マーシャックはその論文を、その年の秋にイタリアで開かれる国際会議で発表するために取っておくことにした。ベームの新しい実験結果のことを知ったファインマンは――かなり興奮気味に――自分のアイデアが正しいことを確信して、このテーマで論文を書き始めることにした。ゲル＝マンもまた、競争心のきわめて旺盛な彼らしく、ファインマンが論文を書いていることを知って自分も書き上げなければと決心した。最終的に、彼らはカルテックの学部長から説得されて、二人でいっしょに論文を書く必要があることを納得し、結果として、二人が共同執筆した論文は有名になった。その論文ではスダルシャンとマーシャックとの議論が謝辞に明記されてはいたが、のちに当人たちの論文が国際会議の議事録に載ったころには、もはや学界の関心という面では競争にもならなかった。

のちの一九六三年、ファインマンはアイデアに対して寛大であろうと努め、公の場でこう述べた。「……この理論はスダルシャンとマーシャックによって発見され、ファインマンとゲル＝マンによって発表された……」。だが、時はすでに遅く、ほとんど何の足しにもならなかった。たとえ最高のタイミングで発表されていたとしても、万人が注目する中でファインマンとゲル＝マンを相手に競争するのは難しかっただろうが、スダルシャンはそれから何十年も、物理学の世界的なヒーロー二人によって発見された弱い相互作用の普遍的な形式を、最初に――しかも彼ら以上の確信を持って――提案したのが、ほかならぬ自分であることを知りながら生きていかねばならなかった。

スダルシャンの理論は、ファインマンとゲル＝マンの論文で美しく解明されて、それが結果的に弱い相互作用のV‐A理論という名で知られるようになった。この名の由来は少々専門的で、あとの章を読めば納得してもらえると思うが、とりあえず、その基本的な意味はシンプルだ。同時に、馬鹿げているようにも無意味なようにも思えるかもしれないが。要するに、フェルミの理論におけるカレントは「左利き」だったに違いない、ということである。

この用語を理解するには、量子力学では電子や陽子やニュートリノなどの素粒子がスピン角運動量を持っているとされることを思い出してほしい。古典的な見方では、広がりのない点粒子が回転している図など思い描けるはずもないのだが、量子力学的な見方では、それらの粒子があたかも回転しているかのようにふるまうのである。では、それらの粒子がある方向に運動しているとして、そのときに粒子がコマのように軸を中心にして回転していると想像してみよう。あなたの右手を突き出して、親指を粒子の運動方向に向けてみてほしい。そうすると、右手のほかの指はある方向に巻かれるはずだ。その巻かれる方向が、コマのような粒子の運動方向に対する回転方向と同じ（反時計回り）だった場合、その粒子は右巻き（もしくは右利き）であると言う。左手を出して今と同じことをすれば、左巻き（左利き）の粒子の時計回りの回転方向が、あなたの左手の指が巻かれている方向と合致するはずだ［図12 - 3］。

鏡に映った左手を見ると右手に見えるのと同じように、回転している矢が鏡に映ると、その運動方向が反転して、現実世界ではあなたから遠ざかる矢が、鏡の中ではあなたに近づいてくるように見えるが、矢の回転は反転しない。したがって、鏡の中では左巻きの粒子が右巻きの粒子に変わることになる（ちなみに、もしプラトンの洞窟の哀れな囚人たちが鏡を持っていても、彼らは矢の影の方向が反転するのをさほど不思議には思わないかもしれない）。

この左巻きの粒子の図はよくできているが、必ずしも正確ではない。なぜなら考えてみれば、あなたは粒子より速く動くだけで、左巻きの粒子を右巻きの粒子に変えられるからである。静止状態にある人

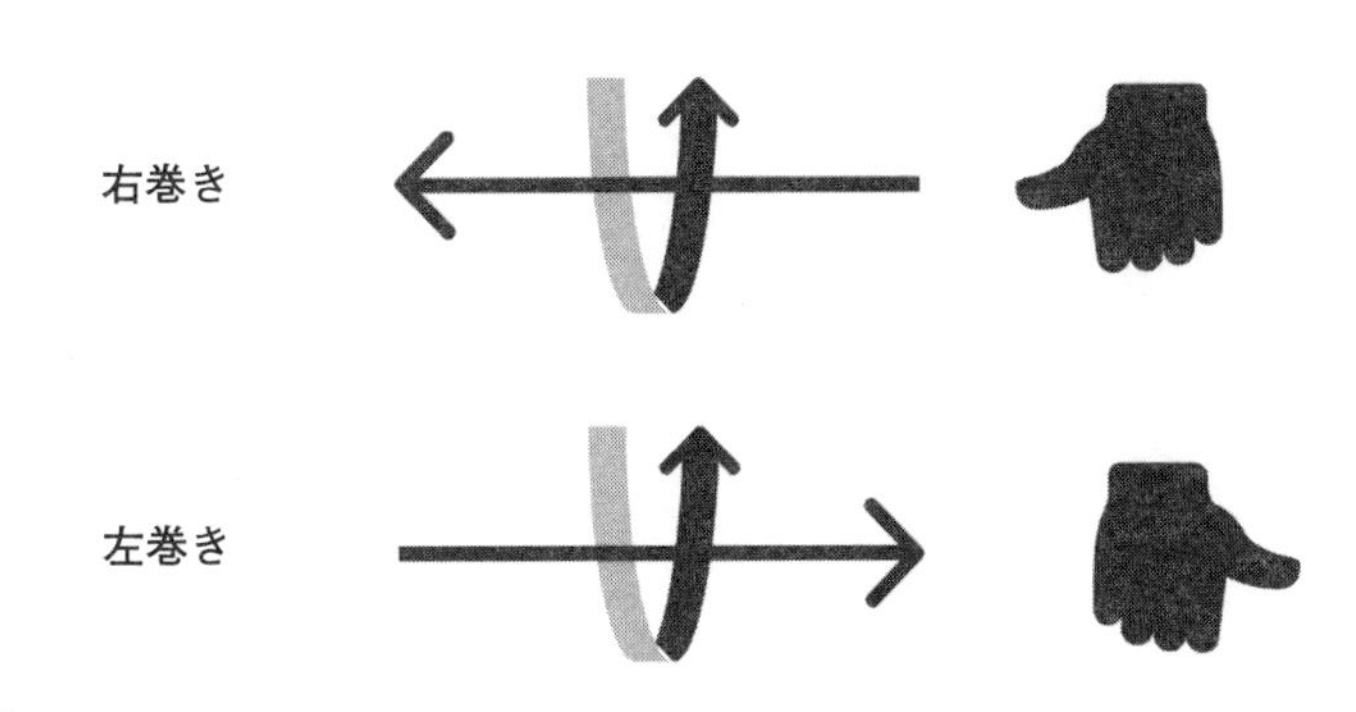

図12-3

が、そのわきを高速で飛んでいく粒子を観測している座標で、その粒子が左方向に動いていたとしよう。しかし、もしあなたがロケットに乗り込んで左方向に飛び立ち、その粒子を追い越したとすれば、あなたに対して相対的に、その粒子は右方向に動いていることになる。結果として、先ほどの説明が正確にそのとおりとなるのは、質量のない——したがって光速で運動している——粒子の場合だけなのだ。ある粒子が光速で進んでいるならば、その粒子を追い越せるほど速く進めるものは何もないからである。数学的には、左巻きの定義はこの効果を考慮に入れなければならないのだが、ここではそうした複雑なことは気にしなくてかまわない。

電子はどちらの方向にも回転できるが、V－A相互作用が数学的に意味するのは、左巻きのカレントで運動している電子だけが弱い力を「感じ」て中性子崩壊に関わることができる、ということだ。右巻きのカレントはこの力を感じないのである。

そして、さらに驚くべきは、ニュートリノが感じるのがこの弱い力だけで、ほかの力は感じないということだ。現在わかっているかぎり、ニュートリノはすべて左巻きである。これは、弱い相互作用に関わっているニュートリノのカレントが一種類しかないというだけではない。これまでになされたあらゆる実験で、右巻きのニュートリノはひとつも観測されていないのだ。おそらくこれが、自然界におけるパリティの破れを最も明白に実証している。

この用語体系はやはり普通に見ると馬鹿げているのだな、と私があらためて思わされたのは、何年も前に『スタートレック：ディープ・スペース・ナイン』のある回を見ていたときだ。宇宙ステーションの女性科学仕官が、カジノゲームの確率の法則がどこかおかしくなっていることに気づく。彼女がギャンブル装置にニュートリノビームを打ち込むと、出てくるニュートリノが左巻きのものしか観測されない。明らかに何かが間違っている――というストーリーだ。

まあそうなのかもしれないが、しかし、それが現実なのである。

自然は何を間違ったのだろう？　どうしたわけで、少なくとも基礎的な力のひとつにおいて、左と右が違うのだろう？　なぜニュートリノだけがそんなに特別である必要がある？　これらの疑問にシンプルに答えれば、理由はまだわからない、ということになる。しかしいずれにしても、われわれの存在そのものは、既知の力の性質に由来するのだから、最終的にはそれに依存する。だからこそ、われわれはその解明に努めているのだとも言えるだろう。新しい力を解き明かそうとする試みが、新しい謎を生み、そして科学におけるほとんどの謎がそうであるように、この新しい謎も、最終的には物理学者を新しい発見の道へと導く鍵をもたらした。誰もが基礎的なものだと思っていた左右の対称性が、自然には欠けているとわかったことで、物理学者は対称性がどのように世界にあらわれているかを、そしてもっと重要な、どのように世界にあらわれていないかを、再検討することになったのである。

第十三章　無限に生じる最高に美しい形態：対称性の逆襲

信仰とは、望んでいることの実質であり、
見えないものの確証です。

――「ヘブライ人への手紙」十一章一節

パウリの言葉を借りるなら、母なる自然は、ちょっとした左利きなのだと言えるだろう。自然が左右を区別するのだという衝撃的な発見により、物理学はそれ自体が奇妙な左折をして、道標なき道へと進んでいった。原子スケールの現象を支配する周期表の美しい秩序に代わって現れたのは、原子核の謎と、それを支配する力の不可解な性質だった。

光、運動、電磁力、重力、量子力学――これだけで事足りるかと思われた単純な日々は過ぎ去った。あれほどみごとに成功して、ずっと物理学の最前線を占めていた量子電磁力学の理論も、もはやすっかり影が薄くなり、物質の中核を支配する新発見の弱い力と強い力に関連した、悩ましいエキゾチックな現象の世界に取って代わられたかのようだった。その二つの力の効果と特性は、一方の力がもう一方の力より何千倍も強いにもかかわらず、容易には分離できなかった。素粒子の世界はこれまでになく複雑になったように見え、年が経つごとに状況はますます混乱していった。

***

パリティの破れの発見が、自然にまったく予想外の選り好みがあったのを実証することによって混乱の影を生んだとするなら、そこに初めて射し込んだ光は、外面的にはまったく違うように見えていた原子核に関わる別の量が、基礎的な視点から見れば、じつはそれほど違わないのかもしれないという認識だった。

おそらく核物理学において最も重要な発見は、湯川が数年前に推論したように、陽子と中性子が互いに変換しうるということだった。これは、弱い相互作用がしだいに理解されていく上での基盤ともなっていた。しかし大半の物理学者は、原子核をひとまとめにしている力であると見られる強い力を理解する上ででも、やはりこれが鍵になると感じていた。

自然の神聖なる左右対称性に死を突きつけた、リー・チョンタオとの革命的な共同研究をする二年前、ヤン・チェンニンは、量子電磁力学から拝借した別の種類の対称性が、原子核の内部に隠されている美を明らかにしてくれるのではないかと考え、その関係を理解することに努力を傾けていた。ガリレオが運動の基本に関して発見したように、おそらくわれわれが自然に関して最も明白に観測するものは、自然の基礎的な特性を最も効果的に隠しているものでもあるのだ。

中性子崩壊をはじめとする原子核内の弱い効果についての理解が進んだことからだけでなく、強い原子核衝突を調べることからも徐々に明らかになってきたのは、陽子と中性子との明白な違い——すなわち陽子には電荷があり、中性子にはないということ——が、原子核を支配する根本的な物理に関するかぎり、ひょっとするとたいした問題ではないかもしれないということだった。少なくとも、落下する羽と落下する岩との見かけ上の違いが、重力と落下する物体の根本的な物理を理解するにあたって問題にならないのと同じくらいには、本質と無関係であるように思われた。

第一に、弱い力は陽子を中性子に変換できた。しかしもっと重要なことに、もっと強い、陽子や中性子の衝突をともなう別の核反応の頻度を調べてみると、中性子を陽子に置き換えたり、逆に中性子を陽子に置き換えたりしても、結果はたいして変わらなかったのである。

一九三二年、中性子が発見されたその年に、ハイゼンベルクは中性子と陽子が同じ粒子の二つの状態にすぎないのではないかと提案していた。そしてその二つを区別するために、アイソスピンという（もともとは「同位体（アイソトピック）のスピン」と名づけられた）パラメーターを案出した。結局のところ、中性子と陽子は質量がほぼ同じであり、安定した軽い原子核の中には中性子と陽子が同じ数だけ含まれているのだ。その後、ベネディクト・カッセン、エドワード・コンドン、グレゴリー・ブライト、ユージン・フィーンバーグという著名な核物理学者たちにより、核反応がおおむね陽子と中性子を区別できないようであることもわかり、それらを受けて、優秀な数理物理学者のユージン・ウィグナーが、核反応においてアイソスピンは「保存」されると提唱した。それはつまり、陽子と中性子のあいだの核力を支配する根本的な対称性があることを示唆していた（ウィグナーはこれ以前に、原子系における対称性が最終的にいかにして原子状態とその遷移の完全な分類を可能にするかを実証する規則を考案しており、それによって後年ノーベル賞を受賞した）。

前に電磁力について論じたときに、電磁相互作用の前後で正味の電荷量は変わらないという話をしたが、これはすなわち電荷が保存されるということで、なぜなら正の電荷と負の電荷のあいだには根本的な対称性があるからだ。保存則と対称性との根本的なつながりは、この一例よりもはるかに広く、深いところまで及んでいる。保存則と自然の対称性との思いもよらなかった深い関係は、二十世紀物理学の何よりも重要な指針だった。

それほど重要であるにもかかわらず、保存則と対称性との精密な数学的関係が明確になったのは、ようやく一九一五年のことで、それを果たしたのがドイツの驚嘆すべき女性数学者、エミー・ネーターだった。悲しいことに、ネーターは二十世紀初頭の最も重要な数学者のひとりだったが、キャリアのほとんどの期間を正式な地位もなく、報酬もない状態で研究しなければならなかった。

ネーターには二つの不利が重なっていた。その第一は、女性であることで、それゆえに若いころは専門分野の教育を受けることも職を得ることもままならなかった。そして第二は、ユダヤ人であることだった。最終的に、彼女はそれゆえにドイツでの研究生活を続けられなくなり、亡命先のアメリカに渡ってからほどなくして亡くなることになる。ネーターは、新入生九八六名のうち二名の女子学生のひとりとして、どうにかエルランゲン大学に入学できたが、それでも個々の教授に特別の許可を得たうえで、授業を聴講できるだけだった。にもかかわらず、彼女は卒業試験に合格して、その後しばらく有名なゲッティンゲン大学で学んだのち、エルランゲン大学に戻って博士論文を書き上げた。無給の講師としてエルランゲンで七年間働いたあと、一九一五年、著名な数学者のダーヴィト・ヒルベルトの招きを受けて、ふたたびゲッティンゲン大学に赴いた。しかし歴史学と哲学の教授陣が、彼女を受け入れることに反対した。ある教職員は「わが国の兵士が大学に戻ってきて、女に教えを請わなければならないと知ったら、いったいなんと思うだろう」と言って抗議した。それに対するヒルベルトの切り返しはすばらしいものだった。私はこれを知って、彼の数学者としての驚嘆すべき才能に対してだけでない、全面的な彼への敬意を決定的にしたものだ。ヒルベルトは言った。「候補者の性別が、どうして彼女を『私講師』として採用することへの反対理由になるのかわからない。なんにせよ、ここは大学であって、風呂屋ではない」

しかしながらヒルベルトの意見は却下され、ネーターはそれから一七年間ゲッティンゲン大学で教えたが、一九二三年までずっと無給のままだった。そして数学の多くの分野に驚くほど多大な――ゆえに二十世紀の最も偉大な数学者として彼女が挙げられることも少なくないぐらいの――貢献をしたにもかかわらず、生涯ついに教授の地位に就けることはなかった。

それでも一九一五年、ゲッティンゲン大学に移ってからほどなくして、彼女はある定理の正しさを証明した。それが現在、ネーターの定理という名で知られているもので、いずれ物理学者と呼ばれるようになるつもりの学生は、必ず物理学の大学院課程でこの定理を学ぶことになる――はずである。

＊＊＊

ここで再度、電磁力の話に戻ると、正と負の恣意的な区別（もしベンジャミン・フランクリンが正電荷を定義したときに自然をもっとよく理解していたら、おそらく今日、電子は負ではなく正の電荷を持つものとされていたのではないか）と、電荷保存――ある系の合計電荷量がいかなる物理反応の前後でも変わらないこと――との関係は、決して自明ではない。じつのところ、これはネーターの定理の帰結であって、この定理によれば、自然の基礎的な対称性――すなわち、その前後で自然法則が変わらずにいられる変換――のもとでは、つねに、それに関連する特定の物理量が保存されるのである。言い換えれば、ある種の物理量は、時間とともに物理系が変化しても、一定のままであるということだ。以下がその例である。

・電荷の保存は、すべての電荷の符号が変わっても自然法則が変わらないことを反映している。
・エネルギーの保存は、時間が経過しても自然法則が変わらないことを反映している。
・運動量の保存は、どの場所であっても自然法則が変わらないことを反映している。
・角運動量の保存は、ある系がどの方向に回転していても自然法則が変わらないことを反映している。

したがって、ウィグナーが提唱した核反応におけるアイソスピンの保存も、すべての陽子が中性子に変えられても、あるいは逆に、すべての陽子が中性子に変えられても、核反応はおおむね同じままであるという、実験的に証明された主張を反映するものだ。これはわれわれが感知する世界においても、少なくとも軽い元素の場合、原子核内の陽子と中性子の数がおおむね同じであるということに反映されている。

一九五四年、ヤンは当時の共同研究者だったロバート・ミルズとともに、これをもう一歩進める重要な研究をした。そこに関わっていたのは、またもや光だった。電磁気学と量子電磁力学には、正の電荷と負の電荷のあいだに根本的な違いはなく、その区別は恣意的なものであることを教える、単純な対称性があるだけではない。前に長々と説明したように、そこにはもっとはるかに微妙な対称性も働いていて、それが最終的に、電磁力学の完全な形式を決定する。

電磁力におけるゲージ対称性は、物理を変えずに正の電荷と負の電荷の定義を局所的に変えられることを示している。ただし、それには場が必要だ。この場合における電磁場のように、そうした局所的な変更を可能にできる場があって、電荷間に働く長距離の力が正負の定義づけと無関係でいられるようにしなくてはならない。量子電磁力学では、その結果が質量ゼロの粒子、すなわち光子の存在だ。これは電磁場の量子であり、これが離れた粒子と粒子のあいだで力を伝える。

その意味で、電磁力の持つ形式をその形式たらしめているのが、ゲージ不変性という自然界の対称性だ。荷電粒子と光のあいだの相互作用は、この対称性によって規定されるのである。

そこでヤンとミルズは、アイソスピンの保存から導かれる、物理を変えることなく中性子と陽子をどこででも入れ替えられることを示唆する対称性を、「中性子」と定義されるものと「陽子」と定義されるものを場所によって別々に変えられるようにするゲージ対称性のようなものに拡張してみたらどうなるかを考えてみた。むろん量子電磁力学との類推で考えれば、そうした場所によっての恣意的な定義変更を可能にし、その効果を中和させるには、何らかの新しい場が必要となるだろう。では、その場が量子場であるならば、その場に関連する何らかの粒子は、陽子と中性子のあいだの核力の性質に何らかの影響を及ぼすのだろうか、あるいはいっそ、その性質を完全に決定する可能性もあるのだろうか。

これらは魅惑的な問いだった。そして彼らのために言っておくと、ヤンとミルズはただそれを考えてみただけでなく、その答えを確定させるべく、そうしたアイソスピン保存に関連する新しい種類のゲージ対称性の数学的な意味がどのようなものになるかを具体的に探ってもみた。

問題が予想以上に複雑なのはすぐに明らかとなった。量子電磁力学では、電子と陽電子の電荷の符号を入れ替えても、それだけなら各粒子の正味電荷の大きさは変わらない。しかしながら、原子核内の粒子の定義づけを変更すれば、電気的に中性の中性子が、正の電荷を持った陽子に置き換わることになる。したがって、どんな新しい場が導入されるにせよ、根底にある物理が変わらないでいるためには、そうした局所的な変換の効果が打ち消されなければならないわけだから、その新しい場はそれ自体が電荷を持っていなければならないのだ。しかし、場そのものが電荷を持っているとするならば、光子と違って――光子は電気的に中性だから、ほかの光子と直接的に相互作用することはないわけだが――この新しい場は、自らとも相互作用しなければならないことになる。

電磁場を一般化した、電荷を持った新しい場の必要性を導入すると、この理論をつかさどる数学ははるかに複雑になる。そもそも、こうしたアイソスピン変換をもれなく説明できるには、そのような場が一つではなくて三つ必要になる。正の電荷を持った場と、負の電荷を持った場と、電気的に中性の場の三つである。したがって、量子電磁力学における電磁場のような、空間内である特定の方向に、ある特定の大きさで向いている（そのため物理学ではベクトル場と呼ばれる）場が、空間内の各点につき一つあるだけでは十分でない。電磁場に代えて、行列（マトリックス）という数学的対象によって記述される場が必要となる。もちろんこれは、キアヌ・リーブスとは何の関係もない。

ヤンとミルズは、この新しい、より複雑な種類のゲージ対称性の背後にある数学を探った。今日、この種のゲージ対称性は、非可換（もしくは非アーベル的）ゲージ対称性――行列の積が数の積に一致しなくなる、行列の特殊な数学的特性に由来する――と呼ばれる。もしくはヤンとミルズへの敬意を込めて、ヤン＝ミルズ対称性と呼ばれることもある。

ヤンとミルズの論文は、一見すると、電磁力におけるゲージ対称性の観測に刺激され、新しい相互作用が取りうる形式についての推論が意味するところを数学的に探った、抽象的なもの――もしくは純粋に思弁的なもの――のように見える。しかしながら、これは決して純粋数学の練習ではなかった。この論文は、彼らの仮説が現実世界と関係しているかどうかを確かめられるように、仮説の観測可能な帰結としてどんなものがありうるかを探ろうとするものだった。残念ながら、その数学が複雑なあまり、どんな観測可能なシグネチャー（痕跡）がありうるかは明確とはならなかった。

しかし、たしかに明らかなことが一つあった。もし、その新しい「ゲージ場」が、離れた場所でなされた別々のアイソスピン変換の効果の原因であり、したがってその効果を打ち消すものなら、その場は質量ゼロでなければならないということだ。これはすなわち、ひとえに光子が質量ゼロだから、光子が粒子間に伝える力はいくらでも長距離に及べるということと同じである。前のチェス盤のたとえで言えば、もし私があらかじめ盤の色を場所によってランダムに変えていたとしたら、あなたには盤全体での適切な駒の動かし方を教えてくれる一冊のルールブックが必要だ。しかし、もしゲージ場に質量があるとすると、そのような場をいくらでも長い距離にわたって交換することはできないため、この場合、あなたのルールブックには、チェス盤の変化した色をあなたの出発点のまわりにある近くのマスだけでどう埋め合わせればいいかということしか書かれていない。だが、それでは駒を盤上の遠いところに動かすことができない。

要するに、電磁力にあるようなゲージ対称性にしろ、あるいはもっと難解なヤン＝ミルズ説にあるようなゲージ対称性にしろ、それはその対称性によって必要とされる新しい場が、質量ゼロの場合にしか有効とならない。どれほどの数学的な複雑さに囲まれていても、この事実だけは破られることがない。

だが、われわれは電磁力と重力のほかに、質量ゼロの粒子の交換に関わる長距離の力を自然界に観測したことはない。核相互作用は短距離で、それこそ原子核の大きさの範囲にしか当てはまらない。

この明らかな問題は、ヤンとミルズにもわかっていた。彼らはそれを認識して、あけすけに言えば、あきらめた。彼らの提案では、その新しい粒子が原子核と相互作用するときに、なぜだか質量を持つようになるのだとされていた。ヤンとミルズは第一原理から質量を推定しようとしてみたが、この理論があまりにも数学的に複雑すぎて、妥当な推定もできなかった。彼らにわかったことといえば、その新しいゲージ粒子(ボソン)が当時の既存の実験で検出されていないことからして、この粒子の質量はパイ中間子の質量より大きくなければならないということだけだった。

このような降参は、怠惰なようにも、プロとしてふさわしくないようにも見えたかもしれないが、かつて湯川がそうだったように、ヤンとミルズも、光子と違って質量のある粒子についてならともかくも、光子に類似した粒子についてとなると、まっとうな場の量子論はいまだかつて誰にも書けていないことを知っていた。したがってその当時、場の量子論のあらゆる問題を一度に解決しようとすることに、それほどの価値があるとは思われなかった。ヤンとミルズはそれよりむしろ、ジョナサン・スウィフトよりはよほど謙虚に、これで同僚たちの想像力を刺激できればとの思いから、単に控えめな提案として論文を発表したのだった。

しかしヴォルフガング・パウリには、それに乗るつもりは微塵もなかった。じつはパウリも関連するアイデアを一年前に考えていたのだが、あっさりそれを捨てていた。さらにパウリは、質量の推定にともなう量子的な不確定性をあれこれ論じるのは、人の気をそらすだけのものと感じていた。もし本当にアイソスピンとそれをつかさどる核力に関連する新しいゲージ対称性が自然界にあるのなら、その新しいヤン=ミルズ粒子は、光子と同じく、質量ゼロに決まっているのだ。

そんなわけで、ほかにも理由はいろいろあったが、その当時のヤン=ミルズの論文に対する反応は、のちのヤンとリーの論文で起こった騒ぎとは比べようもないほど薄かった。大半の物理学者からすると、それはせいぜい興味深い珍品で、パリティの破れの発見のほうがよほど刺激的に感じられたのである。だが、ジュリアン・シュウィンガーは例外だった。なにしろ彼は、普通の物理学者ではなかったのだ。

シュウィンガーは一八歳にして大学を卒業した神童で、二一歳で博士号を取得した。彼とリチャード・ファインマンは、量子電磁力学をそれぞれ別個に、しかし同じように確立した功績で、ともに一九六五年のノーベル賞を受賞しているが、これ以上かけ離れた二人はいないだろうと思うほど、タイプの違う物理学者だった。シュウィンガーは上品で、折り目正しく、きわめて優秀だった。ファインマンはきわめて優秀で、気さくで、間違いなく上品ではなかった。ファインマンはしばしば直感と当て推量に頼り、天才的な数学の技能と経験を基盤にしていた。シュウィンガーの数学的技能もファインマンにまったく劣るところなかったが、シュウィンガーは整然とした流儀で研究し、複雑な数学的表現を難なく操作した。それは普通の人間には真似のできないことだった。かつては危険なほどに骨の折れるものだった場の量子論の計算を扱いやすいものにするために、ファインマンが考案したファインマン図について、シュウィンガーはこんな冗談を言った。「さながら昨今のシリコンチップのごとく、ファインマン図は計算を大衆に広めていった」。だが、二人にはひとつ共通の特徴があった。ともに我が道を行くタイプだったのだ――逆の方向にではあるが。

シュウィンガーはヤン＝ミルズのアイデアを真剣に考慮した。その数学的な美しさが彼を引きつけたのに違いない。一九五七年、パリティの破れが発見されたのと同じ年に、シュウィンガーは大胆な、可能性のきわめて低そうな説を提案した。中性子が陽子と電子とニュートリノに崩壊する原因である弱い相互作用は、ヤン＝ミルズ場の可能性のおかげで成り立つのかもしれないが、ただし、そこには新しい、驚くべき仕組みがあるというのである。シュウィンガーの説によれば、観測されている電磁力のゲージ対称性は、もっと大きなゲージ対称性の一面にすぎず、後者においては新しいゲージ粒子が、中性子の崩壊を引き起こす弱い相互作用を仲介しているのだった。

この種の統一に対する明らかな反論は、弱い相互作用が電磁力よりずっと弱いということである。だが、シュウィンガーはそれに対する答えを持っていた。もしもその新しいゲージ粒子が何らかの理由できわめて重く、陽子や中性子より約一〇〇倍も重かったとすれば、それが仲介する相互作用は、原子核の大きさよりも、ひょっとすると一個の原子や中性子の大きさよりも、ずっと短い距離でなされることになる。その場合、この相互作用が中性子崩壊を引き起こす確率は小さいと推察される。したがって、弱い相互作用の及ぶ範囲が小さいのであれば、この新しい場は、本来、小さなスケールでは電子と陽子に対する結合の強さが電磁力の強さに匹敵するぐらい強いかもしれないのに、原子核以上のスケールでは、それよりずっと弱く見えることになるだろう。

もっとはっきり言えば、電磁力と弱い相互作用はきっぱりと明白に違っているにもかかわらず、ともにヤン＝ミルズ理論という一つの枠組みの一部なのであるという、とんでもないアイデアをシュウィンガーは出したのである。彼の考えでは、おそらく光子は、ヤン＝ミルズ理論においてアイソスピンをゲージ対称性として扱う上で必要となる三つのゲージ粒子のうちの、弱い相互作用を伝えて中性子崩壊を仲介する働きをしている二種類の荷電ゲージ粒子と並ぶ、中性型のゲージ粒子だった。なぜ荷電粒子のほうには大きな質量があるのに、光子のほうは質量ゼロなのかについては、シュウィンガーもわからなかった。しかし、私がたびたび言ってきたように、理解が足りないことが、そのまま神がいることの証拠になるわけではないし、ある考えが必然的に間違っていることの証拠になるわけでもない。それはただ、理解が足りないことの証拠であるだけだ。

シュウィンガーは優秀な物理学者だっただけでなく、優秀な教師、優秀な指導者でもあった。ファインマンには大成した教え子がほとんどいなかったが、それはもしかすると、誰も彼についていけなかったからかもしれない。しかしシュウィンガーのほうは、優秀な博士課程学生を指導するコツを知っていたかのようだった。彼は生涯のあいだに、七〇人を越える博士号取得者を指導した。そして彼の教え子のうち、四人がのちのノーベル賞受賞者となった。

シュウィンガーは弱い相互作用と電磁力を関連づけることにそれなりに興味を持っていたから、当時のハーバードにいた十数名の大学院生のうちのひとりがこの問題を探ろうとするのを応援した。シェルドン・グラショウは一九五八年に、それを主題にした論文で卒業したのち、さらに数年、全米科学財団のポスドク研究員としてコペンハーゲンでその問題を探り続けた。二〇年後のノーベル賞受賞講演でグラショウが明かしたところによれば、彼は卒業後にシュウィンガーとこの問題について論文の原稿を書く予定だったのだが、二人のどちらかがその第一稿をなくしてしまい、論文はそのまま立ち消えになったのだという。

グラショウは、師のシュウィンガーとはずいぶん違っていた。上品で、きわめて優秀なところは同じでも、グラショウのほうはせっかちで、陽気で、馬鹿騒ぎも大好きで、研究においては数学的な妙技を駆使するよりも、物理学的な謎に一心に取り組んで、その謎を解き明かせるかもしれない自然の新しい対称性の可能性を探った。

私がまだマサチューセッツ工科大学（ＭＩＴ）物理学部の大学院生だったころ、最初に心引かれたのは物理学における難解な数学的問題で、私は博士課程への出願の際に提出する小論文にも、その種のテーマを選んだものだ。しかし数年のうちに、いつしか自分がやっている数学的研究の性質にぐったりさせられていることに気がついた。そんなとき、スコットランドで開かれた博士課程学生のための夏期講習会でグラショウと出会い、彼とも、彼の家族とも友人になった。ちなみにその友情は、のちに私たちがハーバードで同僚になるまでずっと続いていた。スコットランドでの出会いの翌年、グラショウがMITで一年間のサバティカルを過ごすことになった。ちょうどそれは私にとって重要な時期で、別の道を考えるようになっていた私に、グラショウはこう言った。「一方に物理学があって、一方に形式主義がある。君はその違いを知らなくてはならない」。この助言の暗黙の意味は、物理学を追求すべきだという勧めだった。彼の楽しそうな様子を見て、私はすんなり参入を考えられるようになった。

まもなく私は、自分の物理学の理解を進めるために必要なのは、おもに数学的な問題によって出てくる疑問ではなく、おもに物理学的な問題によって出てくる疑問に取り組むことだと気づいた。私に取れる唯一の方法は、進行中の実験を、そして新しい実験結果を追い続けていくことだった。シェリーと、彼の物理学研究のやりかたを見つめているうちに、私は彼が尋常でない能力を持っていることを実感した。彼は、どの実験が興味深いものなのか、どの実験結果が重要なのか、どの実験結果が何か新しいものを示唆しているのかを、じつに的確に察知できるのだ。その能力の一部は、疑いなく生まれついてのものだったが、一部は、いま現場で何が起こっているのかを生涯追い続けてきたことによるものだった。物理学は経験科学であり、物理学者はそこから離れたら命取りであるのを覚悟しなくてはならない。

グラショウはコペンハーゲンにいたときに、もし自分が弱い相互作用を電磁相互作用と結びつけようとしたシュウィンガーの説を適切に補完したいなら、光子をそのまま中性のゲージ粒子と考えて、あとの二種類の荷電ゲージ粒子をどうにか未知の奇跡的な方法で質量のある粒子にしたとしても、それだけではまだ足りないことに気がついた。その理論では、弱い相互作用の固有の性質を十分に説明できないのだ。とくに問題となったのが、電磁相互作用は電子が左巻きだろうが右巻きだろうが関係ないのに対し、弱い相互作用は左巻きの電子（およびニュートリノ）にしか適用されないようであるという奇妙な事実だった。

この問題を解決するには、光子とは別に、もうひとつ中性のゲージ粒子が存在していて、それが左巻きの粒子だけに結合するのだと仮定するしかなかった。しかし明らかに、その新しい粒子も重くなくてはならない。その粒子が仲介する相互作用そのものが弱くなくてはならないからだ。

グラショウのアイデアは、一九六〇年のロチェスター会議でマレー・ゲル＝マンによって物理学界に報告された。そのころゲル＝マンはすでにグラショウをカルテックに誘い入れ、自分のグループで研究させていたのだ。このテーマに関するグラショウの論文は一九六〇年に提出され、一九六一年に出版された。だが、いきなり反応が押し寄せるようなことは起こらなかった。

結局のところ、グラショウの説にも二つの基本的な問題が残っていた。ひとつは、すでに長らくおなじみの、ゲージ対称性がどのゲージ粒子にも質量ゼロであることを求めているのに、どうして力の違いによって、その力を伝えるのに必要な粒子の質量が違うことになりえようか、という問題だ。グラショウは論文の序文で、こうした不遜な挑戦の長い伝統にのっとり、あっさりこう述べている。「これはわれわれが目をつぶらなければならない、つまずきの石だ」

もうひとつの問題は、最初の問題より見えにくいが、実験的な見地から見れば同じくらい深刻だった。中性子の崩壊も、パイ中間子の崩壊も、ミュー粒子の崩壊も、もしこれらが本当に弱い力を伝える何らかの新しい粒子によって仲介されているにせよ、これらはすべて、新しい荷電粒子の交換だけを必要としているように思われた。新しい中性の粒子の交換を必要とするような弱い相互作用は、一度も観測されたことがなかったのだ。もしそのような新しい中性の粒子が本当に存在しているとしても、その場合、当時の計算から推論すれば、二個か三個のパイ中間子に崩壊する（そして、パリティの破れの発見につながった最初の混乱の原因である）別のもっと重い既知の中間子が、実際に観測されているよりずっと急速に崩壊できることになってしまうのだ。

　これらの理由から、グラショウの説はしだいにひっそり埋もれていった。当時の物理学者はそんなことよりも、加速器から続々と出てくる新しい粒子と、それにともなう新発見の機会にすっかり夢中になっていたのである。だが、基礎物理学における一大革命を完了させるための鍵となる理論的要素のいくつかは、すでにこのとき出そろっていた。ただ、それが当時はあまりにも見えにくかった。グラショウの論文が発表されてから一〇年余りのうちに重力を除く自然界のすべての既知の力が明らかになり、理解されるなんてことは、当時としては夢のまた夢だったことだろう。

　その鍵となったのが、対称性だった。

第十四章　冷たい荒涼とした現実：破れの先にあるのは悪か美か？

誰の胎から氷は出たのか。
天の霜は誰が生んだのか。

――「ヨブ記」三十八章二十九節

プラトンの洞窟の哀れな主人公たちを哀れむのは簡単だ。彼らは壁に映る影について知るべきことをすべて知っているかもしれないが、それが影であることだけは知らないのだ。しかし彼らに限らずとも、人は見かけにだまされやすい。もしも、私たちのまわりの世界が同じような現実の影にすぎなかったなら？

ちょっと想像をしてみようか。ある寒い冬の日の朝、あなたが目覚めて、窓の外を見ようとしたら、何も見えない。窓一面がびっしりと美しい氷の結晶に覆われていて、それらの結晶が奇妙な模様をつくっている。たとえばこんなふうに［図14－1］。

その印象的な美しさの原因は、少なくともひとつには、大きなスケールでは明らかにランダムなのに、その内側に小さなスケールで驚くほどの秩序がひそんでいることだ。氷の結晶は、最初はランダムな方

図14-1　Photograph by Helen Filatova

向に伸びていくうちに、互いに変則的な角度でぶつかって、いつしかみごとな樹状模様を形成する。小さなスケールでの秩序と大きなスケールでのランダムさとの二項対立からわかるのは、氷の結晶の突起上に閉じ込められて生きているような微小な物理学者や数学者がいるとすると、彼らから見た宇宙はまったく違って見えるだろうということだ。

そこでは空間のある一方向、すなわち氷の結晶の突起が伸びている方向が特別となる。自然界は、その軸をぐるりと囲んで配置されているように見えるだろう。そして結晶の格子構造から考えるに、突起に沿った電気力は、突起に垂直な電気力とは、まったく違って見えるだろう。つまり、それらの力は、異なる力であるかのようにふるまうだろうということだ。

この結晶の上で生きている物理学者や数学者が賢かったなら、あるいはプラトンの洞窟の数学者のように、幸運にもその結晶から出ていけたなら、自分たちが慣れ親しんでいる世界の物理を支配する特別な方向というものが、ただの幻想であったのだとすぐに明らかになるだろう。そして、ほかの結晶はそれぞれ別々の方向を指しているのだと、発見したり推測したりできるだろう。最終的に、彼らが十分に大きなスケールで外側から内側を観測できれば、結晶のあらゆる方向への成長に反映されている、どの方向に回転しても変わらない自然の根本的な対称性が、一目瞭然となることだろう。

われわれの感知する世界も、根本的な現実が直接反映されたものというよりも、同じような偶然によるわれわれ独自の特殊な状況であるという考えが、いまや現代物理学の中心となっている。われわれはその考えに、しゃれた名前までつけている。対称性の自発的破れ、というのだ。

ある種の対称性の自発的破れについては、すでにパリティや左右対称性について論じたときに触れてきている。われわれの左手は、右手と同じようには見えない。たとえ電磁力が――われわれの身体のような大きな生物学的構造の形成を支配する力が――左右を区別できないとしてもだ。

私が知っているあと二つの例も、ともに著名な物理学者から出されたものだが、それぞれに、対称性の自発的破れをわかりやすく伝えてくれるだろう。この現象に決定的に依存する研究によって一九七九年にノーベル賞を獲得したアブドゥス・サラムは、誰にとってもおなじみの状況を使ってこれを説明した。何人かのグループが、たとえば八人用にしつらえられた丸いダイニングテーブルを囲んで座っている。着席したときには、自分の左右にあるワイングラスのどちらが自分のもので、どちらが隣の人のものだか、明白ではないかもしれない。礼儀作法にしたがえば右側が自分のものとなるのだが、それとは無関係に、このテーブルの全員がワインを飲むつもりだったら、誰かが最初にどちらかのグラスを手に取ったとたん、ほかの全員にとっては一つの選択肢しかなくなる。たとえテーブルの根本的な対称性が明らかでも、ワイングラスを取る方向が選ばれた時点で、対称性は破れるのである。

もうひとりのノーベル賞受賞者で、素粒子物理学における対称性の自発的破れを最初に記述した物理学者である南部陽一郎は、また別の例を出しており、ここではそれを翻案して紹介しよう。テーブルの上に棒を――なんならストローでもいいが――垂直に立てて、てっぺんを下に押してみよう。いずれ棒は曲がるだろう。その曲がる方向はどれでもありえて、何度か実験をしてみれば、そのたびに違う方向に曲がっているかもしれない。あなたが先端を押すまでは、棒は完全な円筒対称性を持っている。しかし押されたあとは、多くの可能性の中から一つの方向が選ばれている。それを決めるのは棒の根本的な物理ではなく、そのときにあなたがどう押しているかという偶然の状況だ。かくして対称性は自発的に破れている。

そこであらためて凍った窓の世界に戻ると、系を冷却したときには素材の特性が変わることがある。たとえば水は凍結し、ガスは液化する。物理学では、こうした変化を相転移という。そして窓の例が示しているように、系が相転移をするときは、ある相に関連する対称性が別の相では消滅していることが珍しくない。たとえば窓ガラスに氷の結晶ができる前、水滴にこれほどの秩序はなかっただろう。

科学において見られたことのある相転移の中でもとりわけ驚異的なもののひとつが、一九一一年四月八日に、オランダの物理学者カマリン・オンネスによって初めて観測されたものだ。オンネスは――驚くべきことに――かつて到達されたことのない温度まで素材を冷却することを可能にしており、絶対零度より四度高いだけの低温で初めてヘリウムを液化したのも彼だった。この実験の腕前により、彼はのちにノーベル賞を受賞している。四月八日、液体ヘリウムに浸した水銀の導線を絶対温度四・二度まで冷却したのち、その電気抵抗を測定してみて、オンネスは驚愕した。なんといきなり抵抗がゼロに下がっていたのだ。導線の中を流れる電流は、いったん流れ始めると、最初に電流を通した電池を取り去ったあとでさえ、ずっと流れ続けることができた。オンネスに実験の才能と同じくらい明敏なピーアールの才能があったことがよくわかる例だが、彼はこの驚くべき、まったく予想外の結果をあらわすのに、「超伝導」という用語を発明した。

超伝導はあまりにも予想外の奇妙な現象だったため、これが依存する量子力学が発明されてから約五〇年もかかって、ようやく一九五七年（パリティの破れが観測され、シュウィンガーが弱い相互作用と電磁相互作用を統一しようとするモデルを提唱したのと同じ年）に、ジョン・バーディーン、レオン・クーパー、ロバート・シュリーファーのチームによって、初めてこれについての感嘆するほどの物理学的説明がなされた。彼らの研究は、数十年にわたる一連の洞察の上に築かれた、まさに偉業だった。この説明は、つきつめれば、ある特定の素材にしか起こらない意外な現象に頼っている。

空っぽの空間の中では、電子はほかの電子と反発する。それぞれの電荷が反発しあうためだ。しかしながら、ある特定の素材の中では、素材が冷えるとともに、電子がほかの電子と結合できるようになる。これが起こる理由は、自由電子に、周囲にある正の電荷を持ったイオン（陽イオン）を引きつける傾向があるためだ。もし温度が極端に低ければ、最初の一個の電子の周囲にできた正の電荷を帯びた場に、また別の一個の電子が引き寄せられる。こうして二個の電子が、ちょうどにかわのような働きをする正の電荷を帯びた場によって結合できるわけだが、そもそもこの場が生じたのは、この素材の中の原子に関連する正の電荷の格子に、最初の電子の引力がかけられたからなのだ。

原子の中の原子核は重く、比較的強い原子間力によって所定の場所にとどめられているので、最初の電子は近くの原子の格子をわずかに歪ませて、いくつかの原子を本来の場所よりわずかに電子のほうに近づける。格子が歪むと、総じてその素材には振動（音波）が生じる。量子世界では、この振動が量子化されて、フォノン（音子）と呼ばれる。レオン・クーパーは、これらのフォノンが前述のように電子を結合させてペアにすることができるのを発見した。そのため、このような電子のペアは、クーパー対

（もしくはクーパーペア）と呼ばれる。

だが、量子力学の真のマジックは次に起こる。水銀（でも何でもいいが、ある一定の素材）がある特定の点より下まで冷やされると、相転移が起こり、すべてのクーパー対がいきなりまとまって同一の量子状態になる。この現象をボース＝アインシュタイン凝縮という。これが起こる理由は、フェルミオンと違って、光子のような整数の量子力学的スピンを持つ粒子や、あるいはスピンをまったく持たない粒子は、みんなでまとまって同じ状態になりたがる傾向があるからだ。これを最初に提唱したのがインド人物理学者のサティエンドラ・ナート・ボースで、のちにその考えを練り上げたのがアインシュタインだった。ここでもまた決定的な役割を果たしていたのが光で、ボースの分析には光子についての統計が関わっており、実際、ボース＝アインシュタイン凝縮はレーザーの物理と密接に関係している。レーザーというのは、多数の個々の光子をすべて同じ状態でコヒーレントにふるまわせるものなのだ。こうした経緯から、光子のように整数のスピンを持つ粒子は、フェルミオン（フェルミ粒子）と区別してボソン（ボース粒子）と呼ばれる。

通常、室温にあるときの気体や固体の中では、粒子と粒子のあいだで起こる衝突が多すぎるために、個々の粒子の状態がつねに急激に変わっており、どんな集合的なふるまいも不可能となる。しかしながらボソンでできた気体は、温度が十分に低くなると、融合してボース＝アインシュタイン凝縮にいたることができる。そうなると、もはや個々の粒子としての存在は消滅する。系全体が一個の微視的な物体のようにふるまうようになるのだ。ただし、この場合、それは古典力学的なふるまいではなく、量子力学の規則にしたがってのふるまいとなる。

結果として、ボース＝アインシュタイン凝縮は、風変わりな特性を持てるようになる。ちょうどレーザー光が懐中電灯から発する通常の光とはまったく違うふるまいができるのと同じようにだ。ボース＝アインシュタイン凝縮は、本来であれば相互作用していない個々の粒子が互いに結びついて同一の量子状態を形成している巨大な融合体だから、こうした凝縮を生み出すには、よほど風変わりな、特殊な原子物理実験が必要となる。粒子のガスがこのような凝縮にいたるのが初めて直接観測されたのは、ようやく一九九五年のことで、それをなしとげたのがアメリカ人物理学者のカール・ワイマンとエリック・コーネルである。これもまたノーベル賞にふさわしい偉業だった。

水銀のようなかさのある素材の中でも、この凝縮がそんなにも起こりにくいというのは不思議かもしれないが、それにはわけがある。これに最初に関わる素粒子が、電子であるからだ。電子はほかの電子と反発するというだけでなく、スピン½のフェルミオンなので、前述したボソンとは正反対のふるまいをするのである。

しかしクーパー対が形成されると、二個の電子は協調してふるまうようになる。これらはどちらもスピン½なので、それが合わさった物体は整数（2×½）のスピンを持つからだ。みごと、新種のボソンの誕生である。この系が低温で緩んで最低エネルギー状態に達すると、すべてのクーパー対が同一の状態に凝縮する。こうなれば、素材の特性は完全に変化する。

凝縮が形成される前ならば、導線に電圧がかけられると、個々の電子が動き始めて電流を形成する。流れていく途中で原子にぶつかった電子はエネルギーを失い、それがおなじみの電気抵抗を生み、導線を熱くする。しかし、ひとたび凝縮が形成されると、個々の電子はもちろんクーパー対さえも、もはやそれ自体としては存在しなくなる。『スタートレック』のボーグのように、ひとつの集合体に同化してしまうのだ。電流が流されれば、この凝縮全体が一個の存在として運動する。

さて、この凝縮体が個々の原子にぶつかって跳ね返れば、凝縮体の軌道が変わる。しかし、それには大きなエネルギーが必要だ。個々の電子の流れる方向を変えるのに必要となる量よりも、ずっと多くの量が必要となる。古典的には、その結果は次のようになると考えられる。低温では、原子がランダムに振動しても十分な熱エネルギーが得られないから、分厚い粒子の凝縮体の運動を変えることはできないだろう。これもまた、トラックを動かそうとしてポップコーンを投げつけるようなものである。量子力学でも、結果は似たようなものだ。この場合なら、凝縮体の配置を変えるには、粒子の凝縮全体を現在の状態とはエネルギー的に異なる新しい量子状態へと、ある一定の大きな幅で移り変わらせる必要があるだろう。だが、そんなエネルギーは低温の環境からは得られない。それでは代わりに、この衝突で凝縮体の中のクーパー対から二個の電子を切り離せると考えてみたらどうだろう。トラックが電柱にぶつかってバックミラーが叩き出されるようなものだ。しかし、低温ではあらゆるものの運動が緩慢すぎるから、やはりそんなことは起こりそうにない。したがって、電流は妨げられることなく流れていく。抵抗は無意味だ、とボーグなら言うだろう。だが、この場合、抵抗はそもそも存在していない。ひとたび流れ始めた電流は、たとえ導線に最初に取りつけられた電池が外されても、かまわずずっと流れていく。

これが、バーディーン＝クーパー＝シュリーファー超伝導理論（ＢＣＳ理論）の言っていることだった。この理論は驚くほどの傑作で、最終的に、水銀などの超伝導体の実験的な特性をすべて説明した。それらの新しい特性は、超伝導体になる前と後とで、系の基底状態が変わってしまったことを示している。そしてそれらの特性は、窓ガラスにできた氷の結晶と同様に、対称性の自発的破れの反映でもある。超伝導体の場合、氷の結晶の場合ほど視覚的に明白ではないにせよ、やはりその奥底に、対称性の破れがあるのだ。

数学的には、この対称性の破れのしるしとなるのが、クーパー対の凝縮が形成されたとたんに系全体の配置を変えるための大きな最小エネルギーが必要となることだ。凝縮体は、まるで大きな質量を持った微視的な物体のようなふるまいをする。こうした「質量ギャップ」（と呼ばれているが、要は、系が超伝導状態から脱するのに必要となる最小エネルギーのこと）の生成は、超伝導体を生む転移のような、対称性の破れをともなう転移の特徴だ。

ところで、今あなたはふと疑問に思っているかもしれない。ここまでの話はたしかに興味深かったが、前に見てきた話、すなわち自然界の基礎的な力を理解するという話と、いったい何の関係があるのかと。現在のような知識があれば、そのつながりは明らかなのだ。しかし一九五〇年代と六〇年代の錯綜して混乱した素粒子物理学の世界では、悟りを得るまでの道はそう一直線ではなかったのである。

一九五六年、少し前にシカゴ大学に移ってきていた南部陽一郎は、ロバート・シュリーファーのセミナーでBCS理論のもとになった考えを聞いて、それに強烈な印象を受けた。素粒子物理学に関心を寄せる当時のほかの研究者の大半と同じように、南部も、そのころ続々と増えていた新粒子や、その生成と崩壊に関わる謎の相互作用に、原子核を構成するおなじみの粒子――陽子と中性子――がどのように関係するのかという問題と格闘していた。

そしてほかの研究者たちと同様に、南部も、陽子と中性子の質量がほぼ同一であるということに驚かされた。ヤンとミルズが思ったように、南部もまた、これは何か自然界の根本的な原理がそうした結果を生んでいるのに違いないと思った。しかし南部の場合、超伝導の例が決定的な鍵をもたらすのではないかと考えた。とくに、クーパー対の凝縮を分断するのに必要な励起エネルギーに関連する、新しい特徴的なエネルギースケールの出現が重要なのではないかと。

南部は三年にわたって、このアイデアをどう素粒子物理学の対称性の破れに適用できるかを探った。その結果、自然界に存在するかもしれない何らかの場の同じような凝縮と、その凝縮状態から励起を引き起こすための最小エネルギーが、陽子と中性子に関連する特徴的な大きな質量／エネルギーになるというモデルを提唱した。

南部と、もうひとりの物理学者ジェフリー・ゴールドストーンは、こうした対称性の破れの特徴として、質量のない別の粒子が存在することを独立に発見した。この粒子が現在で言うところの南部＝ゴールドストーン（NG）ボソンで、この粒子のほかの物質との相互作用にも、対称性の破れの性質が反映される。これを氷の結晶のような、もっとおなじみの系にたとえてみようか。そうした系は、空間並進の対称性を自発的に破る。なぜなら、ある一方向に進んでいるときと、別の方向に進んでいるときとで、見かけがまったく変わるからだ。しかし結晶のような系の場合、結晶内の個々の原子が静止位置のあたりでわずかに振動することがある。このような振動モード——前述のフォノン——は任意に小さい量のエネルギーを蓄積できる。素粒子物理学の量子世界では、このモードが質量ゼロの南部＝ゴールドストーン粒子として反映される。なぜならエネルギーと質量の同等性が明白なところでは、エネルギーをわずかしか、あるいはまったく持たない励起は、質量ゼロの粒子に相当するからだ。

そしてなんと、パウエルが発見したパイ中間子は、かなりその条件に近いのである。パイ中間子は厳密に質量ゼロではないものの、ほかのどんな強く相互作用する粒子より、はるかに軽い。ほかの粒子との相互作用にも、NGボソンが持つと思われる特徴がある。NGボソンが存在するとするなら、それは陽子と中性子の質量／エネルギーに相当する励起エネルギーのスケールで、自然界に何らかの対称性の破れの現象が存在する場合なのである。

しかしながら、南部の研究の重要性は疑いないものの、彼も、この分野の同僚のほぼ全員も、のちに強い核力と弱い核力の真の謎を解き明かすための鍵となる、超伝導性理論における対称性の自発的破れのもっと深い帰結については見過ごしていた。南部が対称性の破れに着目したのはみごとだったが、彼やほかの研究者が持ち出してきた超伝導性との類推は不完全だった。

どうやらわれわれは、自分で思っているよりずっと、あの窓ガラスの氷の結晶の世界に住む物理学者たちに近いらしい。だが、そういう近視眼的なものの見方は、おそらくあの物理学者たちにしてもそうであるように、自分ではなかなか気づきにくい。そしてそれは当時の物理学界にとっても同じであったのだ。

第十五章　超伝導体の中に暮らしていたら

人はお互いに空しいことを語り
滑らかな唇で、二心をもって語ります。

――「詩編」十二編二節

過去の過ちというものは、あとになってみれば明白かもしれないが、車のバックミラーに映る物体はたいてい実際より近くに見えているものだということを忘れないでほしい。先人たちの見落としを批評するのは簡単だが、現在われわれを混乱させているものだって、後世の人にとってはいたって明白かもしれない。最先端のところに関わっているとき、人はたいてい霧に包まれた道を歩んでいるのだ。
南部によって初めて示された超伝導との類推は、間違いなく有益なものだ。ただしそれは、おおむね、南部やほかの研究者がそのときに思っていたのとはまったく別の理由による。あとから振り返れば、答えは明白だったじゃないかと思えるかもしれない。アガサ・クリスティの小説で、殺人犯を明かすちょっとした手がかりが、解決されてみれば明らかであるのと同じようなものだ。しかしクリスティの推理小説でも同じだが、解決までの過程にはたくさんのおとりが見つかるものだ。そうした袋小路に惑わされることで、最後の答えがよりいっそう意外なものに感じられるのである。

当時の素粒子物理学における混乱はよくわかる。新しい粒子加速器が続々と稼動を開始して、衝突エネルギーの達する最高値が次々と更新されるたび、強く相互作用する新しい中性子や陽子のいとこが生み出されるのだ。その流れは果てしなく続くかのように思われた。このどうしていいかわからないほどの豊富さに、当然ながら、理論家も実験家も、強い核力の謎に注目せざるを得なかった。そこにこそ、既存の理論にとっての最大の課題が横たわっているように思われた。

より大きな質量を持った新種の素粒子が無限に出てこられるのが微視的な世界の特徴なのかとも思われたが、それは場の量子論のあらゆる考えに相反していた。電子と光子の量子的ふるまいを相対論的に理解するための枠組みをみごとなまでに示した場の量子論では、決してそんなことにはならないはずなのだ。

カリフォルニア大学バークレー校の物理学者ジェフリー・チューは、この問題に取り組むための、ある一連の考え方を発展させた。それは当時でも人気を集め、のちにも影響を及ぼすものとなる。チューは、真に基礎的な粒子が存在するという考え方を放棄した。および、点粒子とそれに関連する量子場をともなう、あらゆる微視的量子論も放棄した。彼はそれらに代えて、観測されているすべての強く相互作用する粒子は点状の粒子ではなく、別の粒子の複雑な結合状態なのだという推測を取った。そのような見方であれば、最初の基礎的な物体への還元はありえない。一九六〇年代のバークレーにふさわしい、この禅のような想像図では、あらゆる粒子がそれとは別の粒子でできていると考えられた。これがいわゆるブーツストラップ仮説で、このモデルでは、最初の根源的な素粒子や、特別な素粒子はひとつもないのだ。ゆえに、このアプローチは「核民主主義」という呼ばれ方もした。

　電子と光子とのシンプルな相互作用なら記述できる場の量子論でも、それ以外の相互作用を記述するツールにはなりえないのではないかと思い始めていた多くの物理学者が、このアプローチに心を奪われていた一方で、一部の科学者にとっては量子電磁力学の成功が十分に大きなことだったから、彼らは強い核力――もしくは現在で言うところの強い相互作用――の理論においても、前にヤンとミルズが提唱していた考え方に沿って、量子電磁力学の模倣ができないかを模索した。

　そのうちのひとりが物理学者のJ・J・サクライ（桜井純）である。彼は一九六〇年、「強い相互作用について」という、かなり野心的なタイトルの論文を発表した。サクライはヤン＝ミルズ説を真剣に考慮して、光子に類似した粒子のどれが陽子と中性子や、ほかの新たに観測された粒子のあいだで、強い力を伝えているのかを正確につきとめようとした。強い相互作用は短距離――せいぜい原子核の大きさぐらい――にしか作用しないから、この力を伝えるのに必要とされる粒子はそれなりの質量を持っていると見られるが、それでは厳密なゲージ対称性とまったく折り合いがつかなかった。しかし、質量を持つこと以外では、その粒子には光子と多くの共通点があり、持っているスピンの量も1となる。いわゆるベクトルスピンである。したがって、この新しい予言上の粒子は、重いベクトル中間子と呼ばれていた。

　サクライによって予言されたベクトル中間子の一般的な特性は、その後の二年間で実験的に発見された。そして、それがどのようなわけか強い相互作用の謎を生むという考えを利用して、本来どうしても複雑となる核子とほかの粒子との相互作用を合理的に説明しようとする試みも生まれてきた。

　このような、ある種のヤン＝ミルズ対称性が強い相互作用の背後にあるのかもしれないという考えに対して、マレー・ゲル＝マンは別のエレガントな対称性の仕組みを考案し、それに「八道説」という、禅の世界から持ってきたかのような呼び名をつけた。この理論では、八種類のベクトル中間子の分類が可能になるだけでなく、これまで観測されたことのない、強く相互作用する粒子の存在も予言された。この新たに提案された自然の対称性には、絶望的なほど混沌として見えた素粒子の群れにいよいよ秩序がもたらされるのかもしれないと、非常に強い期待がかけられた。したがって、その後ゲル＝マンの予言した粒子が実際に発見されると、当然ながらゲル＝マンにはノーベル賞がもたらされた。

しかしながら、やはりゲル＝マンの名から連想されるのは、これよりもっと基礎的なアイデアだ。彼とジョージ・ツワイクは独立して、ゲル＝マンがクォークと――ジェームズ・ジョイスの『フィネガンズ・ウェイク』に出てくる言葉を借りて――名づけたものを発見した。これこそ、ゲル＝マンの八道説における対称性の性質を物理学的に説明するものだった。ゲル＝マンはクォークのことを単なる便利な数学的計算ツールと見なしていたが（ちょうどファラデーが、彼の提唱する電場と磁場をそう見なしていたように）、もしそのクォークが、陽子や中性子などの強く相互作用する粒子すべての構成要素だと想定すると、既知の粒子の対称性と特性がことごとく予言できるのだった。ここでまたもや、異なる種類の粒子と力をひとつに統合する大きな統一の気配が漂ってきたように思われた。

私の言葉では言い尽くせないほど、クォーク仮説の重要性は大きかった。ゲル＝マンは、自分の提唱するクォークが現実の物理的粒子だとは言わなかったものの、彼の分類体系をつきつめれば、対称性を考慮することが最終的に強い相互作用の性質だけでなく、自然界のあらゆる基本粒子の性質を決定することになるのは必至だった。

とはいえ、ある種の対称性が物質の構造を支配しているのかもしれないとしても、その対称性が、粒子間に働く力を支配するヤン＝ミルズ説の何らかのゲージ対称性にまで拡張されるかというと、それはなかなか難しいように思えた。観測されていたベクトル中間子の質量につきまとう問題は、それらの粒子が、その形式を明確に決定して、量子力学的に確実に筋が通るようになるほどには、強い相互作用の根底にあるゲージ対称性を本当に反映できてはいないことを示していた。量子電磁力学をヤン＝ミルズ的に拡張するには、光子に似た新しい粒子が質量を持たないことが必要だったのだ。以上。

この明らかな行き詰まりに直面していたときに、超伝導から意外な示唆がもたらされた。それはもうひとつの、もっと微妙な、しかし最終的にはもっと意味深い可能性を伝えていた。

くすぶっていた状況をふたたび燃え立たせた最初の人物は、素材の超伝導に関連する凝縮系物理学の分野を専門とする理論物理学者だった。のちに別の研究でノーベル賞受賞者となるプリンストン大学のフィリップ・アンダーソンが、超伝導体の最も基礎的で遍在的な現象のひとつについて、素粒子物理学の観点からも探る価値があるかもしれないと示唆したのである。

超伝導体、とくに液体窒素の温度で超伝導性をあらわにできるような新しい高温の超伝導体を用いると、じつに劇的なかたちでこの性質を実証できる。その一例が、左の写真のように、磁石を超伝導体の上に空中浮揚させることである［図15-1］。

こんなことが可能になる理由は、一九三三年にヴァルター・マイスナーらの実験で発見され、その二年後にフリッツ・ロンドンとハインツ・ロンドンの兄弟によって理論的に説明された。発見者の名にちなみ、これはマイスナー効果と呼ばれている。

ファラデーとマクスウェルが六〇年前に発見したとおり、電荷は磁場と電場に対して異なる反応をする。とくにファラデーが発見したように、変化する磁場は離れた導線に電流を通すことができる。そして前には強調しなかったが、同じくらい重要なこととして、そうして生じた電流が流れ続けるうちに、外部の変化する磁場と反対の方向に新しい磁場が生じる。したがって外部の磁場が弱まると、発生した電流がその弱まりに対抗する磁場を生み出す。もし外部の磁場が強まれば、発生した電流は反対の方向に、その強まりを打ち消すように働く磁場を生み出す。

図15-1　Creative Commons ／ Photograph by Mai-Linh Doan

あなたも経験があるかもしれないが、携帯電話をかけながらエレベーターに乗ると、ある種のエレベーター、とくに、かご（ケージ）の外がすっぽり金属で覆われているエレベーターの場合、ドアが閉まったとたんに通話が切れることがある。これは、ファラデーケージと呼ばれるものの一例だ。電話の信号は電磁波として受信されているので、金属があなたを外部の信号から遮断してしまうのだ。もっと詳しく言うと、金属の中を流れる電流が、信号の中の変化する電場と磁場を打ち消すように流れて、エレベーター内での信号の強さを弱めてしまうのである。

もしあなたが電気抵抗のまったくない完全導体を持っていれば、金属内の電荷が外部の変化する電磁場の効果を本質的にすべて打ち消せることになる。そのような変化する場の信号はいっさい――すなわち電話の信号はいっさい――エレベーター内で検出されなくなるだろう。さらに言えば、完全導体は外部のあらゆる定電場の効果も遮断する。電荷がどんな場にも対応して超伝導体内で再編成できるので、完全にその効果を打ち消せるからだ。

だが、マイスナー効果はさらにその上を行く。超伝導体の場合、あらゆる磁場が――先ほどの磁石によってできるような定磁場でさえ――超伝導体の内部に侵入できない。なぜかと言えば、遠くからゆっくり磁石を引き寄せると、磁石が近づくにつれて、その変化する磁場の強まりを打ち消すように超伝導体が電流を発生させるためだ。しかし磁石の動きを止めても、超伝導体の発生させた電流は流れ続け、止まることがない。磁石をさらに近づければ、さらに大きな電流が流れて、その磁場の強まりをさらに打ち消す。電流は超伝導体の中で散逸することなく流れ続けられるから、電場が遮断されるだけでなく、磁場も遮断される。その結果、磁石が超伝導体の上に浮遊することになる。超伝導体の中の電流が、外部の磁石によって生じた磁場を押し出すから、それが磁石と反発するのだ。あたかも別の磁石が超伝導体の表面にあって、N極とN極が、あるいはS極とS極が、互いにぶつかっているかのようにふるまうのである。

マイスナー効果を最初に説明しようとしたロンドン兄弟は、この超伝導体内の現象を記述する方程式を導出した。その結果は示唆的だった。種類の異なる超伝導体はそれぞれに、超伝導体の表面下に独自の特徴的な――あらゆる外部の場を打ち消すように発生させられた超伝導電流の微視的な性質によって決まる――長さスケールを生み出し、外部の磁場はいずれもその長さスケールで打ち消されるのである。この長さスケールを、ロンドンの侵入長(しんにゅうちょう)という。その値は超伝導体の種類によって異なり、それぞれの超伝導体の詳細な微視的物理に依存すると見られたが、当時はまだ超伝導体の微視的理論がなかったため、確実なところはロンドン兄弟にもわからなかった。

とはいえ、この侵入長の存在はやはり注目すべきものである。なぜならこれは、超伝導体の中では電磁場が異なったふるまいをする、つまり、そこではもはや長距離にわたる作用をしないことを示唆しているからだ。しかし、もし電磁場が超伝導体の内部では短距離になるのなら、電磁力を伝える粒子も違ったふるまいをするに違いない。その正味の影響は？　――光子のふるまいが、超伝導体の内部では質量を持っているかのようになるということだ。

超伝導体においては、仮想の光子――および、それが仲介する電場と磁場――が、ロンドンの侵入長に相当する距離でしか表面の下を伝わることができない。もし超伝導体の内部の電磁力が質量のある光子――質量のない光子ではなく――の交換によって生じているのだとすれば、まさにそういう結果になるはずだ。

そこで、もし超伝導体の中に暮らしていたら、と想像してみよう。あなたにとって、電磁力は短距離の力であり、光子は質量を持っていて、これまで長距離の力としての電磁力に関連づけていた、あらゆるおなじみの物理が消え失せているだろう。

ぜひとも強調しておきたいが、これはきわめて驚くべきことである。超伝導体の内部では、それが超伝導性を保持しているかぎり、どんな実験によっても光子が外部では質量を持たないことを明らかにできないのだ。もしあなたがそうした超伝導体の中で生きているプラトンの哲学者だったなら、あなたは外の世界についてとんでもなく多くのことを直観的に知らないと、不思議な現象や目に見えない現象が幻想の原因であることを推論できないだろう。何百年もかけて考えたり実験したりしないと、あなたやあなたの子孫が自分の暮らす影の世界の根底にある現実の性質を推測できるようにはならないかもしれないし、クーパー対を分断させて超伝導状態を溶かし、電磁力を通常の形式に回復させて、光子が質量を持たないことを明らかにすることができるような、十分なエネルギーを持った装置をこしらえることもできないだろう。

　今にして思えば、私たち物理学者は、ただ対称性を根拠として、マイスナー効果を直接考慮に入れずとも、光子が超伝導体の中で質量を持った粒子のようにふるまうものと考えてもよかったのかもしれない。クーパー対の凝縮体は、電子のペアでできているのだから、正味の電荷量を持っている。これが電磁力のゲージ対称性を破る。なぜならこの背景で素材に正の電荷を加えれば、それは素材に加えられた負の電荷とは異なるふるまいをするからだ。だから現在、正と負には現実の差異がある。しかし前述したように、光子に質量がないということは、電磁場が長距離であることのしるしであり、電磁場が長距離であるからには、電荷の定義がある場所で局所的に変わっても、素材全体の物理に全面的な影響は及ばない。だが、もしゲージ不変性がなくなってしまえば、電荷の定義の局所的な変化が現実の物理効果を及ぼすことになるが、そうした変化を打ち消すような長距離の場は存在しえない。長距離の場を取り除くには、光子に質量を持たせるしかない。

　さて、ここでいよいよ最後の難問だ。このようなことが、たまたまわれわれの暮らしている世界では起こりうるのだろうか？　実際われわれは宇宙の超伝導体のようなものに暮らしていて、それゆえに光子に似た重い粒子の質量が発生しうるのだろうか？　これがアンダーソンの提示した、少なくとも通常の超伝導体との類推による、魅惑的な疑問だった。

　この疑問に答えるには、超伝導体の中の光子に質量を発生させるためのちょっとした専門的な妙技を理解しておく必要がある。

　前にも述べたが、電磁波においては電場（E）と磁場（B）が、左の図のように、電磁波の進行方向と垂直の方向で前後に振動する［図15 - 2］。

垂直方向は二つあるから、電磁波は二通りに描くことができる。左の図と同じように電磁波を見ることもできるし、電場と磁場を入れ替えてもいい。これは電磁波が二つの自由度を持っていること、言い換えれば、二種類の偏極を持つことを反映している。

これは電磁力のゲージ不変性から生じるもので、光子に質量がないことから生じると言ってもいい。しかし、もし光子に質量があるなら、ゲージ不変性が破れるだけでなく、三番目の可能性が生じることにもなる。電場と磁場がただ運動方向と垂直に振動できるだけでなく、運動方向に沿って振動することもできるようになるのだ（光子はもはや光速で進んでいないため、粒子の運動方向に沿った振動が可能になる）。

だがそうなると、その質量のある光子には二つではなく、三つの自由度があることになる。この余分の自由度を光子は超伝導体の中でどうやって得られるのか？

アンダーソンは超伝導体におけるこの問題を探った。その解決策は、前に述べたことと密接に関係している。電磁相互作用が起こらない超伝導体の中では、クーパー対の凝縮体にわずかな空間的変化を生じさせることが可能である。クーパー対は互いと相互作用しないから、そのエネルギーコストはいくらでも小さくなれる。しかしながら、電磁相互作用を計算に入れると、その低エネルギーモード（これによって超伝導性が破られる）が、まさしく凝縮体の中の電荷が電磁場と相互作用

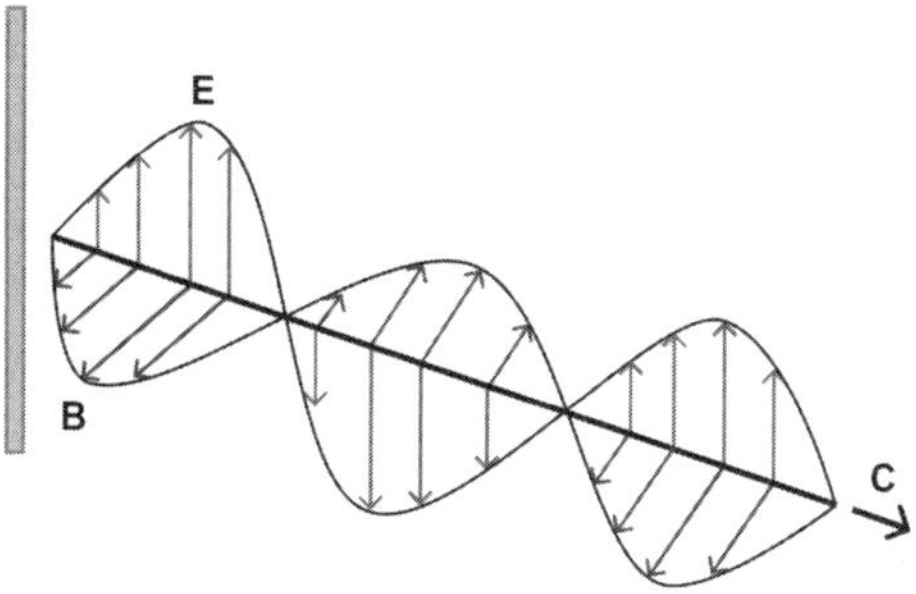

図15-2

することによって消滅してしまう。この相互作用が超伝導体の中の光子に、あたかも質量があるかのようにふるまわせる。超伝導体の中にある質量を持つ光子の新しい偏極モードが、電磁波の通過に応じた凝縮体の振動として発生するのである。

素粒子物理学の言葉で言えば、ほとんどないくらいの小さなエネルギーを持つ粒子に相当する、質量のない南部＝ゴールドストーンモードが、電磁場に「食われて」しまった凝縮体の中で振動して、光子に質量と、新しい自由度を与え、電磁力を超伝導体の中で短距離にするのだ。

アンダーソンは、この現象――超伝導体の中で本来の質量のない光子を消滅させ、本来の質量のない南部＝ゴールドストーンモードも消滅させて、その両方の組み合わせにより、質量のある光子を生じさせる現象――が、強い核力に関連するかもしれない光子に似た重いヤン＝ミルズ粒子の生成という長いあいだの問題に、関係がある可能性を示したのである。

ただしアンダーソンが提示したのはここまでで、超伝導体との類推から発したこのメカニズムが素粒子理論に適用できるかどうかについては、答えを出さないまま残した。かつて南部が超伝導との類推を使って素粒子物理の対称性の自発的破れを考えたものの、のちにアンダーソンが注目した超伝導に関連する現象――超伝導体の中の光子に質量を与えるマイスナー効果――を活かさなかったことで考えが止まってしまったように、今回もまた、これらのアイデアすべてが素粒子物理に明白に適用されるところまではいかなかった。

結果として、基礎的な素粒子物理を理解するのに役立つ可能性のあった超伝導の持つ深い意味合いは、すぐに物理学界に気づかれることなく、あいかわらず影の中に埋もれていた。

それにしても、われわれが宇宙の中の超伝導体のようなものに住んでいるとは、よくも考えついたものである。結局のところ人間は、そうでもしないと理解できないことを説明するために荒唐無稽な話を作り出し、想像上の隠れた原因をひねり出すことができる生き物で、そうした発明の最たる例が、神や悪魔なのだ。何らかの凝縮体でできた隠れた場が空間全体に広がっているという考えも、そうでもしないと説明のつかないものの性質を説明するために考えられたには違いないが、そのような隠れた場の存在で、強い核力はどれだけ真実味を持てるのだろうか？

第十六章　存在の耐えられる重さ：対称性は破られ、物理は固められる

無駄にならないように、余ったかけらを集めなさい。
――「ヨハネによる福音書」六章十二節

人間のドラマがたいていそうであるように、自然の中にも驚くほど詩的なものがある。そして、折しもプラトンがあの洞窟のことを書いていたのと同時期に書かれた、私の大好きな古代ギリシャの叙事詩からは、ある共通のテーマが浮かび上がる。それまで誰の目にもつかないようにされていた美しい宝物が発見される。それを掘り出したのは、まったく縁のなさそうだった少数の幸運な旅人たちで、その発見後、彼らは完全に一変する。

なんとまあ幸運な。そんな可能性が、私に物理を学ばせる原動力だった。自然界の片隅に隠れた、何か新しい美しいものを最初に発見する可能性というロマンは、抗しがたいほど魅惑的だったからだ。この物語はまさしくそのような、自然界の詩が人間存在の詩と混じりあう数々の瞬間を描いたものである。

私がこれから話すエピソードには、ほぼすべての側面にたくさんの詩があるが、それをはっきり見き

わめるには、適切な見方が必要となる。二十一世紀も二〇年目に入ろうという今日、二十世紀の偉大な理論の中でもどれが最も美しいかは、容易に意見の一致するところかもしれない。だが、科学の進歩という現実のドラマを正しく評価するには、美しい理論が必ずしも発表当時には、のちに感じられるほど魅力的には見えないものだということを理解しておく必要がある。たとえて言うなら、それは上等なワインや昔の恋のようなものかもしれない。

だからヤンとミルズのアイデアにしろ、シュウィンガーやほかの人々のアイデアにしろ、ゲージ対称性の数学的な詩にもとづいたアイデアは、その当時ほとんど盛り上がらなかったし、むしろ逆に場の量子論全般も、その最も美しい代表作である量子電磁力学も、自然界のほかの力――弱い核力と強い核力――を記述するための生産的なアプローチではないという考えのほうが主流だった。そうした原子核のスケールにふさわしい距離の短さで働くほかの力に関しては、新しいルールが適用されるに違いなく、そこに古い手法を用いるのは場違いだと、多くの人が感じていたのである。

同様に、その後の南部やアンダーソンによる、材料物理学――多体物理学、凝縮系物理学とも呼ばれる――分野からのアイデアを原子以下の領域にあてはめようとする試みも、多くの素粒子物理学者から拒否された。彼らからすると、そのような新興分野が「基礎的」な物理に何か新しい洞察を与えられるとは、とうてい信じがたかったのだ。この学界全体にあった懐疑的な見方をよくあらわしているのが、陽気な理論家ヴィクター・ワイスコフがコーネル大学でのセミナーで言ったとされている言葉だ。「昨今、素粒子物理学者たちはもはや破れかぶれで、多体物理学で出てきた新しいものを借りてこなければならない始末だ……ひょっとしたら、そこから何かが生まれてくるのではないかと」

この懐疑論にはそれなりの根拠があった。南部の説は、結局のところ、対称性の自発的破れが陽子と中性子の似たような大きな質量を説明するかもしれないというもので、彼はそうであることを期待しながら、パイ中間子の軽さの理由を説明していた。しかしながら彼が借りてきたアイデアは、対称性の自発的破れの特徴となるのがきわめて軽い粒子ではなく、まったく質量のない粒子の存在であるという理解を根本的な前提としていたのだ。

同じくアンダーソンの研究も、たしかに興味深いものだった。しかし、それは非相対論的な凝縮系物理の枠内で——対称性の破れと質量のない粒子は不可分であるという素粒子物理学のゴールドストーンの定理を破ることと組み合わさって——書かれたものだったから、その例において——すなわち超伝導体の中の電磁波において——質量のない状態が消滅すると言われても、やはりそれは素粒子物理学者からはほとんど無視された。

しかしながらジュリアン・シュウィンガーは、ヤンとミルズのゲージ理論が核力を説明するかもしれないという可能性をあきらめていなかった。そして、どのようにして起こるのかは実証できないながら、ヤン＝ミルズ的な粒子が質量を持てる可能性もあると論じ続けた。

そのシュウィンガーの研究に目を留めたのが、当時エディンバラ大学で数理物理学の講師をしていた、温厚な若いイギリス人理論家のピーター・ヒッグスだった。彼のような穏やかな人間が革命的なことをするとは誰も想像しなかった。彼自身もそんなことを望んでいたわけではなかったが、いずれにしても、一部の近視眼的な雑誌編集者のせいで、彼はもう少しでその機会を逃すところだった。

一九六〇年、ちょうど講師に就任したばかりだったヒッグスは、スコットランド四大学合同物理学サマースクール第一回の企画運営委員会の手伝いをするよう頼まれた。このサマースクールは、のちに物理学のさまざまな分野に貢献する権威ある講習会に発展した。ほぼ四年ごとに三週間にわたって開催され、優秀な大学院生と若いポスドク研究員が、先輩科学者による素粒子物理学講義に参加する。合い間の食事には上等なワインが供され、食後には芳醇なウィスキーもふるまわれる。その年の参加学生の中には、未来のノーベル賞受賞者であるシェルドン・グラショウとマルティヌス・フェルトマンがおり、私の個人的意見では同じくノーベル賞をもらってしかるべきだった、ニコラ・カビボもいた。ワインの給仕係を任じられていたヒッグスは、おそらくこの三名が午前の講義に一度も出ていないことに気がついていただろう。彼らは毎晩、夕食時に食堂からくすねてきたワインを飲みながら物理学談義をしていたらしい。ヒッグスはその論議に加わる機会がなかったから、このときグラショウがすでに発表のために投稿していた、電磁力と弱い力を統一する新しい提案の話を聞かされることもなかった。

このサマースクールにも、やはり独特の詩的なものがある。開催地はスコットランドの各地を巡回するが、定期的にセント・アンドリューズに戻ってくる。そこは海沿いの美しい町で、ゴルフの発祥地である有名な「オールド・コース」のすぐ隣だ。一九八〇年に、このセント・アンドリューズでのサマースクールで、ノーベル賞をもらったばかりのグラショウと、フェルトマンの教え子だったことでも有名なヘーラルト・トホーフトが講義をした。私は光栄にも、それに大学院生のひとりとして出席することができた。

遅れて参加した私は、オールド・コースを一望する屋根裏のいちばん小さい部屋をあてがわれ、物理学はもちろん、アルコールも満喫した。講師のひとりだったオックスフォード大学の物理学者グレアム・ロスに、通称ヒマラヤ山脈と呼ばれていた、すぐ隣のミニチュアゴルフのパッティングコースでの勝負で、何杯かおごらされる羽目にもなったが、それもまた楽しかった。トホーフトは、ほとんど異次元の能力を持った物理学者であるというだけでなく、驚くべき芸術家でもある。一九八〇年のサマースクール記念Tシャツのデザインコンテストで優勝したのが彼で、私は今でもそのサイン入りトホーフトTシャツを持っている。たとえeBayが手招きしたって、これを手放すなんてできっこない（このプログラムから二〇年後の二〇〇〇年、今度は講師として、このサマースクールを再訪した。グラショウ、トホーフト、フェルトマン、そしてヒッグスと違って、私はノーベル賞とともに戻ったわけではなかったが、ついにキルトを着用することができた。死ぬ前にぜひともやっておきたいことのリストの項目に、またひとつ印がついた）。

一九六〇年のサマースクールでの仕事を終えたヒッグスは、対称性と対称性の破れについての文献を調べ始め、南部、ゴールドストーン、サラム、ワインバーグ、アンダーソンの研究をじっくりと検討した。ゴールドストーンの定理を、強い核力を仲介するかもしれない質量を持ったヤン＝ミルズのベクトル粒子の可能性と両立させるのは、絶望的なほど難しいことのように思えて、ヒッグスはがっくりと肩を落とした。そして一九六四年、ゲル＝マンがクォークを導入した奇跡の年に、ヒッグスは二つの論文を読んで、ふたたび希望を感じた。

ひとつめの論文は、エイブラハム・クラインとベンジャミン（通称ベン）・リーによるものだった。リーはのちに物理学会議に向かう途中の自動車事故で亡くなるが、生前は世界で最も有望な新進素粒子物理学者のひとりだった。クラインとリーは、ゴールドストーンの定理を回避して、場の量子論では本来的に観測されない質量のない粒子を取り除く方法を提案していた。

もうひとつの論文は、ハーバード大学の若手物理学者、ウォルター・ギルバートによるものだった。ギルバートはその後まもなく、混乱はなはだしい素粒子物理学から去ることを決め、もっとよい場所を求めて分子生物学に転向し、のちにDNA塩基配列決定法の確立に寄与した功績でノーベル化学賞を受賞する。ギルバートはこの論文で、クラインとリーの提案した方法では相対論との矛盾が生じ、したがってその解決法は疑わしいと見られることを示していた。

これまで見てきたように、ゲージ理論には興味深い特性がある。空間内の各点で、系の観測可能な物理的特性をいっさい変えることなく、電荷の正と負の定義をいくらでも変えられるのだ。ただしその条件として、電磁場が電磁相互作用をしていられること、そして、電磁場がその新しい局所的変化のふさわしい原因となるように変化できることが必要となる。その結果として、どんなゲージでも——すなわち、どのようなものであれ、対称性に矛盾しない特定の局所的な電荷の定義と場を使って——数学的計算ができるようになる。対称変換は、あるゲージから別のゲージへの移行を可能にするのだ。

たとえ異なるゲージでは理論がまったく異なって見えようと、この理論の対称性により、物理的に測定可能なあらゆる量の計算が、確実にゲージの選択と無関係にできることになる。言うなれば、見かけの違いはただの幻想となり、物理的に観測可能なあらゆる量の測定値を決定する根本的な物理を反映しない。したがって、計算が容易になるならどのゲージを選んでもかまわないし、たとえほかのゲージで計算しても、物理的に観測可能な量については同じ予言に達するはずだと期待できる。

ヒッグスはシュウィンガーの論文を読みながら、ある種のゲージを選択した場合、ギルバートがクラインとリーの提案に対して指摘したのと同様の、相対論との矛盾という問題がついてまわるようであることに気がついた。しかし、この一見したところの矛盾は、単なる人為的なゲージ選択のなせるわざだった。ほかのゲージでは、その矛盾は消え去ったのだ。したがって、検証可能な物理的予言をするということに関して言えば、そこに相対論との本当の矛盾が反映されることはなかったのである。あるゲージ理論でなら、対称性の自発的破れに関連する質量のない粒子を取り除くというクラインとリーの提案は、やはり有効かもしれなかった。

ヒッグスは最終的に、ゲージ対称性をともなう場の量子論の枠内での対称性の自発的破れは、ゴールドストーンの定理を未然に回避し、質量のない粒子をいっさい残すことなく、強い核力を仲介するかもしれないベクトルボソンに質量を与えるという結論を出した。これならアンダーソンが発見した、非相対論的なケースにおける超伝導体の中の電磁力とも矛盾しない。言い換えれば、強い核力は対称性が自発的に破れるからこそ短距離なのだ。

ヒッグスは週末を何回か使って、ゴールドストーンが対称性の自発的破れを探るために用いたモデルに電磁力を加えたモデルを書き下ろした。その結果、期待していたとおりのものが見つかった。ゴールドストーンの定理によって予言されていた本来的には質量のないモードが、新たな質量のある光子の追加偏極の自由度になっていたのだ。つまりはアンダーソンの非相対論的な超伝導体についての論が、そのまま相対論的な量子場に持ち越されたのである。やはり宇宙は超伝導体のようにふるまえたのだ。

ヒッグスが結果を書き上げてヨーロッパのフィジカル・レターズ誌に投稿したところ、論文はすぐさま却下された。単に査読者からすると、それが素粒子物理学に関係があるとは思えなかったのだ。そこでヒッグスは、自分のアイデアの観測可能な帰結となりそうなものについての追記を何行か加えて、アメリカのフィジカル・レビュー・レターズ誌に投稿した。とくにこのとき、彼はこう書き添えた。「この種の理論の本質的な特徴が、スカラー粒子とベクトル粒子の不完全多重項の予言であることを特筆しておく」

これを普通の言葉に直すなら、要するにヒッグスは、彼のモデルでは質量のないスカラー粒子（別名ゴールドストーンボソン）を取り去って質量のあるベクトル粒子（質量のある光子）を得ることができる一方で、対称性を破ったそもそもの原因である場の凝縮に関連する、その場の痕跡のような、質量のあるスカラー（すなわちスピンのない）ボソンもあわせて存在することを実証したのだ。ここに、ヒッグスボソンが誕生した。

フィジカル・レビュー・レターズはすぐさま論文を受理したが、査読者はヒッグスに、この論文と、一ヵ月ほど前に同誌が受け取っていたフランソワ・アングレールとロベール・ブロウトの論文との関係について説明するよう求めた。ヒッグスにとってもまったく意外だったことに、アングレールとブロウトも独立して、本質的に同じ結論に達していたのである。実際、この二つの論文の類似性はタイトルからも明らかだ。ヒッグスの論文は「破れた対称性とゲージボソンの質量」で、アングレールとブロウトの論文は「破れた対称性とゲージベクトル中間子の質量」だった。名義をいじりでもしないかぎり、これより近い合致は想像しがたい。

驚きの偶然はまだ続くとでも言うかのように、二〇年後、ヒッグスはある会議で南部と出会い、南部が両方の論文の査読者だったことを知った。対称性の自発的破れと超伝導のアイデアを最初に素粒子物理学に持ち込んだ本人が、そのアイデアにいかに先見性があったかを実証した論文の査読をしていたなんて、これ以上にふさわしいことがあるだろうか。そして南部と同じように、この三人の著者もみな、強い核力と、陽子と中性子と中間子がどうしたら大きな質量を持てるかを解明できる可能性にすっかり取りつかれていたのだった。

明らかにこの発見は機が熟していたらしく、一ヵ月ほどのうちに、また別のチームのジェラルド・グラルニク、C・R・ハーゲン、トム・キッブルも、同じアイデアを多く含んだ論文を発表した。ところで、なぜこの粒子はヒッグスボソンと呼ばれ、ヒッグス＝ブロウト＝アングレール＝グラルニク＝ハーゲン＝キッブルボソンと呼ばれないのかと、不思議に思われるかもしれない。その呼び名では舌がもつれそうになるからという明白な答えは別にしても、この三つの論文の中で唯一、対称性の自発的破れをともなう質量のあるゲージ理論に随伴する質量のあるスカラーボソンを明確に予言していたのが、ヒッグスの論文だったのだ。そしておもしろいことに、ヒッグスだけがその追加の所見を含めた理由は、その所見のない最初の論文を却下されていたからだった。

最後にまたひとつ、ちょっとした詩的な話をしよう。元の論文が発表されてから二年後、ヒッグスはもっと長い論文を完成させて、アメリカの各地での講演に招かれ（一九六六年）、そのままアメリカで一年間のサバティカルを過ごした。このころには教授となっていたグラショウのいるハーバード大学でヒッグスが講演したあと、グラショウは「ナイスモデル」を考案したヒッグスに賛辞を述べて、立ち去ったらしい。強い核力にあまりにも気をとられていたせいで、グラショウは気づかなかったのだ――これが、五年前に自分の発表した弱い相互作用理論の問題点を解決する鍵であるかもしれないことを。

第三部　黙示録

第十七章　正しい時期に間違った場所で

惑わされてはなりません。
「悪いつきあいは、善い習慣を損なう」のです。
――「コリントの信徒への手紙　一」十五章三十三節

一般に「ヒッグス機構」と呼ばれるもの（近年ヒッグスがアングレールとともにノーベル賞を受賞してからは、ブロウト、アングレール、ヒッグスの頭文字をとって「ＢＥＨ機構」と呼ばれることもあるが）を記述した三つの論文の六人の著者はみな、自分たちの研究が原子核内の核力についての理解に寄与するのではないかと思ったし、そうであればいいと願ってもいた。どの論文でも、彼らのアイデアを実証できそうな実験方法について検討された部分では強い相互作用について言及されており、とくに、強い核力を仲介する重いベクトル中間子というサクライの提案はすべての論文で参照されていた。著者たちは、原子核の質量と短距離の強い核力を説明する強い相互作用の理論がすぐそこに現れかかっていることを期待した。

私見だが、核物理学全般が強い核力のことで盛り上がっていたのに加え、物理学者たちは別の理由からも、自分の新しいアイデアをこの理論に当てはめようとしたのではないだろうか。強い核力の及ぶ範囲とその強さからして、強い相互作用を仲介するのに必要とされた新しいヤン＝ミルズ型の粒子の質量は、陽子や中性子そのものの質量に匹敵するくらいになるとともに、加速器の中で続々と発見されていたほかの新しい粒子の質量とも同程度になるだろうと考えられた。実験で実際に確認されることは理論家にとって最高の栄誉だから、そうした到達可能なエネルギースケールでの物理を理解することに力を注ぐのはもっともなことだ。そのエネルギースケールなら新しいアイデアや新しい粒子が既存のマシンですぐに検証できたり探れたりする――富はともかく名声はすぐそこに、というわけだ。対照的に、シュウィンガーが示していたように、弱い核力に関連する新しい粒子を含めた理論は、当時の加速器で確認できる質量の大きさより何桁も大きな質量をそれらの粒子に持たせなければならなかった。これは明らかに、もっとあとになってから考えられるべき問題だ――そんなふうに大半の物理学者は思っていたのだ。

強い核力の物理にすっかり心奪われていた大勢のうちのひとりが、若手理論物理学者のスティーヴン・ワインバーグだった。ここにも詩的なドラマがある。ワインバーグはニューヨーク市で育ち、ブロンクス・サイエンス高校に入学して、一九五〇年に卒業した。高校の同級生のひとりがシェルドン・グラショウで、二人はともにコーネル大学に進学し、最初の一学期だけ同じ寮に暮らしたあと、それぞれの道を進んだ。グラショウはハーバードの大学院に入り、ワインバーグはコペンハーゲン――のちにグラショウがポスドク時代を過ごしたところ――を経由してプリンストン大学で博士課程を修了した。一九六〇年代初めには、二人ともカリフォルニア大学バークレー校で教えていたが、同じ一九六六年にバークレーを去ってハーバードに移った。グラショウはハーバードで教授職を得ていたが、ワインバーグのほうはバークレーから休暇をもらっての客員教授としての赴任だった。翌一九六七年にワインバーグはMITに移ったが、一九七三年にはまたハーバードに戻って、グラショウの指導教官だったジュリアン・シュウィンガーが退任したあとのポストと部屋を引き継いだ（ワインバーグが研究室に入ったとき、クローゼットにはシュウィンガーの残した一組の靴が置かれていた。それは明らかに、後任の務めを立派に果たせよとのメッセージであり、実際ワインバーグはみごとにその挑戦に応えた）。ワインバーグが一九八二年にハーバードを去ったとき、そのポストと部屋はグラショウが引き継ぐことになったが、今回クローゼットに靴は残されていなかった。

ワインバーグとグラショウの人生は、おそらく昨今の科学者たちのどの関係にも劣らないほど密接に絡み合っていたが、この二人はおもしろいほどに対照的だ。グラショウの優秀さは、まるで子供のような科学への熱中と一体になっており、彼の強みは細かい計算の能力よりも、むしろ創造性と、実験事情への理解にある。対照的に、ワインバーグは私がこれまで知る中でも最も学者らしい、真面目な（物理学に関して）物理学者だ。皮肉の効いた秀逸なユーモアセンスも持ち合わせている一方で、どんな物理プロジェクトでも軽率に引き受けたりはせず、つねに関連する分野を極めようとする。彼の物理学の教科書はお手本のような名著で、一般向けの本の語り口は明快で見識に富んでいる。古代史に関する本の熱心な読者でもある彼は、自分が今している仕事だけでなく、物理学の試み全般についても、歴史的な視点を余さず伝えてくれる。

物理学に対するワインバーグのアプローチは、まるでスチームローラーだ。私がハーバードにいたとき、私たちポスドクは彼のことをよく「ビッグ・スティーヴ」と呼んでいた。彼が何かの問題に取り組んでいるとき、まわりの人間はそっと脇に寄っているのが賢明だ。さもないと、彼の知力と精力のとんでもないパワーに押しつぶされてしまいそうになる。私がハーバードに来る前、まだＭＩＴにいたときには、当時の友人だったローレンス・ホールが大学院生としてハーバードにいた。ローレンスは研究でも私の前を行き、卒業するのも私より早かった。その彼の体験談によると、のちに自分の学位論文となるワインバーグとの研究を彼が完成させられたのは、ひとえにワインバーグが一九七九年のノーベル賞を受賞したばかりだったからだという。受賞関連のあれやこれやにワインバーグが時間をとられたおかげで、ローレンスは彼に機先を制せられる前に自分の計算を終えられたのだった。

私の人生のとりわけ大きな幸運のひとつは、若いころのキャリア形成期に、グラショウとワインバーグのどちらとも親密に仕事をする機会を得られたことだ。グラショウが私を数理物理学のブラックホールから救い出してくれたあと、彼はハーバードで私の共同研究者となり、その後も何年もいっしょに仕事をした。そして私が素粒子理論について持っている知識のほとんどは、ワインバーグから教わったものだ。ＭＩＴでは課程を履修する必要はなく、ただ試験にさえ受かればいいから、私はＭＩＴで一つか二つだけ物理学の課程を取りながら博士号取得のための研究をしていた。だが、ＭＩＴにいてありがたかったことのひとつは、ハーバードの授業を受けられたことだ。私は当時ワインバーグが教えていた大学院の授業のすべてに混ぜてもらって、場の量子論とそれ以降の進展について教わった。グラショウとワインバーグの二人は私にとって、相補的なロールモデルだった。私は全力を尽くして二人のそれぞれから学んだことを真似しようとしてきたが、たいていの場合、私の「全力」など比較にもならないことを思い知らされるだけだった。

ともあれ、ワインバーグは昔も今も、場の量子論の細部にまで幅広い不動の関心を持っており、一九六〇年代初めには当時の多くの物理学者と同じく、おもにゲル＝マンの研究のおかげでこの分野を席巻していた対称性のアイデアを使って、強い相互作用の性質を理解できるかどうかに全力を注ごうとしていた。

それと同時に、ワインバーグがもうひとつ考えていたのは、南部の研究にもとづいて、対称性の破れのアイデアを活かした原子核の質量の理解ができないものかということだった。ゆえにヒッグスと同様に、対称性の自発的破れには必ず質量のない粒子がともなうというゴールドストーンの結果には、ワインバーグもがっかりした。そこで彼は、何らかの物理学的アイデアに関心を持っているときのほとんどの例に漏れず、自分がそれを立証してやらねばと決意した。したがって、次に書かれた彼のゴールドストーンとサラムとの共同論文では、強く相互作用する粒子と場の枠内での、ゴールドストーンの定理のいくつかの独立した証明が提示された。ワインバーグは対称性の自発的破れを使った強い相互作用の説明ができないようであることにひどく落胆したからか、この論文の草稿に、コーデリアに対するリア王の言葉を引用して「無からは何も生まれぬ。もう一度言ってみよ（Nothing will come of nothing : speak again）」という題辞を付け加えた（私の前著『宇宙が始まる前には何があったのか?』［原題：A Universe from Nothing］から、私がこの引用に必ずしも賛同しない理由はおわかりだろう。有と無の区別をあいまいにするのが量子力学なのだ）。

その後ワインバーグは、ヒッグスの（および別のグループの）出した結果を知った。すなわち、対称性の破れを通じて生じる望ましくない質量ゼロのゴールドストーンボソンが、取り除けるとわかったのだ。もしその破れる対称性がゲージ対称性ならば、質量のないゴールドストーンボソンが消滅して、本来なら質量のないゲージボソンが質量を持つようになるのである。しかしワインバーグは、これにさほどの驚きも感じず、ほかの多くの物理学者と同様に、単なる興味深い専門的技術と見なしていた。

しかも、その一九六〇年代初めには、パイ中間子が多くの面でゴールドストーンボソンに似ているという考えが、ある種の強い相互作用の反応速度についての近似式を導出するのに役立っていた。したがって、強い相互作用においてゴールドストーンボソンを取り除くという考え方は、以前ほど魅力的ではなくなっていた。ワインバーグはこの時期の何年かを費やして、それらのアイデアをじっくり検討した。その結果、強い相互作用に関連すると考えられる一部の対称性が自発的に破れ、強い相互作用を伝えるさまざまな強く相互作用するベクトルゲージ粒子がヒッグス機構を通じて質量を獲得できるようになる理論を考案した。しかし問題は、この理論の盾となる最初のゲージ対称性を損なわずには、理論を観測と一致させられないということだった。この問題を避けて、必要となる最初のゲージ対称性を保持するには、一部のベクトル粒子が質量を持つようになり、ほかのベクトル粒子が質量を持たないままでいるしかなかった。だが、それは実験とは一致しなかった。

そんな一九六七年のある日、ＭＩＴに向かって車を運転しているときに、文字どおりの意味でも比喩的な意味でも、ワインバーグは光を見た（ちなみに私はボストンでスティーヴの運転する車に乗せてもらったことがある。おかげさまで生きているからこの話ができるものの、彼が物理学のことを考えているときには、ほかの車のような大きな質量のものへの意識が完全に消失してしまうことを目の当たりにさせてもらった）。ワインバーグは突然、気づいた。おそらく自分も、ほかの全員も、対称性の自発的破れというアイデアを使おうとしていたのは正しかったのだ。ただし、それを間違った問題に当てはめていたのだ！　自然界の別の例には、質量のないものと質量のあるもの、二種類のベクトルボソンが関わっているのではないか。その質量のないベクトルボソンのほうが光子で、質量のある粒子のほうは、一〇年前にシュウィンガーが推論していた弱い相互作用を仲介する質量のある粒子なのではないか。

もしそのとおりなら、弱い相互作用と電磁相互作用は、統一された一組のゲージ理論で記述できる。

そのうちあるものは電磁相互作用に相応し（こちらでは対称性は破られていない）、あるものは弱い相互作用に相応する。そしてゲージ対称性が破られた結果が、その相互作用を仲介するいくつかの質量のある粒子なのだ。

その場合、われわれの住んでいる世界はまさしく超伝導体のようなものである。

弱い相互作用が弱いのは、われわれの現在の宇宙における場の基底状態が、本来ならば弱い相互作用の対称性を支配するゲージ対称性を破っているという単純な偶然のせいなのだろう。したがって光子に似たゲージ粒子が質量を持ち、シュウィンガーが予想したように、弱い相互作用がきわめて短距離になるために、陽子や中性子の長さスケールでもほとんど消えてしまうのだろう。これならば、中性子崩壊がきわめてゆっくり起こるのも説明がつく。

弱い相互作用を仲介する質量のある粒子はわれわれからすると、超伝導体の中に住んでいる仮想の物理学者から見た光子とちょうど同じように見える。電磁力と弱い相互作用との区別についても、あの窓ガラスにできた氷の結晶に住んでいる物理学者が氷の伸びる方向に沿って働く力と、その垂直の方向に働く力に対してつける区別と同じくらい、架空のものになる。われわれが感知する世界において、あるゲージ対称性が破れていて、また別のゲージ対称性が破れていないのは、単なる偶然によるものなのだ。

ワインバーグは、強く相互作用する粒子についてはあえて考えたくなかった。そちらの状況はいまだ混沌としていたからだ。そこで彼は、弱い相互作用か電磁相互作用を通じてのみ相互作用する粒子について考えることにした。すなわち、電子とニュートリノである。弱い相互作用は電子をニュートリノに変えるから、彼が想定すべき一連の粒子は、そうした変換を生むであろう、電荷を持った光子のような粒子だった。それはほかならぬ、シュウィンガーが想像した電荷を持つベクトルボソンであり、慣例的にW^+粒子、W^-粒子と呼ばれていた。

弱い相互作用によって混じりあうのは左巻きの電子とニュートリノだけだったから、ある種のゲージ対称性は、左巻きの粒子とW粒子との相互作用だけを支配していると考えられた。しかし、右巻きの電子と左巻きの電子はともに光子と相互作用するわけだから、電磁力のゲージ対称性をこの統一モデルに組み込むには、どうにかして、左巻きの電子が光子のほかに電荷を持った新しいW粒子とも相互作用しつつ、右巻きの電子は光子とだけ相互作用して、W粒子とは相互作用しないようなかたちにしなくてはならなかった。

数学的には、この条件をかなえる唯一の方法が――シェルドン・グラショウが六年前、電弱統一について考えていたときに発見していたように――もうひとつ追加の中性のウィークボソンがあって、右巻きの電子も左巻きの電子も光子と相互作用するほかに、この中性の（電荷ゼロの）ボソンとは相互作用すると仮定することだった。この新しいボソンを、ワインバーグはゼロの頭文字をとってZ粒子と名づけた。

そして弱い相互作用を支配する対称性が自発的に破れるには、空っぽの空間の中に凝縮を形成する新しい場が自然界に存在していなくてはならなかった。この場に関連する素粒子が質量を持つヒッグス粒子で、ヒッグスが最初に提唱した機構により、残っていたゴールドストーンボソンの卵はWボソンとZボソンに食われて質量を持つようになる。そうなれば、もはや質量のないゲージボソンは光子しか残らなくなる。

だが、それだけではない。彼が導入したゲージ対称性のおかげで、ワインバーグの新しいヒッグス粒子は電子とも相互作用するから、凝縮が形成されれば、その効果がW粒子やZ粒子とともに電子にも質量を与える。したがって、このモデルにより弱い力を仲介する――したがって、その力の強さも決定する――ゲージ粒子の質量が説明されるだけでなく、同じヒッグス場によって電子に質量が与えられることにもなるのだ。

弱い相互作用と電磁相互作用の統一を果たすのに必要とされるすべての要素が、このモデルにはそろっていた。しかも、対称性の破れの前に、質量のないゲージボソンをともなうヤン＝ミルズのゲージ理論から始まっていたことにより、量子電磁力学で最初に活用されたのと同じゲージ理論の驚くべき対称性の性質が、この理論でも有限の妥当な結果を導いてくれるかもしれないという期待があった。質量のある光子に似た粒子を備えた基礎的な理論には明らかに異常があったが、もし質量が対称性の破れのあとの結果でしかないのなら、そうした異常も出てこないのではないかと期待された。しかし当時の段階では、それはあくまでも期待だった。

現実的なモデルでは明らかに、ヒッグス粒子は電子とだけでなく、弱い相互作用に関わる別の粒子とも結合することになる。ヒッグス場の凝縮がなければ、それらの粒子も、陽子も、それを構成している粒子も、ミュー粒子も、すべての粒子がまったく質量を持たなくなってしまう。つまり、われわれの存在に寄与するあらゆる面、われわれをつくっている質量を持つ粒子の存在そのものは、たまたまわれわれの宇宙で特定のヒッグス場の凝縮が形成されるという、自然の偶然によって生じているのだ。われわれの世界をこのようなものにしている独自の特徴――銀河、星、惑星、人間、それらすべての相互作用――は、もしもその凝縮が形成されていなければ、まったく違うものになっていただろう。

あるいは凝縮が違ったかたちで形成されていた場合でも。

あの寒い冬の朝、窓ガラスの氷の結晶に住む想像上の物理学者の感知した世界が、もし結晶の並びの方向が違っていたならまったく違うものになっていたと思われるように、われわれの存在を許しているこの宇宙の特徴も、すべてヒッグス場の凝縮の性質に決定的に依存する。われわれの住む世界を構成している場と粒子の性質がどれほど特別に思えようと、それは特別でもなんでもなく、誰かが計画したものでも意味のあるものでもなく、氷の結晶の突起の方位となんら変わらない、ただの偶然の産物なのだ——たとえ結晶に住んでいる生き物からすれば特別で意味のあることのように思えたとしても。

最後にまたひとつ詩的な話をしよう。ワインバーグが一九六七年に引き寄せられ、アブドゥス・サラムも一年後にひょっこり出会うことになるユニークなヤン＝ミルズ理論は、じつは六年前にワインバーグの高校の同級生であるシェルドン・グラショウが、弱い相互作用と電磁相互作用を統一するかもしれない対称性を見つけようというシュウィンガーからの課題に答えて提案したモデルそのものだったのだ。それ以外の選択では、今日われわれがこの世界に見ているものを数学的に生み出せなかった。グラショウのモデルはその後しばらく、ほとんど無視された状態だった。なぜなら当時は、ウィークボソンに質量を与える機構がまったくわかっていなかったからだ。だが、いまや、その機構が存在するようになった。ヒッグス機構がそれである。

ワインバーグとグラショウは、子供のころから人生を交差させてきて、のちにノーベル賞をサラムも含めて共同で受賞することにもなった。ただしそれは、完全に独立してなされた発見によるものだ。彼らが発見したものは、マクスウェルが電気と磁気を統一し、アインシュタインが空間と時間を統一して以来の、物理学理論における最高に偉大な統一だった。

第十八章　霧が晴れる

その声は全地に
その語らいは世界の果てにまで広がり出た。

――「詩編」十九編四節

ワインバーグの論文が世に出たときには、世界中の物理学者が花火を打ち上げてパーティーに興じたことだろう、と思われるかもしれない。しかしながら、ワインバーグの論文が発表されてから三年間、物理学者は誰ひとり、ワインバーグ本人でさえ、その論文を参照する必要に出会わなかった。いまや素粒子物理学において抜群の割合で引用されている論文が、である。自然についての偉大な発見がなされていても、まだ誰もそれに気づかないままだったのだ。

思えば、マクスウェルの統一は、光が第一原理から速度を計算できる電磁波であるという美しい予言をなしたところ、おやおやたしかに、その予言は測定された光の速さに等しかった。アインシュタインによる空間と時間の統一も、運動している観測者にとっては時計の進みが遅くなると予言したところ、おやおやたしかに、そのとおりであり、しかも細部までアインシュタインの予測に一致していた。翻って一九六七年、グラショウとワインバーグとサラムによる弱い相互作用と電磁相互作用の統一は、三つの新しいベクトルボソンを予言したが、それらの粒子は、それまでに検出されていたどの粒子より一〇〇倍ほども重いとされていた。さらにこの統一は、電子とニュートリノと物質との新しい相互作用も予言したが、その相互作用を仲介するZ粒子は、一度も見られたことのない新しい粒子というだけでなく、多数の実験からも存在しないと示唆される粒子だった。そのうえ、この統一は、自然界に存在する基礎的なスカラー粒子などひとつも知られていなかった時代に、新しい、いまだ観測されたことのない、質量を持った基礎的なスカラーボソン、すなわちヒッグス粒子の存在を必要としてもいた。そして決定的なことに、これは一種の量子論だったが、当時はまだ誰もそれがまともな理論なのかどうかわかっていなかった。

このアイデアにすぐに火がつかなかったのも納得だ——と思える状況ではあったが、一〇年もしないうちに、その状況が一変して、量子力学の発見以来、素粒子物理学にとって最も理論的に多産な時代が到来することになる。弱い相互作用の理論がその勢いに先鞭をつけ、やがて、はるかに大きな進展につながったのである。

＊＊＊

進歩の勢いをせき止めていた堤防に最初のひびが入ったのは、思えばふさわしいことに、一九七一年、オランダの大学院生ヘーラルト・トホーフトの研究が発表されたときだった。私が彼の名前のつづり（Gerard 't Hooft）を忘れたことがない理由は、抜群に優秀でウィットに富んでいたハーバード大学の元同僚、故シドニー・コールマンが、もしヘーラルトがカフスボタンにイニシャルを入れるならアポストロフィーが必要になる、とつねづね言っていたからだ。一九七一年以前にも、多くの世界有数の理論家が、自発的に破れるゲージ理論においても破れない理論と同様に、場の量子論につきまとう無限大が消えるのかどうかを解明しようとしていた。しかし、答えはなかなか出ないままだった。ところが驚くべきことに、熟練したプロ——マルティヌス・フェルトマン——の指導下で研究していた若い大学院生が、ほかの誰もが見落としていた証拠に気がついた。私たち物理学者にとってはよくあることだが、新しい結果を提示されると、その詳細をよく調べてみて、そこであらためて、これを自分が発見していたならと想像する。しかしトホーフトが見抜いたことの多くは——および、多かれ少なかれ彼の理論的発明から導かれた、一九七〇年代の新しいアイデアのほぼすべては——まるでどこぞに隠れた直感の宝庫からいきなり出てきたもののようだった。

ヘーラルトに関してもうひとつ驚くべきことは、彼の並外れた穏やかさ、内気さ、控えめさである。まだ学生のうちにその分野で有名になったような人物なら、多少は偉そうなところがあるんじゃないかと思うのが常である。しかし私が初めて彼に会ったときから——前にも触れたように、私が一介の大学院生だったときだが——彼は私を興味深い友人のように扱ってくれ、ありがたいことに、以来その関係はずっと続いている。私も内気そうな、おどおどした若い学生に会ったときは、つねにこの姿勢を忘れないようにしているし、ヘーラルトの分け隔てない寛大な精神につねに倣いたいと思っている。

一方、彼の指導教官だったマルティヌス（通称ティニ）・フェルトマンは、これ以上ないくらいに教え子とは違っている。これはティニが楽しくない話し相手だという意味ではない。しかし彼と議論を始めた瞬間に、私ははっきりと思い知らされた——自分が何を言おうと、じつはそれを自分でもよく理解していないのだということを。そうした課題を突きつけられるのは、いつだって楽しかった。

ここで特筆しておきたいのは、もしフェルトマンがこの問題に——ほかのほとんど誰もがあきらめていた問題に——執着していなかったら、トホーフトがそれにアプローチすることもまずなかっただろうということだ。ファインマンたちが量子電磁力学を扱いやすいものにするために考案した技法を拡張すれば、最終的に、自発的に破れるヤン＝ミルズ理論のような複雑な理論も理解できるのではないかという考えは、あまりにも純真すぎるというのが、この分野の大半の見方だった。しかしフェルトマンはその方針に固執した。そして賢明にも、自分を助けてくれるもうひとりの天才である大学院生を見いだしたのだった。

トホーフトとフェルトマンのアイデアが十分に理解され、トホーフトの考案した新しい技法が広く採用されるようになるまでには、しばしの時間がかかった。しかし一年ほどのうちに、世の物理学者たちは、ワインバーグが提案し、のちにサラムも提案した理論が、理にかなっていることに同意した。ワインバーグの論文の引用数は、突如として指数関数的に増えていった。しかし理にかなっているからといって、必ずしも正しいとは限らない。自然は本当に、グラショウ、ワインバーグ、サラムが提唱していたような理論を使っているのか？

それこそが未解決の重要な問題であり、しばらくのあいだ、答えはノーであるかのように思われた。この理論で必要とされたZボソンの存在は、重要な追加だった。数年前のシュウィンガーらの理論において、中性子が陽子と電子とニュートリノに変わるのに必要とされた電荷を持つ粒子のほかに、また別の新しい中性の粒子があるというのである。それはすなわち、電子とニュートリノにとってだけでなく、陽子と中性子にとっても、新しい中性の粒子の交換によって仲介される、新しい種類の弱い相互作用があるということだった。このケースでは、電磁力の場合と同様に、相互作用する粒子の種類が変わらない。そのような相互作用は中性カレント相互作用と呼ばれるようになっており、この理論を検証する明らかな方法は、まさにその相互作用を見つけることだった。そして、それが最も見つかりそうな場所は、弱い相互作用だけを感じる自然界で唯一の粒子、すなわちニュートリノの相互作用の中だった。

ご記憶かもしれないが、グラショウの一九六一年の提案がまったく注目されなかったのも、そうした中性カレントを予言していたことが理由のひとつだった。とはいえ、グラショウのモデルは完全な理論ではなかった。粒子の質量が手動で方程式に入れられていただけだったから、結果として量子補正を制御できていなかった。しかしワインバーグとサラムの電弱統一モデルが提案されたときには、詳細な予言をするのに必要な要素がすべて出そろっていた。Z粒子の質量も予言され、トホーフトが明らかにしていたように、あらゆる量子補正も量子電磁力学の場合と同じくらい信頼に足る精度で計算できた。

それ自体はよかったが、まずかったのは、おそらく出るであろう観測との不一致にまったく言い訳の余地がなくなることだった。そして実際、一九六七年には、そうした不一致が現れた。ニュートリノと陽子との高エネルギー衝突において、そのような中性カレントはいっさい観測されなかった。このときの上限設定は、もっとおなじみの、中性子崩壊のような、電荷が変化するニュートリノと陽子の弱い相互作用で観測される頻度の約一〇パーセントとされていた。明らかに風向きはよろしくなく、ほとんどの物理学者は、弱い中性カレントは存在しないものと推測した。

ワインバーグはこの探求に既得権を持っているようなものだったから、当然ながら一九七一年に、余地はまだあると主張した。だが、その見方は、ほかの物理学者全般からは支持されなかった。

一九七〇年代の初めに、欧州合同原子核研究機構（ＣＥＲＮ）で、新しい実験が実施された。これは当地の陽子加速器を使って、高エネルギーの陽子を長距離ターゲットにぶつけるというものだった。その衝突で生成される粒子のほとんどはターゲットに吸収されるが、ニュートリノは相互作用がきわめて弱いため、吸収されることなくターゲットを貫通し、反対側から出てくることになる。その結果、高エネルギーのニュートリノビームが途中に設置された検出器に当たって、ニュートリノが検出器の素材と相互作用しているかもしれない希少な事象が記録できるというわけだ。

新しく建設された巨大な検出器には、フランスの作家ラブレーの物語に出てくる巨人族のガルガンチュワの母親にちなんで、ガーガメルという名がつけられた。この縦横五メートル×三メートルの巨大な「泡箱」を過熱した液体で満たし、その中を高エネルギーの荷電粒子が通れば泡の軌跡ができるようにする。言うなれば、上空の飛行機そのものが見えなくても、その軌跡が飛行機雲からわかるようなものだ。

おもしろいことに、ガーガメルを建設した実験家たちが一九六八年に会合を開いて今後のニュートリノ実験の計画を議論したとき、中性カレントを探すというアイデアは話題にものぼらなかった。いかにこの問題が当時の物理学者の多くから決着済みと思われていたかがよくわかる。それよりも彼らにとってはるかに関心があったのは、少し前にスタンフォード線形加速器センター（ＳＬＡＣ）で実施されていた、高エネルギー電子を使って陽子の構造を探るという刺激的な実験の追跡確認ができるかどうかだった。電子の代わりにニュートリノを使えば、電荷を持たないというニュートリノの性質により、より精密な測定ができるのではないかと期待されたのだ。

しかし一九七二年にトホーフトとフェルトマンの結果が出されると、実験家たちもゲージ理論による弱い相互作用の記述、とくにグラショウ＝ワインバーグ＝サラム理論を真剣に考慮しはじめた。それはつまり、中性カレントを探すということだった。ガーガメル共同実験はそのために設計されたものではなかったが、原理的には、そのための能力を持っていた。

高エネルギービーム内のニュートリノの大半は、ターゲット内の陽子と相互作用して、電子の重い片割れであるミュー粒子に変わるはずだった。そのミュー粒子がターゲットから出るときに、荷電粒子の長い飛跡を検出器の端まで残していく。一方、陽子は中性子に変わるが、その中性子自体は飛跡を生まず、原子核に衝突して、そこで生じた荷電粒子の短いシャワーが飛跡を残す。したがって実験は、ミュー粒子の飛跡とともに、それにともなう荷電粒子のシャワーを検出できるように設計されていた。これが一回の弱い相互作用から現れる二つの異なる信号だった。

しかし、ときにニュートリノは検出器の外の物質と相互作用することもある。そのとき生じた中性子が跳ね返って検出器に入り込み、そこで相互作用を起こすかもしれない。そうした事象は、中性子の衝突によって生じた強く相互作用する粒子のシャワーだけからなり、ミュー粒子の飛跡はともなわない。

ガーガメルで中性カレントの事象を探すとなったとき、まさにこうしたミュー粒子をともなわない荷電粒子のシャワーこそ、科学者たちの注目すべき信号となった。中性カレント事象においては、検出器内の中性子や陽子と相互作用したニュートリノが荷電ミュー粒子に変化せず、ただ跳ね返るだけで、観測されないまま検出器を抜けていく。したがって観測されるのは核反跳シャワーのみとなる。それはすなわち、より標準的な、ニュートリノの検出器外での相互作用から現れるシグネチャーと同じものだ。ニュートリノが検出器の外で相互作用して、そこから中性子が生じ、その中性子が反跳して検出器に入り、そこで核シャワーを生み出すという流れである。

そうなると問題は、この実験で中性カレント事象を明確に検出するつもりなら、そうした中性子由来の事象からどうやってニュートリノ由来の事象を区別するかである（この問題は、どの弱く相互作用する粒子を探す実験にとっても主要な課題となっている。現在、世界中の地下検出器で探されている、推定上のダークマター粒子についても同様だ）。

一九七三年の初めに、検出器の中にほかの荷電粒子の飛跡をともなわない、一個の反跳電子が観測された。これは、ニュートリノが陽子や中性子とではなく電子と衝突したときに予言される珍しい中性カレントから生じうるものだった。しかし一般に、素粒子物理学で新しい発見がなされたと明確に主張するには、一回の事象だけでは十分でない。とはいえ、これが希望を生んだのはたしかであり、一九七三年三月までには中性子のバックグラウンドが入念に解析され、独立した粒子シャワーが観測されて、いよいよ弱い中性カレント相互作用が本当に存在する証拠が出たかと思われた。にもかかわらず、確定はなかなか出されず、一九七三年七月、ようやくＣＥＲＮの研究者たちは中性カレントの検出を確信もって主張するのに十分な数のチェックを完了させて、八月にボンで開かれた会議の場で、ついにその主張を発表した。

話はここで終わっていてもよかったのだが、残念ながら、その後まもなく、中性カレントを探していた別の共同チームが自分たちの装置を再チェックしたところ、以前の中性カレントの信号が消えてしまっていたことが判明した。これによって物理学界に深刻な混乱と懐疑が生じ、中性カレントはふたたび疑わしいものになってしまった。最終的に、ガーガメルのチームは振り出しに戻り、陽子ビームを直接使って検出器を試験し、いっそう大量のデータを集めた。ほぼ一年後の一九七四年六月の会議で、ガーガメルのチームは圧倒的な説得力で信号の確認を発表した。一方、相手チームは自分たちのエラーの原因をつきとめ、ガーガメルの結果が正しかったことを認めた。こうしてグラショウ、ワインバーグ、サラムの説の正しさが証明された。

中性カレントが現れた以上、弱い相互作用と電磁相互作用の驚くべき統一は、もう目前だと思われた。だが、まだ解決されていない二つの問題が残っていた。

ニュートリノ散乱における中性カレントの存在は、Z粒子が存在するという考えが正しいことの証明ではあったが、弱い相互作用がグラショウ、ワインバーグ、サラムの提案するとおりのもので、電磁相互作用と統一されてかまわないことを保証してはいなかった。本当にそれでよいのかを探るには、弱い相互作用と電磁相互作用の両方に関わる粒子を使った実験が必要だった。その意味で、電子は理想的だった。電子が感知する相互作用はその二つだけだからである。

電子が電磁気の引力によって別の電荷と相互作用するとき、左巻きの電子と右巻きの電子はまったく同じふるまいをする。しかしながらグラショウ＝ワインバーグ＝サラム理論にしたがえば、弱い相互作用は左巻きの粒子と右巻きの粒子とで異なっていなくてはならない。だとすれば、さまざまなターゲットからの偏極電子――磁場を使って最初に左巻き状態や右巻き状態にさせられている電子――の散乱を綿密に測定すれば、左巻きの対称性の破れが明らかになるはずだ。ただしそれは、ニュートリノ散乱で観測される破れほどの極端な非対称にはならない。ニュートリノは純粋に左巻きだからだ。電子散乱における破れの度合いは、もしそれが存在しているならば、弱い相互作用と電磁相互作用が統一理論で混ざりあう度合いを反映しているだろう。

そうした電子散乱を使っての干渉を検証するというアイデアは、じつは早くも一九五八年、ソ連の驚異的な物理学者ヤーコフ・B・ゼルドビッチによって提案されていた。しかし二〇年が経たないと、十分に高精度の実験は実施できなかったというわけだ。そして中性カレントの発見の場合、成功までの道程には無数の深い穴があり、途中で曲がり角を間違えることも何度もあった。

　このアイデアを検証するのにこれだけ長い時間がかかった理由のひとつは、弱い相互作用が弱いからだ。電子の物質に対する主要な相互作用は電磁相互作用であり、あると想定されるZ粒子の交換によって予言される左右対称性は小さく、一万分の一よりも小さい。それほど小さな対称性を検証するには、強力なビームと最初の偏極が確実に決定されているビームの両方が必要となる。

　そうした実験をするのに最適な場所は、ＳＬＡＣだった。ここに一九六二年に建設された全長およそ三キロメートルの線形電子加速器は、史上最も長く、最もまっすぐな建造物である。一九七〇年には偏極ビームが導入されたが、ようやく実験が設計され、電子散乱での電弱干渉を探すのに必要な精度で稼動できるようになったのは、一九七八年のことだった。

　一九七四年に中性カレントの観測が成功したことによって、理論家のあいだでグラショウ＝ワインバーグ＝サラム理論は広く受け入れられるようになりかけていたが、一九七八年のＳＬＡＣ実験の重要性が決定的に高まったのは、一九七七年に二つの原子物理学実験が、ある結果を報告していたからだった。その結果が正しかったなら、グラショウ＝ワインバーグ＝サラム理論は間違いなく却下されるのだ。

　本書のここまでの物語では、つねに光が決定的な役割を果たしてきた。電気と磁気についての理解だけでなく、空間、時間、そして最終的には、量子世界の性質についての理解にまで、（月並みな比喩で申し訳ないが）光を当ててくれたのである。そして今回もまた、期待される電弱統一を探るのに光が役立ってくれることがわかった。

　量子電磁力学の最初の大成功は、水素のスペクトルの予言が正しかったこと、そしてのちには、ほかの元素についても正しい予言ができていたことだった。しかし、もし電子が弱い力も感じるのであれば、電子と原子核のあいだにはわずかな追加の力も働いて、電子の原子軌道の特徴を――わずかにではあるが――変えるはずだと考えられる。たいていの場合、その変化を観測することは不可能だ。電磁効果が弱い力の効果を圧倒してしまうからである。しかし、弱い相互作用はパリティを破るから、まさに偏極電子ビームを使って探られていた弱い相互作用と電磁相互作用の中性カレント干渉が、電磁力しか関わっていない場合であれば消滅してしまうような新しい効果を原子に生じさせるかもしれない。

とくに、重い原子の場合、グラショウ＝ワインバーグ＝サラム理論では、偏極した光が原子のガスの中を伝わった場合、光の偏極の方向が一〇〇万分の一度ほど回転すると予言されていた。それはパリティを破る中性カレントの効果が、光の通過する原子にあらわれるためだった。

一九七七年、シアトルとオックスフォードで行なわれた二つの独立した原子物理実験の結果が、フィジカル・レビュー・レターズ誌の連続記事で発表された。それはがっかりするような結果だった。期待されたような光の回転は、電弱理論での予言の一〇分の一の度合いでも見られなかったのだ。もしこの結果を報告した実験が一つだけだったなら、結果に対してもう少し疑いも持てただろう。しかし、別々の技法を使った二つの独立した実験が同じ結果を出しているからには、その結果は決定的と思われた。電弱理論は却下されたかと思われた。

しかしながら、三年前から始まっていたＳＬＡＣ実験は順調に進行中で、あらゆる実験準備が開始されていたから、実験は予定どおり一九七八年初めにデータ取得に取りかかることを認められた。これに先立つ原子物理実験での否定的な結果を受けて、スタンフォードのチームはいくつかの機能を実験に追加し、効果がまったく見られなかった場合でも、もしそうした効果があれば必ず見つけられていたはずだと断言できるようにしておいた。

二ヵ月のうちにパリティの破れの明らかな信号が見え始め、一九七八年六月には、ゼロでない結果が発表された。つまり、Z相互作用の強さを測定したニュートリノ中性カレント散乱の測定にもとづいての、グラショウ＝ワインバーグ＝サラム理論の予言に一致したということである。

とはいえ、まだ疑念は残った。ことに、シアトルとオックスフォードでの実験の結果と一致しないようであるのはどう考えたらいいのか。リチャード・ファインマンはこれをテーマにしたカルテックでの講演で、いかにも彼らしく、ある重要な見逃せない実験上の問題に的確に目をつけて、SLAC実験は検出器が左巻きの電子と右巻きの電子に対して等しく反応したことを確認したのかという疑問を呈した。その確認はなされていなかったが、それには理論的な理由があった。検出器が異なる偏極に対して異なるふるまいをすると考える理由がなかったのである（ファインマンは八年後、あの悲劇的なチャレンジャー号爆発事故のあとにも、同じように複雑な問題の核心に切り込んだことで知られる。彼は調査委員会に対して、およびテレビで一連の進行を見ていた一般大衆に対して、Oリングの密封性の不備をあっさり実証してみせたのである）。

その年の秋まで、SLAC実験はこの懸念をはじめとして、いくつか挙げられていた疑問点をすべて除外するための努力を続け、ようやく秋の終わりに、一〇パーセント以下の不確実性でグラショウ＝ワインバーグ＝サラム理論の予言に一致するという最終結果を報告した。かくして電弱統一は立証された！

今もって、あの最初の原子物理実験の結果がどうして間違ったかは謎であり、おそらく納得のいく説明は出ていないと思う（その後の実験はグラショウ＝ワインバーグ＝サラム理論に一致した）。ただ言えるのは、あの実験そのものも、実験の理論的な解釈も、簡単なものではなかったということだ。

しかし、それからわずか一年後の一九七九年十月、シェルドン・グラショウ、アブドゥス・サラム、スティーヴン・ワインバーグの三人は、晴れて実験によって立証された電弱理論を考案した功績でノーベル賞を受賞した。これで自然界の四つの力のうちの二つが、ゲージ不変性というたったひとつの対称性にもとづいて、統一されたわけである。もしゲージ対称性が破れていなかったら、実際に目には見えないが、弱い相互作用と電磁相互作用はまったく同じものとして見えていただろう。だがそうなると、われわれを構成しているあらゆる粒子は質量を持たなくなり、われわれが今ここでそれに気づくこともなくなっている……。

だが、話はここで終わりではない。四つのうちの二つでは、まだ四つのうちの二つでしかない。電弱統一につながった研究の大半の動機となっていた強い相互作用は、電弱理論がかたちをなしても、あいかわらず頑固に、これを説明しようとするあらゆる試みを撥ねつけていた。ゲージ対称性の自発的破れを介しての強い核力の説明は、いずれも実験の試練に耐えられていなかった。

そんなわけで、二十世紀の「科学者」という哲学者たちが、影の支配するわれわれの洞窟の外に出ていって、ほとんど光の差さない曲がりくねった道でつまずきながら、表面の下に隠れた現実をときどきちらりと見たとしても、物質の基礎的な構造を理解するのに関連するもうひとつの力は、現れかけている自然の美しいタペストリーからはっきりと抜け落ちていたのだった。

第十九章　ついに自由に

私の民を去らせよ。

――「出エジプト記」九章一節

電弱統一にいたるまでの長い道程は、知的な粘りと工夫のすばらしい集大成だった。だが、それはたいへんな回り道の連続でもあった。ヤン、ミルズ、湯川、ヒッグス、その大勢によって導入された、この電弱理論につながる主要なアイデアのほとんどすべては、もともと自然界における最も強い力、すなわち強い核力を理解しようとして、なかなかうまくいかない苦闘の中で発展したものなのだ。すでに述べてきたように、この強い力と、そのあらわれである強く相互作用する粒子は、物理学者たちをさんざん悩ませてきた。結果として、いまや電磁力と弱い力の両方をみごとに記述している場の量子論でも、一九六〇年代の物理学者の多くは、その技法を通じて強い力を説明しようとする望みをほとんど持たなくなっていた。

とはいえ、うまくいったこともないではなく、その中心にあったのがゲル＝マンとツワイクの出した説である。陽子や中性子など、これまでに観測されている強く相互作用する粒子はすべて、もっと基礎的な要素、すなわち前にも述べた、ゲル＝マンがクォークと名づけたもので構成されていると理解することができる。強く相互作用する粒子は、既知のものも、その時点で発見されていないものも含めて、すべてクォークでできているという仮定のもとで分類することができた。さらに言えば、ゲル＝マンがそのモデルを思いつくきっかけとなったのが対称性についての議論で、これが、強く相互作用する物質の反応に関連するややこしいデータに、ある程度の筋道をつけるにあたっての基盤として役立った。

しかしゲル＝マン自身は、自分の考えた体系があくまでも分類にとって有用な数学的構築物にすぎないかもしれず、クォークが現実の粒子をあらわしているとは限らないと思っていた。結局のところ、加速器実験や宇宙線実験で自由クォークが観測されたことは一度もなかったのだ。それにおそらくゲル＝マンは、場の量子論も、ひいては素粒子という概念そのものも、ともに原子核スケールでは破綻するという、そのころ人気のあったアイデアに影響されていた。のちの一九七二年の時点でも、ゲル＝マンはこう述べている。「最後にわれわれの要点を強調しておくと、クォークと、ある種のにかわ（グルー）にもとづいて、ハドロンの明確な理論を構築することは可能だろう。……われわれの出発点となっているものは架空の存在だから、ブーツストラップの……視点となんら矛盾するものではない」

この状況から見るかぎり、強い相互作用を、力を仲介する現実のゲージ粒子を備えたヤン＝ミルズのゲージ場の量子論で記述しようとするのは場違いであり、したがって不可能であると思われた。強い力は原子核スケールにおいてのみ作用すると見られるのだから、それをゲージ理論で記述するとすれば、強い力を伝える光子に類似した粒子が重くなっていなくてはならない。しかし、ヒッグス機構を示唆するような証拠はいっさいなく、もし質量があって強く相互作用するヒッグス粒子のような粒子があったなら、とっくに実験で検出されていただろう。加えて、強い力は文字どおり強いので、たとえこれをゲージ理論で記述したとしても、予言を導くために考えられた場の量子論の技法はどれも——ほかの力については文句なくうまくいったとしても——強い力に適用したとたんに破綻してしまうだろう。だからゲル＝マンは先ほどの引用で「ブーツストラップ」仮説に言及していたのだ。この禅のようなアイデアでは、真に基礎的な粒子など何もないとされる。片手の拍手の音どころか、その片手さえもないというわけである。

理論がこのような袋小路にはまったとき、つねに確実に助けとなるのが、とりあえず実験で試してみることであり、まさにそれが一九六八年にも起こった。ヘンリー・ケンドール、ジェローム・フリードマン、リチャード・テイラーが、新たに建設されたＳＬＡＣの線形加速器を使って高エネルギー電子を陽子と中性子にぶつけて散乱させるというきわめて重要な一連の実験を行なって、驚くべきことを明らかにしたのである。陽子と中性子は本当に何らかの下部構造を持っているようだったが、これがどうも奇妙だった。その衝突には誰も予期しなかった特性があったのだ。これがクォークによる信号なのか？

理論家たちはすぐさま救助に乗り出した。ジェームズ・ブジョルケンは、陽子と中性子がほとんど相互作用しない点状の粒子で構成されているとすれば、実験家たちの観測した、スケール則という現象を理解できることを実証した。次いでファインマンがそれらの物体を現実の粒子と解釈してパートンと名づけ、これがゲル＝マンのクォークと同じものであろうと推測した。

だが、この構図には大きな問題があった。強く相互作用する粒子がすべてクォークでできているのなら、クォークそれ自体も間違いなく強く相互作用するはずだ。それならなぜ、陽子や中性子の中にあるクォークは互いと相互作用せず、ほとんど自由であるように見えるのか？

さらに言えば、すでに一九六五年に、南部、韓茂栄、オスカー・グリーンバーグのそれぞれから、もし強く相互作用する粒子がクォークでできていて、それが電子と同様のフェルミオンなら、ゲル＝マンが提案したクォークのさまざまな組み合わせによる既知の粒子の分類は、クォークが何らかの新しい内部荷量、つまりは新しいヤン＝ミルズ的ゲージ荷量を持っている場合にしか成り立たないという、説得力のある論が出されていた。それはすなわち、クォークが新しい一連のゲージボソンを通じて強く相互作用しているということであり、そのゲージボソンはグルーオンと呼ばれた。しかし、そのグルーオンはどこにあるのか。クォークはどこにあるのか。そしてクォークが本当にファインマンのパートンと同じものなら、それが陽子や中性子の内部で強く相互作用している証拠がどうしてないのか。これらの疑問はいずれも不明のままだった。

加えて、クォークには別の問題もあった。陽子と中性子は弱い相互作用をする。したがって、これらの粒子がクォークでできているのなら、クォークも強い相互作用だけでなく弱い相互作用をすることになる。ゲル＝マンは当時、三種類のクォークを特定して、それがあらゆる既知の強く相互作用する粒子を構成すると見なしていた。たとえば中間子は、クォークと反クォークのペアでできている。陽子と中性子は、分数電荷を持ったクォーク三個から構成される。ゲル＝マンはその分数電荷のクォークを、アップ（u）クォーク、ダウン（d）クォークと称した。陽子は二個のアップクォークと一個のダウンクォークでできていて、中性子は二個のダウンクォークと一個のアップクォークでできている。この二種類のクォークに加え、ダウンクォークを重くしたような、もう一種類のクォークが想定されて、それが新しいエキゾチックな素粒子の構成要素になっていると考えられた。ゲル＝マンはこれをストレンジ（s）クォークと名づけ、ストレンジクォークを含む粒子が持っている性質を「ストレンジネス」と名づけた。

中性カレントが弱い相互作用の一部として初めて提案されたとき、これが問題を生んだ。もしクォークがZ粒子と相互作用するのなら、u、d、sクォークは、中性カレント相互作用の前でも後でも、u、d、sクォークのままでいることになる。電子が相互作用の前でも後でも電子であるのと同じようにだ。しかしながら、dクォークとsクォークはまったく同じ電荷とアイソスピン荷を持っているから、sクォークがZ粒子と相互作用したときにdクォークに変わるのを妨げるものは何もない。したがって、sクォークを含む粒子はdクォークを含む粒子に崩壊できるということになる。だが、そのような「ストレンジネスの変化する崩壊」は、高精度の実験でも一度も観測されたことがなかった。要するに、何かが間違っていた。

この「ストレンジネスの変化する中性カレント」の不在は、一九七〇年に、シェルドン・グラショウと共同研究者のジョン・イリオポウロス、ルチャーノ・マイアーニによって、少なくとも原理的には、みごとに説明された。彼らはクォークモデルを真剣に考慮して、アップクォークと同じ電荷を持つ四番目のクォークを仮定した。チャーム（c）クォークと名づけられたそのクォークが存在していれば、sクォークからdクォークへの変換率の計算に驚くべき数学的相殺が起こって、ストレンジネスの変化する中性カレントが抑制され、実験と一致することになるのである。

しかも、この考え方は、電子やミュー粒子など、弱い力に関連してペアで存在する粒子とクォークとのあいだに、格好の対称性を示唆することにもなった。電子には自らの片割れのニュートリノがあり、ミュー粒子も同様である。同じように、アップクォークとダウンクォークはその二つで一組になり、チャームクォークはストレンジクォークと一組になる。W粒子が各ペアの片方の粒子と相互作用すれば、その粒子がペアのもう片方の粒子に変わるようになる。

ただし、これらの論のいずれにしても、クォーク間の強い相互作用の最重要問題には向き合っていなかった。これまで一度もクォークが観測されていないのはどうしてなのか？　そして、もし強い相互作用がグルーオンというゲージ粒子を備えたゲージ理論で記述されるなら、どうしてそのグルーオンも観測されていないのか？　もしグルーオンが質量ゼロなら、どうして強い相互作用が短距離なのか？

これらの問題により、あいかわらず一部では、場の量子論で強い相互作用を理解しようとするのは間違ったアプローチではないかとの見方が続いていた。成功した初めての場の量子論である量子電磁力学の確立に、あれほど重要な役割を果たしたフリーマン・ダイソンでさえ、強い相互作用を記述するにあたって、「正しい理論は今後一〇〇年は見つからないだろう」と断言した。

場の量子論は絶望的だと確信していた人々のひとりが、優秀な若手理論家のデヴィッド・グロスだった。素粒子は幻想であり、あるのは対称性だけで粒子ではないという現実の構造を覆い隠しているのだと見なす、核民主主義的なブーツストラップ仮説の提唱者であるジェフリー・チューのもとで学んだグロスは、場の量子論を永久に亡きものにする気満々であった。

前にも述べたが、ファインマンがノーベル賞を受賞した一九六五年の段階になっても、場の量子論に出てくる無限大を排除するためにファインマンらが考案した手順は、一種のごまかしだという感覚がいまだ残っていた。場の量子論が提示する構図には、小さなスケールで何かしら根本的な間違いがあると見られていたのである。

すでに一九五〇年代に、ロシアの物理学者レフ・ランダウが、電子の電荷はそれを測定するスケールに依存することを明らかにしていた。仮想粒子が空っぽの空間からいきなり現れて、電子などのすべての素粒子は、その仮想の粒子と反粒子のペアでできた雲に取り囲まれる。誘電体の電荷が遮蔽されているように、これらのペアも電荷を遮蔽する。正の電荷を持った仮想粒子はたいてい負の電荷をしっかり取り囲むので、少し離れたところでは最初の負の電荷の物理効果が弱まることになる。

したがってランダウによれば、観測者が電子に近づくほど、電子の実際の電荷は大きく見える。われわれが電子の電荷を測定するときは遠く離れたところから測定するので、それが特定の値だったとしても、その電子の「裸」の電荷——すなわち、スケールがどんどん小さくなるとともに素粒子を取り囲む粒子と反粒子のペアによって無限に着せられる「衣」がない状態として想定される、その素粒子の電荷——は必然的に無限大だということになってしまう。こんな構図は明らかにおかしい。

グロスは指導教官に影響されていただけでなく、当時の支配的な風潮にも影響されていた。その代表的なものが、五〇年代後半から六〇年代初めにかけての理論素粒子物理学を主導していたゲル＝マンの論だった。ゲル＝マンは、場の理論についての考察から生まれた代数的関係を使うことを提唱し、次いで、その関係は保持したまま場の理論を捨て去ることを提唱した。いかにもゲル＝マンらしい表現で、彼はこう述べている。「このプロセスは、フランス料理でときどき使われる手法にたとえられるかもしれない。キジ肉の塊を二枚の薄切りの子牛肉に挟んで調理し、終わったら子牛肉は捨ててしまうのだ」

このように、予言に役立つかもしれないクォークの特性を抽出したうえで、可能性としてのクォークの存在そのものは無視してしまうということもできなくはなかった。しかしグロスは、広範な対称性に関連するアイデアと代数を使って済ますのでは飽き足らず、強く相互作用する粒子の内部で起こっている実際の物理過程を記述できるかもしれない力学を切実に探りたくなってきた。そこでグロスと共同研究者のカーティス・カランは、ジェームズ・ブジョルケンの先行研究を基盤として、陽子や中性子の内部にあると思われる荷電粒子のスピンが½に違いなく、したがって電子のスピンとまったく同一であることを明らかにした。その後、グロスは別の研究者との共同研究で、同様の解析をCERNで測定された陽子と中性子からのニュートリノ散乱についても行なって、陽子と中性子の構成要素がまさしくゲル=マンの提案したクォークに似て見えることを明らかにした。

もし、あるものがアヒルのように鳴きながら、アヒルのように歩いていれば、それはおそらくアヒルである。したがってグロスにとってはもちろん、ほかの誰にとっても、いまやクォークの実在は確信に変わりつつあった。

だが、グロスをはじめとする多くの人々がクォークの実在を確信した一方で、彼らは同じくらいの確信を込めて、それならやはり場の理論は強い相互作用を記述するのにふさわしい方法ではないという思いを新たにした。実験結果から言えば、そうした構成要素はほとんど相互作用をしないはずで、強い相互作用などはもってのほかだったのだ。

一九六九年、プリンストンでのグロスの同僚だったカーティス・カランとクルト・ジマンツィクは、かつてランダウが探り、のちにゲル=マンとフランシス・ロウも探った、場の量子論における量がスケールとともにどう変化するかを記述する一連の方程式を再発見した。SLAC実験から推論されたパートンが何らかの相互作用を——クォークならば確実にそうするように——すると仮定したなら、ブジョルケンが導出したスケール則からの測定可能な逸脱が起こるはずであり、したがって、グロスらが自分たちの理論をSLAC実験と比較したときに導出した結果も修正されなくてはならないはずだった。

その後の二年間には、トホーフトとフェルトマンの結果や、電弱相互作用理論の予言の成功が増えてきたことを受けて、場の量子論にふたたび注意を向ける気運が高まった。そんななかでグロスは、SL

ACで観測された陽子と中性子の性質についての結果をまともな場の量子論で再現するのはおそらく不可能であることを、普遍的に証明してみせようとした。つまり彼は、このアプローチで強い相互作用を理解しようとすることそのものを抹殺したかったのだ。そこでまず、SLACの結果を説明するには、短距離ではなぜか量子場相互作用の強さがゼロまで下がる、すなわち、短い距離では場が実質的に相互作用しないものになると仮定するしかないことを証明しようとした。そうしたら次に、そのような特性を持った場の量子論はひとつもないことを示せばよい。

前述したように、ランダウは、無矛盾の場の量子論の原型のような量子電磁力学が、まったく反対のふるまいをすることを明らかにしていた。粒子（たとえば電子のような）の電荷の強さは、その粒子を取り巻く仮想の粒子と反粒子の雲のせいで、粒子を探るときのスケールが小さくなるほどに大きくなるのだ。

一九七三年の初め、グロスと共同研究者のジョルジョ・パリージは、証明の最初の部分を完了させた。すなわちSLACで観測されたスケール則の帰結として、強い相互作用を基礎的な場の量子論で記述しようとすれば、陽子の構成要素の強い相互作用は、小さな距離スケールではどうしてもゼロにならなければならないということだ。

次いでグロスは、そのようなふるまい――相互作用の強さが小さな距離スケールではゼロになる――を漸近的自由性と名づけ、それを実際に示す場の理論はひとつもないことを明らかにしようとした。当時プリンストンを訪れていたハーバードのシドニー・コールマンの協力を得て、無事にこの証明をあらゆる合理的な場の量子論に関して終えられるかと思ったが、ひとつだけ残ってしまったものがあった。それがヤン＝ミルズ型のゲージ理論だった。

このころグロスのもとには、ひとりの新しい大学院生が入っていた。二〇歳のフランク・ウィルチェックは、数学を学ぶつもりでシカゴ大学からプリンストンに移ってきていたが、グロスの場の理論の授業を受けたあと、物理学に転向した。

グロスは運がいいというか抜け目がないというか、指導教官として、私の世代の物理学者の中でも抜群に頭のいい二人を教え子とした。そのひとりがウィルチェックで、もうひとりがエドワード・ウィッテンだ。のちの一九八〇年代と九〇年代に弦理論革命を主導したのがこの二人で、数学者にとって最高の栄誉となる権威あるフィールズ賞を物理学者として受賞したのも、この二人だけである。ウィルチェックは数少ない、真に物理学全般に通じた博識家のひとりと言えるだろう。私は一九八〇年代にフランクと親しくなって、たびたび共同研究をするようになったが、彼は私のこれまでの共同研究者の中でも飛び抜けてクリエイティブな物理学者のひとりであるだけでなく、この分野に関する百科事典的な知識を備えた人物でもある。これまでに書かれた物理学文献のほぼすべてを読んでいて、その情報を完全に吸収している。この何十年かのあいだに、彼は素粒子物理学にだけでなく、宇宙論にも、材料物理学にも、たくさんの基礎的な貢献を果たしてきた。

グロスはウィルチェックを指名して、やりかけていた証明に残っていた穴をともに探らせた。すなわち、ヤン＝ミルズ理論での相互作用の強さが、スケールをどんどん小さくしていくとともにどう変化するかを確定しようというのである。それがうまくいけば、この理論でもやはり漸近的自由性は示されないと証明される。グロスとウィルチェックは、この理論で距離スケールをどんどん小さくしていったときの相互作用のふるまいを系統的に直接計算することにした。

それは恐ろしくたいへんな仕事だった。なにしろ当時のツールは、大学院の宿題程度の計算をするための道具でしかなかったからだ。それに現在のように、あらかじめ答えを知っていれば計算は何事も簡単になるのだ。何度も出だしを間違えて数値誤差を出しながら、何ヵ月にもわたって忙殺されたあと、ようやく一九七三年の二月に計算を終えて、グロスは驚愕した。なんと実際、ヤン＝ミルズ理論では、漸近的自由性がたしかに示されていたのだった。つまりこの理論では、相互作用する粒子が互いに近くなるにつれ、相互作用の強さがゼロに近づいていくのだ。のちにグロスは、ノーベル賞の受賞講演でこう述べている。「私にとっても漸近的自由性の発見はまったくの予想外でした。いきなり神の使いからのメッセージを受け取った無神論者のように、私はその場で真の信者になりました」

シドニー・コールマンも教え子の大学院生デヴィッド・ポリツァーに独立して同様の計算をさせており、ちょうどほぼ同じころに得られた結果は、グロスとウィルチェックの結果に一致していた。これによって両グループはさらに確信を強めた。

ヤン＝ミルズ理論は、ただ漸近的自由性を持っているというだけでなく、漸近的自由性を示す唯一の場の理論でもある。ゆえにグロスとウィルチェックは、その画期的な論文の冒頭で、この独自性と、一九六八年のＳＬＡＣ実験の結果からして漸近的自由性はどの強い相互作用の理論でも必要と見られていたことを考え合わせれば、おそらくヤン＝ミルズ理論は強い相互作用を説明できるだろうと推断した。

そうなると次の問題は、どのヤン＝ミルズ理論が正しい理論なのかを確定させること、そして、ヤン＝ミルズ理論の証明である質量ゼロのゲージ粒子がなぜ見つかっていないのかを確定させることだった。それに関連して、おそらく最も重要な、長きにわたる疑問も残っていた。そもそもクォークはどこにあるのか？

だが、それらの疑問に答える前に、ヤン＝ミルズ理論がどうしてそのような、量子電磁力学とは違ったふるまいをするのか、という疑問に答えておこうか。たしかにヤン＝ミルズ理論のもっと単純ないとこである量子電磁力学では、ランダウが示していたように、距離スケールが小さくなるとともに電荷間の相互作用の強さが大きくなるのだ。

その手がかりは、少々わかりにくいが、ヤン＝ミルズ理論における質量のないゲージ粒子の性質にある。量子電磁力学における光子は電荷を持たないが、それとは違って、強い相互作用を仲介する粒子として予言されたグルーオンはヤン＝ミルズ荷を持ち、したがって互いに相互作用をする。しかし、ヤン＝ミルズ理論は量子電磁力学よりも複雑なので、グルーオンの荷量も、電子の単純な電荷より複雑になる。個々のグルーオンは荷量を持った粒子のように見えるだけでなく、荷量を持った小さな磁石のようにも見えるのだ。

小さな磁石を鉄の近くに持っていくと、鉄が磁化するから、より強力な磁石ができあがる。これと同じようなことがヤン＝ミルズ理論にも起こる。もし私が何らかのヤン＝ミルズ荷を帯びた粒子、たとえばクォークを手に持っているとすると、いきなりその荷量のまわりの真空からクォークと反クォークが現れて、電磁力の場合と同じように、その荷量を遮蔽する。しかしグルーオンも真空から飛び出てくることができて、しかも磁石のようにふるまうので、最初のクォークが生じさせた場の方向に沿って一列に並ぼうとする。そのため場の強さが高まって、そうなるとさらに多くのグルーオンが真空から現れて、さらに場の強さを高めるという繰り返しになる。

結果として、仮想グルーオンの雲の中に深く潜れば潜るほど――すなわちクォークに近づけは近づくほど――場の強さは弱まって見える。つきつめれば、二個のクォークをどんどん互いに近づけていくと、相互作用がこの上なく弱まって、もはやクォークはまったく相互作用をしないように見え始めるだろう。

それこそが漸近的自由性の特徴だ。

ここでは例としてグルーオンとクォークを使ったが、漸近的自由性の発見は、どれか特定のヤン＝ミルズ理論を単独に指していたわけではない。しかしながらグロスとウィルチェックは、おのずと候補になるヤン＝ミルズ理論がどれであるかに気がついていた。それはグリーンバーグらが仮定していたような、素粒子の観測されている性質をゲル＝マンのクォーク仮説で説明するのに必要となるヤン＝ミルズ理論である。その理論では、各クォークが三種類の荷量のうちのどれかを持っており、ほかにいい名前もなかったことから、その三種類の区別には、赤、緑、青という色の名前がつけられている。この用語法から、ゲル＝マンがこの種のヤン＝ミルズ理論のために量子色力学（ＱＣＤ）という呼び名を考えた。電荷の量子論である量子電磁力学（ＱＥＤ）に対して、こちらは色荷の量子論だというわけである。

グロスとウィルチェックは、こうしたクォークに関連する対称性を観測から支持できることにもとづいて、量子色力学がクォークの強い相互作用を説明する正しい理論であると断定した。

漸近的自由性という驚くべきアイデアは、一年ほどのうちに、同じくらい驚くべき実験的支援を得て、これらの理論の発展をさらに勢いづかせた。ＳＬＡＣでの実験と、ロングアイランドにあるブルックヘブン国立研究所の別の加速器での実験で、誰も予期しなかった驚異的なものが見つかったのである。それは新しい重い素粒子で、それを構成している要素もまた、新しいクォークではないかと思われた。それも四年前にグラショウらによって予言されていた、いわゆるチャームクォークかもしれないと見られたのである。

だが、この新発見は奇妙でもあった。なぜならその新しい粒子は、もっと軽い不安定な強く相互作用する粒子の測定寿命にもとづいて想像されるより、はるかに長命だったからである。この新粒子を発見した実験者が言っていたように、これはたとえるなら、ジャングルをさまよっていて人類の新しい種を発見したところ、その種は寿命が一〇〇年どころではなく、一〇万年だったというようなものである。

この発見があと五年でも早くなされていたら、まったく不可解な発見と見なされていたことだろう。しかし、この場合、準備のできていた者に運が味方した。当時、ともにハーバードにいたトーマス・アッペルクイストとデヴィッド・ポリツァーは、もし漸近的自由性が本当に強い相互作用の特性であるなら、もっと重いクォークを支配する相互作用は、もっとおなじみの軽いクォークを支配する相互作用より、強さが弱いはずだということにすぐさま気づいた。相互作用の強さが弱いということは、粒子の崩壊が遅くなるということだ。本来なら謎だったはずのことが、このときには、漸近的自由性という新しいアイデアの証明となった。何もかもがあるべき場所にぴたりと収まったのではないか――そんなふうに見えた。

しかしひとつだけ、大きな問題が残っていた。もし量子色力学が本当にクォークとグルーオンの相互作用の理論であるなら、そのクォークとグルーオンはどこにあるのか。どうして一度も実験で見つかっていないのか。

これに重要な手がかりをくれるのが漸近的自由性だ。クォークに近づくにつれて強い相互作用の強さが弱まるとすれば、逆にクォークから遠ざかるほど、相互作用の強さは強まるはずである。では、もし私がクォークと反クォークを一個ずつ持っていて、その二個は強い相互作用によって結合しているのに、私がそれを引き離そうしたらどうなるか、と想像してみよう。引き離そうとするほどに、私はより多くのエネルギーを必要とするようになる。クォーク間の引力の強さが距離とともに大きくなっていくからだ。最終的に、クォークを取り巻く場に蓄えられるエネルギーがとてつもなく大きくなって、もはやエネルギー的に、新しいクォークと反クォークを真空から飛び出させ、そうして現れた新しいペアのそれぞれを、最初のペアのそれぞれと結合させたほうが望ましくなる。この過程をあらわしたのが左の図だ［図19 - 1］。

これはゴムバンドを引き伸ばしたときと同じである。バンドは永久に伸び続けることはなく、いずれどこかの時点で二つにちぎれるだろう。その二つのそれぞれに相当するのが、新しく結合したクォークと反クォークのペアなのだ。

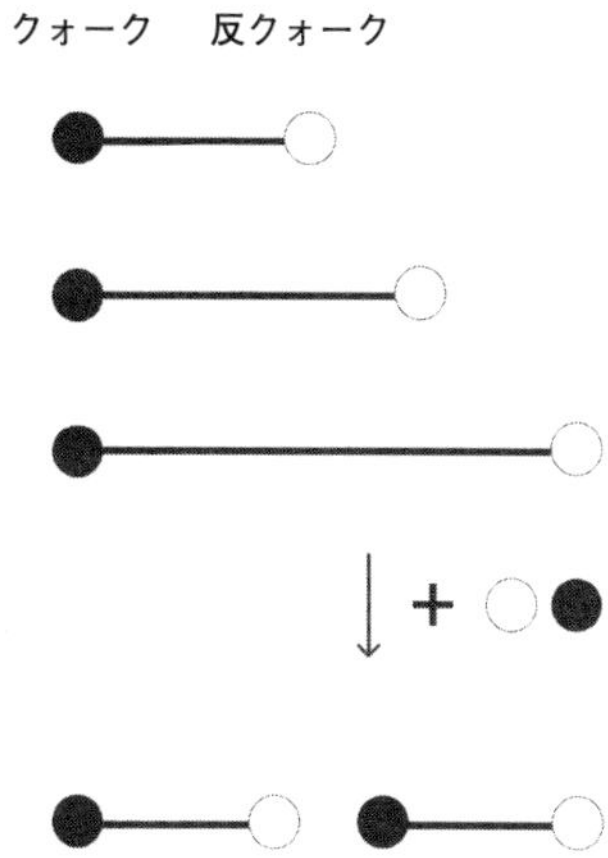

では、これを実験に当てはめるとどうなるのだろう。もし私が電子などの粒子を加速させ、陽子の内部の一個のクォークに衝突させたとすると、電子は陽子からそのクォークを蹴り出すだろう。しかし、そのクォークが陽子から出ていこうとするにつれ、そのクォークと陽子内のほかのクォークとの相互作用が強まっていき、やがてエネルギー的に、仮想のクォークと反クォークのペアが真空から出てきて、放出されたクォークとほかのクォークに結びついたほうがいいということになる。これはつまり、陽子や中性子やパイ中間子など、強く相互作用する粒子がいっせいに最初に放出されたクォークの方向に沿って運動する粒子のシャワーが生み出され、一方で同じように、強く相互作用する粒子が反跳して陽子に残された最初のほかのクォーク

図19-1

の運動方向に向かうシャワーも生み出されるということだ。見られるのはこれらのシャワーであって、クォークそのものではない。

同じように、ある粒子があるクォークに衝突すると、反跳したクォークが真空から現れる反クォークと結びつく前に、グルーオンを放出することもある。そうすると、グルーオンはクォークとも相互作用するがグルーオンどうしでも相互作用するので、新しいグルーオンがさらに多くのグルーオンを放出するかもしれない。それらのグルーオンがまた真空から出てきた新しいクォークに取り囲まれて、最初の各グルーオンの方向に沿って運動する新しい強く相互作用する粒子を生み出すことになる。このときに、場合によっては、最初のクォークの方向に運動するシャワーひとつだけでなく、その途中で放出される新しい各グルーオンに対応して、複数のシャワーが見られるかもしれない。

量子色力学は、明確に定義されたひとつの特定の理論なので、クォークがどれだけの頻度でグルーオンを放出するかも予言できるし、電子が陽子や中性子に衝突したときに蹴り出される、ジェットと呼ばれる粒子のシャワーが一つ見られるのは、あるいは二つ見られるのはどれだけの頻度かも予言できる。最終的に、こうした過程をすべて観測できるくらいのパワーが加速器に備われば、観測される頻度はこの理論の予言にぴったり一致することだろう。

このように、自由クォークとグルーオンがすぐさま新しいクォークと反クォークに結合してしまうので、結果として自由クォークやグルーオンは観測されることがないという構図は、あらゆる理由から正しいと信じられる。この構図は「閉じ込め」と呼ばれる。クォークとグルーオンがつねに陽子や中性子のような強く相互作用する粒子の内部に閉じ込められていて、そこから脱出できる唯一の過程は、新たに生み出された強く相互作用する粒子にまた閉じ込められることでしかないからだ。

実際のクォーク閉じ込めの過程が起こるのは、クォークがもともとの仲間から離れるにしたがって強い力がますます強くなるときなので、相互作用がこれほど強くないときに真となる場の量子論の標準的な計算は、この場合においては破綻する。したがって、この構図は実験では正しいと証明されても、今のところ、制御可能な計算でその正しさを完全に確認することはできない。

われわれはいつか、この閉じ込めが本当に量子色力学の数学的特性であると第一原理から解析的に実証するのに必要な数学的ツールを導き出せるのだろうか？　これは文字どおり、一〇〇万ドルの問題だ。クレイ数学研究所は、量子色力学が自由クォークやグルーオンの生成を許さないことの厳密な数学的証明に一〇〇万ドルの懸賞金をかけると発表している。まだ賞金の請求者はひとりも名乗り出ていないが、このアイデアを強く支持する間接的な証拠は、実験的な観測からだけでなく、量子色力学の複雑な相互作用にきわめて近似した数値シミュレーションからも得られている。決定的ではないにせよ、これは十分に心強いことだ。まだ今の段階では、それがこの理論の特性であって、コンピューターシミュレーションの特性ではないことを確認する必要が残っている。それでも数学者にとってはともかく、物理学者からすると、これはかなり有力なのではないかと思えている。

最後にもうひとつ、量子色力学の正しさを示すちょっとした直接証拠が、正確な計算のできる領域から出されている。短い距離にあるときのクォークは完全に自由ではないので、前にも触れたように、電子を高エネルギーで陽子や中性子に衝突させたときに観測される風変わりなスケール則の現象には、最初にＳＬＡＣで観測されたときと同様、計算可能な修正が入らなくてはならない。完全なスケール則には、完全に相互作用しない粒子が必要なのだ。量子色力学で計算できる修正は、最初にＳＬＡＣで行なわれた実験よりもずっと高精度の実験でしか観測されないだろう。それを探るには、もっと高エネルギーの新しい加速器の開発が必要だった。そして三〇年ほどが経過して、十分な証拠も出そろったところで、やっと理論的予言と実験との比較ができるようになってみると、両者は誤差一パーセントのレベルで一致した。強い相互作用の理論としての量子色力学は、ようやくひとつの正確で詳細な方法で、正しさを認められたのだ。

グロス、ウィルチェック、ポリツァーは、最終的に、漸近的自由性の発見によって二〇〇四年のノーベル賞を受賞した。SLACで初めてスケール則を発見し、結果的に理論家を正しい方向に進ませるきっかけとなった重要な観測を果たした実験家たちは、それよりずっと早くの一九九〇年にノーベル賞を受賞している。そして一九七四年にチャームクォークを発見した実験家たちは、二年後の一九七六年にノーベル賞を獲得した。

だが、リチャード・ファインマンが言っていたように、研究者にとって最大の褒美は、メダルや現金で表彰されることではなく、同僚や一般大衆から賞賛されることでさえない。自然について何か新しいことが本当にわかったという、それ自体が何よりもの褒美なのである。

＊＊＊

その意味で、おそらく一九七〇年代は、物理学の歴史全体においてとは言わないまでも、二十世紀においては最も豊かな時代だっただろう。一九七〇年の時点で、われわれが完全に理解できている自然界の力の量子論はひとつしかなかった。すなわち量子電磁力学、これだけである。しかし一九七九年までに、われわれは堂々たる理論の集大成を構築し、その正しさを実験によって立証してきた。これまでに人類が生んだ中でも最大のその構築物は、素粒子物理学の「標準模型」といって、自然界の四つの既知の力のうち三つを正確に記述したものである。これを築くまでの努力の歴史は、近現代科学の歴史のすべてと一致する。ガリレオが運動体の性質を調べたことに始まって、そのあとにはニュートンによる運動の法則の発見があり、電磁力の性質についての実験的研究と理論的研究があり、アインシュタインによる空間と時間の統一があり、原子核、量子力学、陽子、中性子の発見があり、そしてついには、弱い力と強い力そのものまで発見された。

だが、この光に向かっての長い行進の中で、何にもまして顕著な驚くべき特徴は、現実の根本的な性質が、われわれが日常的に感知する現実の影とはいかに違っているかということだ。なかでもとくに、われわれの存在の基盤となっているようにも見える基礎的な量が、じつはまったく基礎的ではないということである。

観測される物質の中核をなしているのは、今まで一度も直接観測されたことのない、そしてわれわれの考えが正しければ、今後も決して直接観測されることのない、クォークとグルーオンという粒子である。それらの粒子――および、一〇〇年以上にわたって現代実験物理学の基盤を築いてきた、電子という粒子――の相互作用を支配する力の特性も、われわれが観測する特性、われわれの存在のよりどころとなる特性と、根本的なレベルでは完全に違っている。陽子と中性子との強い相互作用は、このクォーク間に働く根本的な力が長距離に及んだ名残りでしかなく、その根本的な特性は、原子核内での複雑な相互作用によって覆い隠されている。弱い相互作用と電磁相互作用は、表面的にはこれ以上ないほど違っている――前者は短距離で後者は長距離、前者は後者の何千倍も弱く見える――が、じつは両者は密接に関係していて、ひとつの全体像の別の側面がそれぞれに反映されている。

われわれがその全体像を見られないのは、対称性の自発的破れという自然が起こした偶然のせいであり、その偶然が弱い相互作用と電磁相互作用の二つを区別して、われわれの感知する世界に出現させている。だから、それらの真の姿は見えないままだ。さらに言えば、われわれを取り巻く観測可能な美しい世界のあれこれの特徴を生み出している粒子の特性が、そのような特性として生じられたのも、ひとえに対称性の自発的破れという偶然が起こったあとに、自然界のたったひとつの粒子――すなわち光子――だけが質量ゼロのままだったからである。もしも対称性の破れが起こっておらず、したがって物質を支配する力の根本的な対称性が明白なままだったなら――それはすなわち、弱い力を伝える粒子も質量ゼロで、われわれを構成する粒子のほとんども質量ゼロだということだから――今日われわれが見ている宇宙のほぼすべてのものは、銀河も、星も、惑星も、人間も、鳥やミツバチも、科学者や政治家も、最初からつくられていなかっただろう。

さらにわれわれは、そうしたわれわれを構成する粒子でさえも、自然界に存在するすべてではないことを知った。観測されている粒子は単純なグループにまとめられる。それらの区分は、ファミリーとも世代とも呼ばれる。まずは、陽子と中性子を構成するアップクォークとダウンクォークがある。これらのクォークと並ぶ位置に、電子とその片割れの電子ニュートリノがある。次に、われわれがまだ知らない理由から、もっと重い粒子からなるファミリーがあって、ここにはチャームクォークとストレンジクォーク、そしてミュー粒子とミューニュートリノが含められる。そして最後に、第三のファミリーがある。この一〇年から二〇年の実験で確かめられてきたとおり、ここにはボトムクォークとトップクォークという新しい二種類のクォークと、それにともなう重い電子のようなタウ粒子と、その片割れのタウニュートリノが含められる。

これらの粒子以外にも、追って述べるように、まだ一度も観測されたことのない別の素粒子が存在するものと、われわれは十分な理由から確信している。それらの粒子は、いまだ謎のダークマターでできていると考えられている。ダークマターはわれわれの天の川銀河をはじめ、観測されているすべての銀河において、その質量の圧倒的な割合を占める物質だ。そうしたダークマター粒子をわれわれの望遠鏡で見ることはできないかもしれないが、それでも従来の観測と理論からして、ダークマターの存在なくしては銀河も星も形成されなかったと推測される。

そして、われわれに観測できるあらゆるものの力学的なふるまいを支配する、あらゆる力の根底にあるのが、ゲージ対称性と呼ばれる美しい数学的枠組みである。強い力も、弱い力も、電磁力も、重力でさえも、既知の力はすべてこの数学的特性を持っており、このうち前の三つに関しては、まさにこの特性によって理論が数学的意味をなせるようになり、悩ましい量子的無限大があらゆる方程式計算から消滅して、実験と一致できるようになる。

電磁力だけは例外だが、ほかの力のゲージ対称性は完全に視界から隠されたままとなっている。強い力のゲージ対称性が見えない理由は、この対称性をあらわにする基本粒子が閉じ込めによって隠されているからだと推定される。弱い力のゲージ対称性がわれわれの住む世界にあらわれていない理由は、この対称性が自発的に破れてしまい、ゆえにW粒子とZ粒子の質量がとてつもなく大きくなっているからだ。

＊＊＊

日常生活の壁に映る影は、まさしくただの影でしかない。その意味で、これまでのところの史上最も偉大な物語は、プラトンがあの洞窟の比喩で初めてその影を想像してから二〇〇〇年以上をかけて、少しずつゆっくりと展開してきた。

　だが、この物語がいかに驚異的だとはいえ、どう見ても明白なのに触れられていない重要な問題がまだ二つある。われわれの物語の二人の主人公なら、この物語の重要な側面は過剰な想像力を持った理論家によって作り出された単なるおとぎ話でできている、とでも、つい最近まで言っていたことだろう。

　第一に、W粒子とZ粒子は、弱い相互作用を説明するために一九六〇年に仮定された粒子で、陽子や中性子よりほぼ一〇〇倍も重いとされていたが、たとえその存在が間接的な証拠で圧倒的に支持されていたとしても、実際にはあいかわらず理論上で仮定された粒子のままだった。これに加えて、目に見えない場——ヒッグス場——が空間のいたるところに浸透していると予言されていた。この場が現実の真の姿を覆い隠している一方で、これが弱い相互作用と電磁相互作用との対称性を自発的に破るからこそ、われわれが存在していられるというのである。

　われわれがどうして存在しているのかを記述していると主張しながらも、目に見えない場が空間全体に広がっているという仮定を前提とするような物語を賛美するのは、もはや科学的な賛美ではなく、まるで宗教的な賛美のようではないか。われわれの確信を、われわれがこうあってほしいと思う現実の姿ではなく、現実の証拠と確実に一致させ、科学を科学の名にふさわしいものにしておくには、是が非でもヒッグス場を発見しなくてはならなかった。そうして初めて、われわれがこんなに大事にしているこの世界の特徴が、意味の深さという面では、窓ガラスにできたランダムな氷の結晶の特徴とまったく変わらないのではないかということを本当の意味で知ることができる。あるいは、もっと端的に言うならば、それは実験室の導線の超伝導性と、私のコンピューター内の導線の通常の抵抗とを比べるようなものでしかないのである。

実験によってこの課題を果たすのは、理論そのものを考案するのに負けず劣らずたいへんなことだった。むしろ多くの面で、確かめるのは考えるのより難しかった。それを達成するには五〇年以上もの時間と、人類がかつて挑んだことのないほど困難なテクノロジー構築を要したのである。

第二十章　真空を叩く

あなたの右頬を打つ者には、もう一方の頬も向けてやりなさい。
――「マタイによる福音書」五章三十九節

一九七〇年代が終わるころ、理論家たちは勝ち誇り、意気揚々と、わが世の春を謳歌していた。標準模型の完成へと、ことはこの上なく迅速に進んでいる。ほかに征服されるのを待っている新世界はどこにある？　長らく休眠していた万物の理論の夢でさえ、ふたたびむくむくと起き上がりかけていた。しかもそれは、ひっそりと奥まった、理論家たちの集合的な潜在意識の中に限ってもいなかった。

とはいえ、ゲージ粒子のWとZは、いまだ一度も観測されていなかった。それらを直接観測することは、あいかわらず気の遠くなるような難題だった。それらの粒子の質量は、理論上、陽子の質量の約九〇倍と精密に予言されていた。そんな粒子を生成するのが難しいことは、ちょっとした物理からすぐわかる。

アインシュタインの相対性理論の基礎的な方程式――$E = mc^2$――にもとづけば、粒子を静止質量の何倍ものエネルギーにまで加速することにより、エネルギーを質量に変えられる。そうしたら、その粒子をターゲットに激突させ、何が出てくるかを見ればいい。

問題は、高速で運動する粒子を静止したターゲットにぶつけることによって新しい粒子を生成するのに使えるエネルギーが、重心系エネルギーと呼ばれるものによって得られることだ。新たな式にくじけない人のために言っておくと、これはターゲット粒子の静止質量エネルギーと加速された粒子のエネルギーの積の二倍の平方根になることがわかっている。そこで、ある粒子を陽子の静止質量エネルギー（およそ一ギガ電子ボルト、略して一GeV）の一〇〇倍まで加速したと想像してほしい。ターゲットの静止した陽子への衝突で、新しい粒子を生成するのに使える重心系エネルギーは、計算すれば一四GeVでしかない。これでもまだ、一九七二年当時の最高エネルギー粒子加速器で得られた重心系エネルギーよりはわずかに大きい。

WボソンやZボソンのような重い粒子を生成できるだけの十分なエネルギーに到達するには、二つの反対方向の粒子ビームを衝突させなくてはならない。その場合、合計の重心系エネルギーは、単純に各ビームのエネルギーの二倍になる。衝突する各粒子ビームが陽子の静止質量の一〇〇倍のエネルギーを持っているとすれば、二〇〇GeVのエネルギーが生じて新しい粒子の質量に変換されることになる。

では、なぜ衝突型加速器ではなく静止ターゲットを持った加速器が作られるのか？　答えはきわめて単純だ。もし私が大きな標的に向かって弾丸を撃ち込めば、多かれ少なかれ、きっと何かには当たるだろう。一方、もし自分に向かって飛んでくるもうひとつの弾丸に向けて自分の弾丸を撃ち込むなら、おそらく私はこの世の誰よりも射撃がうまくなくてはならないし、この世にないほど高性能の銃を持っていなくてはならないだろう。さもなければきっと命中しない。

これが一九七六年の実験家たちの直面していた課題だった。このころには、彼らも電弱モデルを真剣に考慮して、それを検証してみるのに時間と労力と資金をかける価値があると思うようになっていた。

しかし、適切なエネルギーを備えた装置をどうやって作ればいいのかは誰も知らなかった。粒子や反粒子の個々のビームを高いエネルギーまで加速させることはすでに達成できていた。一九七六年には、陽子は五〇〇GeVまで、電子は最大五〇GeVまで加速されていた。もっと低いエネルギーでなら、電子と陽電子を衝突させることにも成功していたし、実際この方法で、一九七四年にチャームクォークと反チャームクォークを含む新しい粒子を発見できていた。

陽子は質量が比較的大きく、したがって最初の静止エネルギーも比較的高いので、高エネルギーまで加速するのが比較的容易な粒子である。一九七六年、ジュネーブの欧州合同原子核研究機構（CERN）では、スーパー陽子シンクロトロン（SPS）という陽子加速器が、四〇〇GeVの陽子ビームを備えた従来型の固定ターゲット加速器として稼動させられることになっていた。しかしSPSの運用が始まるころには、シカゴ近郊のフェルミラボにある別の加速器が、すでに五〇〇GeVの陽子ビームを達成していた。その年の六月、物理学者のカルロ・ルビアとピーター・マッキンタイアとデヴィッド・クラインは、あるニュートリノ会議で大胆な提案をした。CERNのスーパー陽子シンクロトロンを改造して、陽子をその反粒子——反陽子——と衝突させるマシンにすれば、CERNはW粒子とZ粒子を生成させられる可能性がある、と言ったのである。

彼らが考えたのは、一本の同じ環状トンネルを使って一方向で陽子を加速させ、その逆方向で反陽子を加速させるという大胆なアイデアだった。陽子と反陽子は反対の符号の電荷を持つから、同じ加速のメカニズムがそれぞれの粒子に反対の効果を及ぼすことになる。したがって原理的には、単一の加速器で逆方向に循環する二本の高エネルギービームを生み出せる。

こうした提案のロジックは明らかだったが、それを実行できるかどうかは明らかでなかった。そもそも弱い相互作用の強さを考えれば、W粒子とZ粒子を何個か生成させるのにも、何千億という陽子と反陽子の衝突を必要とする。しかし、誰もそんな加速器ビームを生じさせられるほどの反陽子を生成して集めたことはなかった。

また、一見すると、逆方向の二本のビームを同じトンネルの中で流したりすれば、粒子がトンネルのあちこちで衝突してしまって、衝突の生成物を測定するために設けられた検出器にうまく引っかからないのではないかと想像されるかもしれない。しかし、実際にはまったく違う。どんなに小さなトンネルであっても、その横断面は、陽子と反陽子が衝突する領域の大きさに比べれば圧倒的に大きいため、むしろ問題はまったく逆なのだ。たとえ十分な量の反陽子を生成できたとしても、確実にその反陽子と陽子ビームの中の陽子が出会うように、それぞれを十分に圧縮させ、強力な磁石で進行方向の舵取りをしないと衝突はいっさい観測できないのだが、それを実現するのは不可能に近いのではないかと思われた。

フランスとスイスの国境にまたがる全長八キロメートルの環状トンネルに建造された、世界で最も強力な加速器のひとつを、新しい種類の衝突型加速器に変えるようにとCERNの理事会を説得できる人間はそう多くない。だが、大言壮語のカルロ・ルビアなら適任だった。自然の猛威もかくやとばかりのルビアの邪魔をして、後悔しない人はほとんどいないのだ。当時、ルビアはハーバードの教授で、一八年にわたって毎週ハーバードとCERNを行き来した。彼の研究室は、私の研究室の二つ下のフロアにあったが、彼が戻ってきているときは、いつも声が聞こえるのですぐにそれとわかったものだ。実際、ルビアのアイデアは名案だった。彼はそれを推進するにあたって、CERNにこう迫っていた——

SPSを「着外馬」のマシンから、世界で最もエキサイティングな加速器に格上げしようではないかと。シェルドン・グラショウも、CERNの理事会を動かそうとして、こう言った。「みなさんは歩きたいんでしょうか、それとも飛びたいんでしょうか？」

とはいえ、飛ぶには翼が要るということで、反陽子ビームを生成し、蓄積し、加速し、集束させるための新しい手法の開発は、CERNの優秀な加速器物理学者、シモン・ファンデルメールに任された。彼の考案した手法はじつに巧妙で、初めてそれを聞いた物理学者の多くが、熱力学のいくつかの基礎原理を破っているのではないかと思ったほどだった。環状トンネルのある一箇所でビーム内の粒子の特性が測定されると、トンネルの先のほうにある磁石に信号が送られて、ビームがそこを通過する際に、ビーム内の粒子に無数の小さな刺激が与えられる。それにより、位置がずれてしまっている粒子のエネルギーと運動量がわずかに変えられて、最終的にすべての粒子が狭いビームの中に集束するのである。この手法は確率冷却法と呼ばれ、これによってビームの中心から離れてしまった粒子を確実に中央に戻すことができた。

ファンデルメールとルビアの協力のもとに計画は進んで、一九八一年には、予定どおり衝突型加速器の運用が始まっていた。ルビアは物理学史上最大の共同プロジェクトを企画し、十分な性能を備えた大型検出器を建造して、陽子と反陽子の何十億という衝突から、存在するかもしれない一握りのW粒子とZ粒子を選り分けることを目指した。一方、W粒子とZ粒子を捕獲しようとしていたのはルビアのチームだけではなかった。もうひとつの共同検出チームも立ち上げられていて、その検出器もCERNに建造されていた。こうした重要な観測に関しては、余剰も適切なことであるように思われた。

こうした実験に付随する膨大なバックグランドから、ひとつの信号を拾い上げるのは、簡単なことではなかった。陽子は一個以上のクォークでできているのを思い出してほしい。したがって一回の陽子と反陽子の衝突からでも、たくさんのことが起こりうる。しかも、W粒子とZ粒子が見つかるとしても、それは直接観測されるわけではなく、その崩壊を通じて観測されるのだ。W粒子の場合なら、これは電子とニュートリノに崩壊する。そしてニュートリノもまた、直接観測されることはない。したがって実験家は、候補事象において出てくる粒子それぞれのエネルギーと運動量を集計して、大量の「失われたエネルギー」を探すことになる。それが、ニュートリノが生成されていたことを示す信号なのだ。

一九八二年十二月には、W粒子の候補事象がルビアのチームによって観測されていた。ルビアはこの一件の事象にもとづいて論文を発表したがったが、仲間たちはもっと慎重だった。それももっともで、どうやらルビアには、必ずしも存在しないものを発見した過去があったようなのだ。それでも彼は世界中の同僚たちに、この事象を事細かに漏らしていた。

その後の二週間で、ルビアの「UA1」チームは、さらに五件のW粒子の候補事象の証拠を得た。UA1の物理学者たちは、これらの候補が本物であるかを高い信頼度で確かめるため、きわめて厳密な試験をいくつか設計した。そして一九八三年一月二十日、ルビアはCERNで開かれた記憶に残る堂々たるセミナーの場で、その結果を発表した。彼に贈られたスタンディングオベーションは、物理学界が納得したことを明らかに告げていた。数日後、ルビアはフィジックス・レターズ誌に、六件のW粒子事象の発見を報告する論文を投稿した。発見されたW粒子は、正確に予言どおりの質量を持っていた。

だが、これで探索が終わったわけではなかった。Z粒子がまだ見つかっていないのだ。予言されていたZ粒子の質量は、W粒子の質量よりわずかに大きく、したがってその信号を得るのも少しばかり難しかった。それでもW粒子の発見報告から一ヵ月ほどのうちに、Z粒子事象の証拠も両方の実験から出始めた。そして同年の五月二十七日、一件の明らかな事象にもとづいて、ルビアはZ粒子の発見を発表した。

かくして電弱理論のゲージボソンが見つかった。標準模型の実証的な基盤を固める意味でのこれらの発見の重要性は、発表から一年と少しが経って、ルビアと加速器担当のファンデルメールにノーベル物理学賞が授与されたことで、いっそう明確に示された。建設から運用まで、この加速器と検出器には大勢の人間が関わっていたが、ルビアの意欲と不屈の精神、そしてファンデルメールの独創的な発明がなかったら、この発見はなしえなかっただろうということを否定する者はほとんどいなかった。

これでいよいよ、残る大きな聖杯はあとひとつ、噂のヒッグス粒子だけとなった。WボソンやZボソンと違って、ヒッグス粒子の質量は理論からでは固定され、な、い。予言では、ヒッグス粒子は物質にもゲージボソンにも結合するとされていた。その結合により、おそらく自然界に存在するとされる背景のヒッグス場がゲージ対称性を破って、W粒子とZ粒子だけでなく、電子にも、ミュー粒子にも、クォークにも、およそすべての標準模型の素粒子に――ニュートリノと光子を例外として――質量を与えることができると考えられるからだ。しかしながら、ヒッグス粒子の質量と、ヒッグス粒子の自己相互作用の強さを、当時の既存の測定から、あらかじめ別個に決定することはできなかった。理論上、測定されている既知の粒子間の弱い相互作用の強さの点から、それらの比率が固定されるだけだった。

ヒッグス粒子の自己相互作用の強さがどの程度になりうるかを控えめに見積もると、ヒッグス粒子の質量は、控えめに見積もって二GeVから二〇〇〇GeVのあいだとされた。上限がこのように定まったのは、ヒッグス粒子の自己結合が大きすぎれば、理論が強く相互作用することになって、最も単純なヒッグス粒子の想定を使ってなされる計算の多くが破綻してしまうからだ。

したがって、電弱対称性を破り、ほかの素粒子に質量を与えるという、ヒッグス粒子に必要とされる役割を別にすると、ヒッグス粒子の量的な詳細は、その時点までの実験によってはほとんど決定されなかった。おそらくシェルドン・グラショウはその意味で、一九八〇年代にヒッグス粒子のことを現代物理学の「トイレ」だと言っていた。それが必要な存在であることは誰もが知っているが、誰もその詳細を公の場では語りたがらないのだ。

標準模型がヒッグス場の詳細の多くをあらかじめ固定しないからといって、多くの理論家はひるむことなく、何らかの新しい理論的アイデアにもとづいてヒッグス粒子の質量を「予言」したモデルをいろいろと提案した。一九八〇年代の初めには、加速器の到達エネルギーが高まるたびに、マシンが稼動すればヒッグス粒子も発見されるだろうと新しい物理学論文で予言された。そうして閾値が更新されていっても、結局は何も観測されなかった。ヒッグス粒子が存在するかどうかを知るため得られる母数空間をすべて探るには、抜本的に新しい加速器を建造する必要があるのは明らかだった。

私はこの時期、ヒッグス粒子は存在しないと確信していた。電弱ゲージ対称性の自発的破れはたしかに起こったには違いない——だからW粒子とZ粒子が存在していて、質量を持っている——が、この仕事を果たすためだけのレシピによって設計される新しい基礎的なスカラー場を追加するのは、不自然であるように感じられたのだ。第一に、あらゆる変わった粒子が混在する自然の中でも、ほかに基礎的なスカラー場の存在が観測されたことなど一度もなかった。第二に、まだ発見されていない不明の物理が小さなスケールではいろいろあるだろうと考えると、自然はもっとずっと独創的な、意外な方法でゲージ対称性を破るのではないかと感じられた。ひとたびヒッグス粒子を仮定すれば、次の質問は明白だ。「なぜ、そのように?」——もっと具体的に言えば、「なぜ、そのスケールでヒッグス場を凝縮させ、その質量を持たせるのにちょうどぴったりな力学に?」ということになる。自然はそんな、その場かぎりのような方策ではない、何らかの方法を見つけて対称性を破るのだろうと私は考えていて、博士号を取ったあと、ハーバードのソサエティ・オブ・フェローズに入るときの面接でも、正直にこの確信を強く表明したものだ。

ここであらためて、ヒッグス粒子の存在が何を意味するかを思い出してみよう。それは自然界に新しい粒子が加わるというだけでなく、目に見えない背景の場が、空間のあらゆるところに存在していなければならないということでもある。そして、あらゆる粒子が——W粒子とZ粒子だけでなく、電子もクォークも——基礎的な理論では質量ゼロだということでもある。それらの粒子は、背景のヒッグス場と相互作用するために、運動に一種の抵抗を感じるようになって、進む速さが光速よりも遅くなる。たとえば糖蜜の中を泳いだりすれば、水の中を泳ぐときのように速く泳げなくなるのと同じことである。ひとたび光速よりも遅くなってしまえば、その時点で粒子のふるまいは、質量を持っているかのようなふるまいになる。この背景の場と強く相互作用するほどに、その粒子はより大きな抵抗を感じるから、より質量が大きいかのようなふるまいになる。道路脇のぬかるみにはまった自動車が、舗道にあるときより動かしにくく、これを押し出そうとする人間からすれば、車の重量が増えたかのように感じるのと同じことである。

これは現実の本質についての驚くべき主張だ。超伝導体の場合、それが形成する凝縮体は電子のペアの複雑な結合状態だったことを思い出せば、基礎的なスケールにおいて、空っぽな空間の中でことがこんなにもシンプルに、こんなにもきれいに展開するとは、私にはどうにも信じがたかった。

では、こうした驚くべき主張をどうやって検討したらいいのだろう。そこで役に立つのが、ヒッグス自身がこのアイデアを提案するときに利用した、場の量子論の主要な特性である。自然界に新しい場を想定する場合、どんな場であれ、そこには少なくとも一種類の新しい素粒子が存在していなくてはならない。では、そうした空間全体に広がる背景の場が存在しているとすると、どうすればその粒子が生成されるのだろう？

簡単だ。真空を叩く
のである。

どういうことかというと、空間内のある一点に十分なエネルギーを集中させれば、現実のヒッグス粒子が励起して出現するから、それを測定すればいい。これは次のような図であらわせる。素粒子物理学の用語で言えば、ファインマン図を使って、背景のヒッグス場からヒッグス粒子が現れて、ほかの粒子に質量を与える流れを考えることができるのである。［図20-1］の左の図は、クォークや電子などの粒子が仮想のヒッグス粒子から散乱し、進行方向をそらされているところに相当する。したがってこの場合、粒子は前進運動に抵抗を感じている。一方、右の図は、同じ効果がW粒子とZ粒子に及んだ場合をあらわしている。

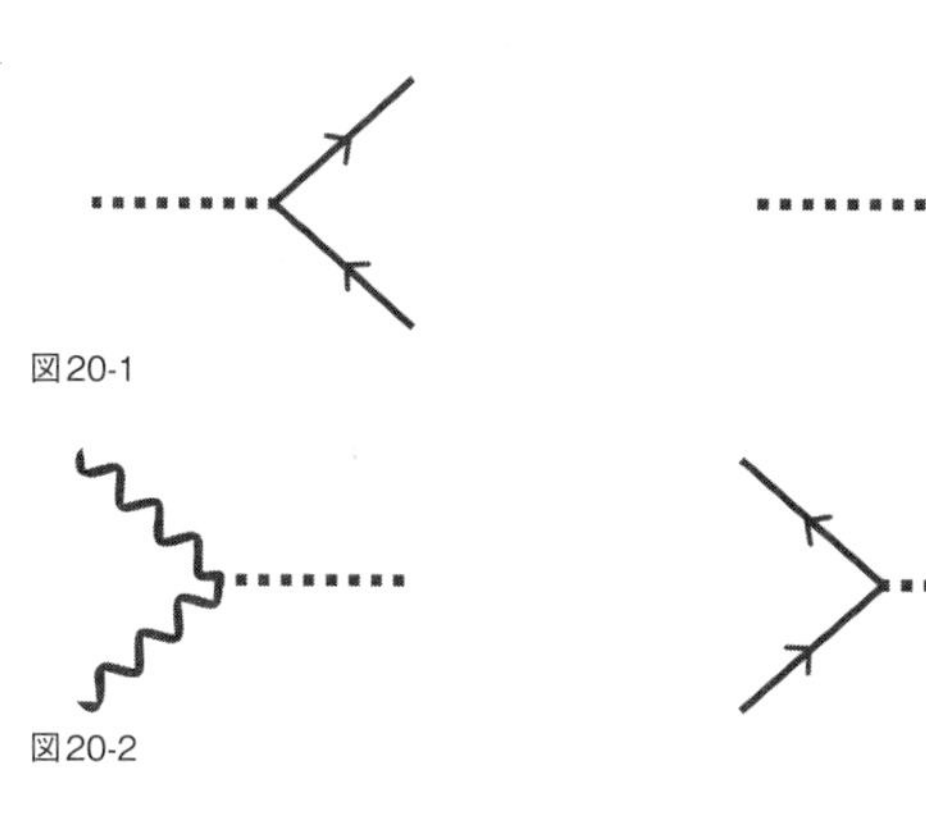
図20-1

図20-2

この図を単純に反転させると、［図20-2］のようになる。

この場合、W粒子とZ粒子のような高エネルギー粒子や、クォークや反クォーク、あるいは電子や陽電子が、仮想のヒッグス粒子を放出して反跳したように見える。もし入射粒子のエネルギーが十分に高ければ、放出されたヒッグス粒子は現実の粒子となりうるだろう。そうでなければ、ヒッグス粒子は仮想粒子だ。

そこで思い出してほしいのだが、もしヒッグス粒子がほかの粒子に質量を与えるのなら、ヒッグス粒子が最も強く相互作用した粒子は、最も大きな質量を獲得することになる。だとすれば、翻って、最もヒッグス粒子を吐き出しそうな粒子は、最も質量の大きな入射粒子だということになる。したがって、おそらく電子などの軽い粒子は、加速器の中でヒッグス粒子を直接生成させる粒子としてはあまり適当でないと考えられる。むしろ、十分に高いエネルギーを備えた加速器を建造すれば、仮想の粒子であれ現実の粒子であれ、とにかくヒッグス粒子を吐き出す重い仮想粒子を生成させられるのではないだろうか。

その候補として自然に挙がるのが、陽子である。陽子用の加速器や衝突型加速器を建造して、まずは陽子を十分に高いエネルギーまで加速し、その陽子に十分に重い仮想の粒子を生成させて、それにヒッグス粒子を生成させる。仮想であれ現実であれ、ヒッグス粒子は重いから、すぐに崩壊して、もっと軽い、ヒッグス粒子が最も強く相互作用する粒子に変わるだろう。それはやはり、トップクォークかボトムクォーク、あるいはW粒子とZ粒子である。そしてその粒子が、また別の粒子に崩壊する。

ここで重要なのは、放出粒子の数が最小になる事象を考慮することだ。そうすれば、きれいに放出粒子の検出ができて、そのエネルギーと運動量を正確に決定できるから、予言されているヒッグス粒子の相互作用を備えた一個の重い中間粒子までさかのぼる、一連の事象を再構成できたかどうかを確認できる。と、言うのは簡単でも、やるのはまったく簡単ではない！

こうしたアイデアは、すでに一九七七年の時点から明らかだった。トップクォーク自体の発見よりもさらに前のことである（ボトムクォークはすでに発見されており、ほかのすべてのクォークは、アップとダウン、チャームとストレンジという弱いペアになって現れていたので、明らかにもうひとつのクォークが存在しているはずだったが、一九九五年まで発見されず、発見されてみると、なんと陽子より一七五倍も重かった）。だが、何が必要かはわかっても、実際にそんな仕事を果たせるマシンを建造するのは、まったく話が別だった。

第二十一章　二十一世紀のゴシック聖堂

知恵から得るものは真珠にまさる。

――「ヨブ記」二十八章十八節

ヒッグス粒子の質量としてありうる範囲をくまなく探れるくらい高いエネルギーになるまで陽子を加速するのは、マシンの性能上、電弱理論のほかのすべての予言が確認された一九七八年の段階でも、あるいはW粒子とZ粒子が発見された一九八三年の段階でも、まだ不可能だった。当時の最も強力なマシンより、少なくとも一桁は強力な加速器でないと、その目的は果たせないと思われた。要するに、ただの衝突型加速器ではなく、スーパー衝突型加速器が必要だったのだ。

アメリカは第二次世界大戦以降、ずっと科学とテクノロジーの面で先頭に立ってきただけに、当然ながらそうしたマシンを建設したいという意欲を持っていた。なにしろ一九八四年になるころは、世界最高峰の素粒子物理学研究所として、ジュネーブのＣＥＲＮがその存在価値を高めていたのである。W粒子とZ粒子の発見がＣＥＲＮでなされてしまうと、アメリカのプライドはいたく傷つき、Z粒子の発見を発表する記者会見から六日後のニューヨーク・タイムズには、こんな見出しの社説が載った。「ヨーロッパで三つ、アメリカはZすらなくゼロ（ZERO）！」

Z粒子の発見から一週間もしないうちに、アメリカの物理学者たちは、ロングアイランドに立てられる予定だった中間規模の加速器の建設を中止して、いちかばちかの大勝負に出ることにした。CERNのスーパー陽子シンクロトロンのほぼ一〇〇倍の重心系エネルギーを実現する、巨大な加速器を作ろうというのである。それには新しい超伝導磁石が必要だったため、この新たな発案物には、超伝導超大型加速器（SSC）という名称がつけられた。

一九八三年にアメリカの素粒子物理学界からプロジェクトの提案が出されると、その建設と運営に関わる莫大な予算をめぐって、多くの州のあいだで伝統的なパイの奪い合いが始まった。政治的、科学的な激論がさんざん交わされた末に、テキサス州ダラスのすぐ南に位置するワクサハチーが建設地に選ばれた。動機がなんであれ、全米第二の広さを誇るテキサスはとくにふさわしい立地であるように思われた。一九八七年にレーガン大統領によって認可されたこのプロジェクトは、何もかもがスーパーサイズだったからだ。

巨大な円形地下トンネルは、全長八七キロメートルの、史上最大のトンネルとなる予定だった。プロジェクトの規模は、過去のどんな物理学プロジェクトより二〇倍は大きくなる予定だった。到達エネルギーは、二本のビームがそれぞれ陽子質量の二万倍のエネルギーで、その衝突エネルギーは、W粒子とZ粒子を発見したCERNのマシンの衝突エネルギーの約一〇〇倍となる予定だった。そして、それを達成するために、かつてないほどの強さを持った一万個の超伝導磁石が必要とされた。

しかし経費が超過し、国際協力も得られず、アメリカ経済も不調だった上に、政治的な策謀も絡んで、ついに一九九三年十月、ＳＳＣ計画は消滅に追いやられた。私は当時のことをよく覚えている。ちょうどその少し前にイェール大学からケース・ウェスタン・リザーブ大学に移って物理学部長の職に就いたところで、私には学部の再構築の任がくだされ、そのあと五年のあいだに一二名の新しい教職員を雇い入れることとなった。最初に募集をかけた一九九三年から九四年の年度には、ＳＳＣに雇われていたベテラン科学者たちから二〇〇通を超える応募があった。彼らはいまや仕事を失い、先の見込みもまるで持てていなかったのだ。その多くはかなりの年配で、最先端のプロジェクトに参加するために著名な大学での正教授職をなげうっていた人々だった。それだけでも悲しい話だが、さらに、彼らの半数以上はそのまま物理学の世界から完全に立ち去らねばならなかった。

プロジェクトが中止された一九九三年の時点での総費用の見積もりは、一九八七年の開始時点での四四億ドルから、約一二〇億ドルに膨れ上がっていた。これは当時にしても現在にしても莫大な金額であり、プロジェクトを中止するメリットを十分に論議できる額だ。そのうち二〇億ドルはすでに使われており、トンネルは二四キロメートルまで工事が終わっていた。

プロジェクト中止の決定までには異論がないわけでもなかったが、それでももう少し考えてもらってもよかったのでは、と思えることはたくさんあった。国内の才能ある加速器物理学者と素粒子実験物理学者をかなりの割合で失うことの機会費用はどうだったのか。ハイテク開発への支出は多くの画期的な新発見につながっていたかもしれず、そうなれば結果的にアメリカ経済に益をもたらしたのではないか。そして、もしＳＳＣが予定どおり建設されて稼動していたら、現在われわれが向き合っている実験的な疑問には、すでに一〇年以上前に答えが出ていたかもしれない。答えがわかっていれば、その一〇年のあいだにわれわれの達成に何か変化があっただろうか？　それは誰にもわからないだろう。

経費一二〇億ドルといっても、それは加速器が建設されて運用が始まるまでの一〇年から一五年のあいだに使われる額だから、年間の費用は一〇億ドルの範囲に収まる。連邦予算で考えれば、とくに大きな額ではない。私の政治的見解はよく知られているだろうから、こう言っても驚かれないかもしれないが、たとえば合衆国がその額だけ防衛予算を削減しても、年間予算の一パーセントにも満たない額だから、国の安全はびくともしなかっただろう。さらに言えば、SSCの総費用は、おそらくあの二〇〇三年の悲惨なイラク侵攻の空調設備費と輸送費に相当するぐらいのもので、そちらのほうは明らかにわが国の安寧を損なった。私はここでぜひともう一度、ロバート・ウィルソンがフェルミラボの加速器に関して議会に証言したときの言葉を引用したい。「(それは)われわれの国を防衛することに直接的には何も関係していませんが、われわれの国を防衛するに足るものにするのには役立ちます」

とはいえ、これらは政治の問題であって科学の問題ではなく、民主主義においては国民を代表する議会にこそ、大規模公共事業への支出に関する優先順位を監督する権利と責任がある。素粒子物理学界は、おそらく冷戦中に資金の流入に慣れすぎてしまったのか、このプロジェクトがどういうものなのかを一般大衆と議会に十分に通知する仕事を果たさなかった。経済状況の厳しいときに、極度に専門的と見られるものが真っ先にカットされるのは、思えば当然のことだろう。それでも当時、私はなぜこのプロジェクトが中止されなくてはならないのかわからなかった。それよりいったん資金投入を中断して、経済が回復するまで待つか、あるいはテクノロジーがもっと発達して、コストを下げられるようになるのを待てばいいではないかと思った。トンネルだって(現在は水が入っている)研究施設だって(現在は化学企業が入っている)逃げやしなかったのだ。

アメリカがこのような展開になっていたあいだに、CERNは新しいマシンの導入を進めていた。その大型電子陽電子衝突型加速器（ＬＥＰ）は、Ｗ粒子とＺ粒子の詳細な物理を探るために設計されたもので、ＣＥＲＮの最新のノーベル賞受賞者である、かの不屈のカルロ・ルビアがせっせと旗を振っていた。ルビアは一九八九年にＣＥＲＮのディレクターとなり、同じ年に新しい加速器が稼動を開始した。

古いＳＰＳのマシンを取り囲むように、地下およそ一〇〇メートルのところに全長二七キロメートルの環状トンネルが掘られ、今度は粒子を放出するのに使われるようになったＳＰＳから電子と陽電子がもっと大きなリングへと送られて、そこで膨大なエネルギーになるまでさらに加速された。ジュネーブの外れに位置する新しいマシンは非常に大きく、ジュラ山脈の下を通ってフランスに入り込んでいた。アメリカに比べ、ヨーロッパの国々はトンネル建設に慣れており、工事が完了したときには、トンネルの二つの端が一センチメートルもずれずにぴたりと合わさっていた。さらにＣＥＲＮは、多くの国が参加する国際的な共同研究機関であるだけに、どの国のＧＤＰにも大きく食い込むことはなかった。

新しいマシンは無事に稼動して一〇年以上も運用され、アメリカのＳＳＣ計画が頓挫したあとは、この巨大なＬＥＰトンネルがＳＳＣの小型版の誕生と見なされた。たしかにＳＳＣほど強力ではなかったが、それでも待望のヒッグス粒子が存在するかもしれない母数空間のほとんどを探るのに十分なだけのエネルギーはあったのだ。一方、その対抗馬となりそうだったのが、フェルミラボの擁するテバトロンというマシンで、一九七六年から運用されていたが、一九八四年に世界で最も高エネルギーの陽子反陽子マシンとして稼動を開始した。一九八六年までには、全長六・五キロメートルの超伝導磁石のリングを循環する陽子と反陽子の衝突エネルギーが、陽子の静止質量エネルギーの約二〇〇〇倍にまでなっていた。

それは相当な高エネルギーだったが、それでもヒッグス粒子の母数空間のほとんどを探るには十分でなく、テバトロンで発見がなされるには、自然がよほど優しくなければならなかった。しかしテバトロンは一九九五年、ひとつの大成功を収めている。長らく待たれていた巨大なトップクォークの発見だ。これは陽子の一七五倍もの質量があり、現在発見されているかぎりでは自然界で最も重い粒子である。

このように明らかなライバルもいない中で、ＳＳＣの計画中止から一年と二ヵ月のうちに、ＣＥＲＮの委員会は新しいマシンの建設を認可した。それがＬＥＰトンネルを利用して作られる、大型ハドロン衝突型加速器（ＬＨＣ）だった。加速器と検出器の設計と開発が完了するまでにはしばらく時間がかかりそうだったため、トンネル内では引き続きＬＥＰをあと六年ほど稼動させ、それから再建設のためにＬＥＰを閉鎖する予定とした。そこからさらに一〇年近くをかけて加速器と検出器の建設を完了させたら、そこでいよいよヒッグス粒子をはじめとする新粒子の探索が始まることになる。

つまり、これはあくまでも、もし運用可能な加速器と検出器が無事に建造できたら、という話だった。それは人類がかつて経験したことのないほど複雑な工学的課題だったのである。超伝導磁石、コンピューター設備、そのほか加速器と検出器のさまざまな側面についての設計仕様には、当時のレベルをはるかに超えるテクノロジーが必要になると見られていた。

マシンのコンセプトデザインに丸一年がかかり、さらにもう一年かけて、主要検出器二つの共同事業提案が認可された。このレースに関して対抗馬を持たなかったアメリカは、「オブザーバー」国になることをＣＥＲＮから認められ、そのおかげでアメリカの物理学者も検出器の開発と設計に深く関われるようになった。一九九八年、二つの主要な検出器のひとつであるＣＭＳを収容するスペースの建設が、半年ほど延期された。工事を進めていた地下の洞窟に、ひとつの村とそのまわりの畑を含む四世紀のガリア時代の遺構が発見されたからである。

四年半後、二つの検出器の両方を収める巨大な地下の洞窟が完成した。次の二年間で、全長一五メートル、重量三五トンの巨大な磁石が一二三二個、専用の立坑から深さ五〇メートルの地下に降ろされて、トンネル内を移動できる特別に設計された車両によって所定の位置に据えられた。さらに一年後、二つの巨大な検出器のさまざまな最終部品が地下に降ろされて取り付けられ、ついに二〇〇八年九月十日、午前十時二十八分に、初めてマシンが正式に試運転を開始した。

しかし二週間後、災難が襲う。磁石の連結装置のひとつがショートして、連結されていた超伝導磁石が超伝導でなくなり、大量のエネルギーが放出されて機械が損傷し、マシンを冷却する液体ヘリウムの一部が漏れ出してしまったのだ。被害はきわめて広範囲に及び、LHCのすべての溶接部と連結部が再設計と試験を余儀なくされ、完了までにまた一年以上がかかることになった。二〇〇九年十一月、ようやくLHCの準備があらためて整ったが、設計上の懸念から、最初に予定されていた陽子の重心系エネルギーの一万四〇〇〇倍ではなく、七〇〇〇倍で運転されることになった。二〇一〇年三月十九日、ついにマシンは二本の衝突ビームを低めのエネルギーで流し始め、二週間のうちには、その合計エネルギーでの衝突を二台の検出器の両方が記録し始めた。

こうした単純な時系列では、LHCの最初の提案から一五年のあいだにCERNで達成された技術的偉業がいかに困難な挑戦だったかは、とうてい伝わらないだろう。もしあなたがジュネーブの空港に降り立って、あたりを見回せば、そこには遠い山々を背景に、のどかな農地が広がっている。言われなければ、まさかその農地の下に、人類がこれまで建設したこともないような複雑な装置が埋まっているとは思いもしないだろう。では、その穏やかで牧歌的な場所の地下一七五メートルほどのところに設置されている、複雑きわまりない加速器のいくつかの特徴を見てみるとしよう。

図21-1

1．直径三・八メートル、全長二七キロメートルのトンネル内に、二本の平行した環状ビームラインが通っており、リングの四つの地点で交差する。リングのまわりには一六〇〇個以上の超伝導磁石が配置されており、そのほとんどは重量二七トンを超える。トンネルは非常に長いため、これを見下ろしても、曲がっていることがほとんどわからない［図21-1］。

2．九六トンの超流動体ヘリウム4を使って磁石を冷却し、星間空間の奥の背景放射よりも低い、絶対温度二度以下で稼動させる。合計では一二〇トンの液体ヘリウムが利用されており、それを最初に冷却するのに約一万トンの液体窒素が使われる。これらの漏れを防ぐため、およそ四万個のパイプ接続部品が製造されなくてはならなかった。このヘリウムの使用量から、ＬＨＣは世界最大の極低温装置となっている。

3．ビームライン内の真空は、宇宙飛行士が国際宇宙ステーションの外で遊泳するときに感じる宇宙空間の真空よりも薄くする必要があり、月面での気圧の一〇倍は低くなくてはならない。この真空度に達するためにＬＨＣで抜かれる空気の最大量は九〇〇〇立方メートルに及び、大きな聖堂ひとつ分の体積にも相当する。

4．加速された陽子は、光速の〇・九九九九九九九一倍の速度、すなわち、光速よりも秒速およそ三メートルだけ遅い速度で、トンネルを両方向に周回する。衝突時の陽子一個が持っているエネルギーは、飛んでいる一匹の蚊のエネルギーに相当するくらいだが、そのエネルギーが蚊の体長の一兆分の一の半径の範囲に圧縮されている。

5．陽子ビームはそれぞれ二八〇八個の束（バンチ）に分断されていて、その束ひとつに一一五〇億個の陽子が含まれている。この束の連なりが、人間の毛髪の四分の一ほどの直径に圧縮されて、リングに設置されている衝突地点に入っていく。そして二五〇億分の一秒ごとに束が衝突し、毎秒六億回以上の粒子衝突が起こる。

6．ＬＨＣからのデータを扱うために、世界最大のグリッド・コンピューティングのシステムが設計されている。ＬＨＣから生み出される生データは、一秒ごとに一テラバイトのハードドライブ一〇〇〇台分をゆうに埋めてしまう。データを解析するには、これを大幅に縮めなくてはならない。二〇一二年だけでも、解析された陽子と陽子の衝突は四〇〇〇兆以上で、処理されたデータは二万五〇〇〇テラバイトを超える。それは、これまでに書かれたすべての本の情報量を上回る量であり、それだけの量をＣＤで積み重ねれば、およそ二〇キロメートルの高さに達するだろう。この量を扱うために、三六ヵ国の一七〇ヵ所に中枢拠点を持つ世界規模のコンピューターグリッドが創設された。ＬＨＣが稼働しているあいだは、毎秒およそ七〇〇メガバイトのデータが生み出されている。

7．一六〇〇個の磁石によって二本の強烈なビームを衝突させるには、二本の針を一〇キロメートル離して互いに向かって発射させ、二つの発射地点のちょうど中間で衝突させるのと同じくらいの精度が要求される。
8．ビームはきわめて精密に調整されているため、ジュネーブ上空の月の位置が変わるとともに、月の引力によるリングへの潮汐効果が変動して、一日ごとにＬＨＣの外周の長さに一ミリメートルの変動が生じるのを考慮に入れなくてはならない。
9．陽子ビームの進行方向を操作するのに必要な、とてつもなく強力な磁場を生み出すために、超伝導磁石のそれぞれに約一万二〇〇〇アンペアの電流が流されている。これは平均的な家庭で流れている電流の約一二〇倍に相当する。
10．ＬＨＣ内の磁気コイルを形成するのに必要となるケーブル撚り線の長さは、およそ二七万キロメートルに及び、地球の外周の約六倍にも相当する。この撚り線のフィラメントをすべてほぐせば、地球から太陽までを五往復してもまだ余る長さになるだろう。
11．各ビームの総エネルギーは、時速一五〇キロメートルで走行する四〇〇トンの列車のエネルギーとほぼ同じになる。これは五〇〇キログラムの銅を溶かすのに十分なエネルギーである。超伝導磁石には、その三〇倍のエネルギーが蓄えられている。
12．超伝導磁石はＬＨＣ内の電力消費量をそれなりに抑える働きをしているが、それでも稼働中のＬＨＣは、ジュネーブの全世帯の総消費量とほぼ同じだけの電力量を消費する。

加速器そのものについては、これくらいにしておこう。ＬＨＣでの粒子衝突を解析するために、施設内にはさまざまな種類の大型検出器が設置されている。現在稼動している四つの検出器は、いずれもそれだけで、立派なオフィスビルや主要研究所の複合施設ぐらいの大きさがある。もし機会があって地下

図21-2

に潜り、それらの検出器を見たならば、巨人国のブロブディンナグに来たガリバーのような気分になることだろう。そこでは本当にすべての構成要素のスケールが巨大なのである。上の写真に写っているのは、LHCの検出器の中でも上から二番目に大きい、CMS検出器である［図21‐2］。

実際に検出器の中に立ってみると、全体像を把握するのさえ難しい。近くで見れば、こんな感じになる［図21‐3］。

マシンの複雑さは、ほとんど計り知れない域である。私のような理論家からすると、いったいどんな物理学者グループがこのような装置を把握できるのかと思うし、ましてや、これを設計して、必要な仕様どおりに建設するなんて、とても私の想像力では追いつかない。

LHCの二大検出器であるCMSとATLASは、それぞれ二〇〇〇人以上の科学者からなる共同チームによって建設された。LHCの加速器と検出器の建造には、一〇〇を超える国から一万人以上の科学者と技術者が参加した。小さいほうのCMS検出器の詳細を見てみよう。小さいといっても、全長二〇メートル以上、高さ一五メートル、直径一五メートルの大きさだ。内部には約一万二五〇〇トンの鉄が使われていて、エッフェル塔の鉄の量より多い。検出器全体が半分に分かれるようになっており、作業するときは、その半分ずつを数メートルほど離すことができる。車輪がついているわけでもないのだが、検出器の巨大な磁場が働き出すと、離れていた半分ずつが互いにぴたりと引き寄せられていく。

検出器はそれぞれ何百万もの部品からなっている。ルの一〇万分の一の精度で測定することができる。カロリメーターは、検出器内で付与されたエネルギーを高い精度で検出する。さらに別の装置では、粒子が検出器の内部を通過したときに発する放射を測定することによって、粒子の速度を測定する。一回の衝突ごとに個々の粒子が何百、何千と生成されるかもしれないが、検出器はそのほとんどすべてを追跡して、各事象を再構成できるようにしなくてはならない。飛跡検出器（トラッカー）は粒子の軌道を一メート

図21-3

物理学者のヴィクター・ワイスコフは、一九六一年から一九六六年まで、ＣＥＲＮの四代目の所長を務め、当時の巨大な加速器を中世ヨーロッパのゴシック聖堂にたとえた。ＣＥＲＮとＬＨＣを考えると、その比較はことさら興味深い。ゴシック様式の大聖堂は、新しい建築技法と新しいツールの創造を必要とすることにより、当時のテクノロジーを大いに高めた。何十もの国から集められた数百人、数千人の腕のいい職人が、何十年にもわたって、それらの聖堂を築いた。その壮大なスケールに比べると、それまでの建築物がすべて

ちっぽけに見えた。そしてそれらの大聖堂は、神の栄光をたたえるという以外になんら実用的な理由もなく建造されていた。

ＬＨＣもまた、新しい建築技法と新しいツールの創造を必要とした、加速器史上最も複雑なマシンである。その加速器と検出器を建設するのに、博士号を持つ科学者と技術者が何千人も必要とされた。彼らの出身国は数百に及び、使われる言語は数十にわたり、そして少なくとも同じくらいの数だけ、各自の宗教的背景も多岐にわたっていた。彼らの任務が完了するまでには二〇年近くがかかり、そうして完成されたもののスケールに比べれば、それ以前に建設されたマシンがすべてちっぽけに見えた。そしてこの巨大な加速器は、自然の美をたたえ、探るという以外になんら実用的な理由もなく建造されていた。

この観点から見れば、それらの大聖堂とこの加速器は、ともに人間の文明というものを何よりもよく伝えるモニュメントかもしれない。スケールの大きい複雑なものを想像し、建設する能力と意志。それにともなって必要とされる、場合によっては世界中から集められる無数の個人の協力。そして宇宙の仕組みに対する畏敬と驚異の念を、人間の条件を高めてくれるかもしれない具体的なものに仕立て上げるという目的。加速器と大聖堂はどちらとも、人間の営みを別の領域でたたえる比類なき壮大な作品なのである。とはいうものの、私はＬＨＣのほうが勝っていると思うし、この二〇年をかけて完成されたみごとな建造物は、二十一世紀が文化と想像力をまだ奪われていないことの実証だとも思うのである。

そこでいよいよ、二〇一二年七月四日までの道のりに話を移す。

二〇一一年には、ＣＥＲＮの職員のひとりが言ったように、ＬＨＣは快調に走っていた。その年の十月までに取得されたデータの量は、すでに二〇一〇年の最初の運転時に得られた量の四〇〇万倍になっており、二〇一一年初頭までの量と比べても三〇倍になっていた。

物理学者が四〇年も待ち望んでいたデータが収集されていたこの時点で、物理学界にちらほらと噂が飛び始めた。その噂の多くは、当の実験家たちが出所だった。私はキャンベラのオーストラリア国立大学に非常勤の職を持っており、二〇一二年七月には、メルボルンで高エネルギー物理学国際会議が開かれることになっていた。メルボルンからはLHCに大勢が派遣されていて、私はメルボルンに行くたびに、すでに実験によってヒッグス粒子の質量の候補範囲がどんどん除外されていると聞かされていた。

多くの実験家は、理論家の考えが誤りだったと証明できることに嬉しさを感じるものだ。そして、この場合もそうだった。ある実験家は、会議まであと半年を過ぎたころ、興奮気味に私にこう言ってきた——ヒッグス粒子の質量範囲は、陽子質量の一二〇倍から一三〇倍という狭い範囲を除いてすっかり除外されており、七月までにはその範囲も除外できているのではないかと思う、と。ヒッグス粒子に対して懐疑的だった私からすると、そう聞かされてもとくに悲しくはならなかった。むしろ私は、ヒッグス粒子が存在しないかもしれない理由を説明する論文に着手しようかと思ったくらいだ。

その年の四月五日、LHCの重心系ビームエネルギーがわずかに上がって、陽子の静止エネルギーの八〇〇〇倍になったとともに、状況がさらに興味深いことになってきた。エネルギーが上がったということは、新しい粒子が発見される可能性が高まるということだ。六月半ばには、CERNからの発表で、翌月のメルボルンでの会議にCERNの所長も二つの主要実験の責任者も出向かないことが伝えられた。その代わりに七月四日の朝、CERNのメイン会議室——かつてルビアがW粒子の発見を発表したのと同じ部屋——から、テレビ会見で結果報告をするという。

その七月四日、私はコロラド州アスペンで物理学会議に出ていた。まもなく始まる発表の重要性にかんがみて、会議側は生中継用のスクリーンを設置していた。おかげで午前一時、私たちは全員そこに座って、歴史が展開するのを目撃できることになった。暗い中をアスペン物理学センターに集まってきていたのは一五人ほどで、ほとんどが物理学者だったが、ジャーナリストも何人かいて、そのうちのひとりがニューヨーク・タイムズのデニス・オーヴァーバイだった。彼はそのあと深夜まで原稿を書く心積もりで来ていたが、じつは私もそうだった。もし事態が予想どおり進めば、翌週の科学欄に論説を寄稿してくれとタイムズ紙から依頼されていたのである。

そしてショーが始まった。四五分かそこらにわたって、スポークスパーソンが二つの大型検出器からのデータを提示した。それはどちらも、陽子質量の約一二五倍の質量を持った新しい素粒子の存在を圧倒的に実証するものだった。二〇〇九年の最初の大惨事のあと、LHCは申し分なく働いてきた――二つの検出器にしても同様である。私も同僚たちも、これらの検出器が既知のバックグラウンド過程に関して最初の数ヵ月間に示したまったく隙のないクリーンな結果に驚愕したものだ。ゆえに、新しいものが出てきたときにも私たちは驚かなかった。これらの検出器なら、当然それを発見できただろう。たとえ信じられないほど複雑な環境の中で働いていたとしても。

だが、それだけではなかった。この新粒子の発見は、標準模型のヒッグス粒子に関して予言されていた崩壊チャネルを精査することによってなされていた。陽子に（中間物のトップクォークかW粒子を介して）変わるか、電子などの粒子に（中間物のZ粒子を介して）変わるかの相対的な崩壊が、多かれ少なかれ予言されていたものと一致していたうえに、陽子と陽子の衝突での新粒子の生成率も、やはり予言と一致していた。その時点までに二つの検出チームによって解析されていた何百京という単位の衝突の中から、約五〇のヒッグス粒子と思しき候補が発見されていた。もっと決定的な同定にいたるまでには多くの試験が実施されなくてはならなかったが、もしヒッグスのように歩き、ヒッグスのように鳴くのだったら、それはおそらくヒッグスだった。発見が主張されてから最速の二〇一三年十月に、フランソワ・アングレールとピーター・ヒッグスにノーベル賞が授与されてまったくおかしくないくらい、証拠は十分に良好だったのだ。

二〇一三年二月、LHCは機能を改良するために、いったん稼動を停止した。改良工事が完了すれば、いよいよLHCは最初の設計どおりのエネルギーとルミノシティで稼動できることになる。停止の数週間前までに、CERNの大容量記憶システムには一〇〇ペタバイト以上のデータが保存された。それはCD一億枚分を超える情報量である。最初の発表前には解析されていなかったデータからも新しい結果が次々に入り続けた（その中にはヒッグス粒子より六倍も重い、予想外の新しい粒子の可能性を示唆する非常に興味深い結果もあったが、本書が印刷に回される直前に、その暗示は消滅した）。

発見が本物だった場合、データが増えれば増えるほど見込みは明るくなるのに対し、特異な結果はたいてい時間とともに消えていくものである。今回の見込みは、かえって困惑するほど明るかった。光子、Z粒子、W粒子、タウ粒子（知られているかぎり最も重い電子のいとこ）、ボトムクォークを含む粒子へと崩壊する、それぞれ五種類の予言されていた崩壊チャネルを観測と比較してみると、標準模型のヒッグス粒子の予言は、余計なアクセサリーをつけなくても、驚くほどよく観測と合致した。

LHCの検出器は崩壊生成物の角度分布とエネルギーから、数の増えたヒッグス粒子候補の新たなサンプルに対して、その粒子が本当にスカラー粒子なのかどうかを調べることができた。もしそうであれば、それは自然界でかつて観測されたことのない最初の基礎的なスカラー粒子になる。二〇一五年三月二十六日、CERNのATLAS検出器チームから公表された結果は、その新しい粒子がスピンゼロの粒子で、スカラー粒子としてのヒッグス粒子に想定されているのと正確に一致するパリティを持つ粒子であることを、九九パーセント以上の信頼度で示していた。自然はヒッグス場のようなスカラー場を嫌うものだと私などは思っていたが、そうではないことを自然が明らかにしたのである。このような基礎的なスカラー粒子の存在は、自然界でどんなことがありうるかについての見方を大きく変える。私を含め、人々はそれまで考えもしなかったシナリオをいろいろと考え始めることとなった。

二〇一五年九月、本書の第一稿が書き上がる約一ヵ月前、LHCの二大検出器であるATLASとCMSが、それぞれの二〇一一年と二〇一二年のデータを共有した上で、理論と実験との統一された比較を初めて提示した。その結果は——考慮するべきパラメーターが全部で四二〇〇もあるなど、それぞれの実験での別々の体系的影響を考慮に入れなくてはならない、とてつもなくたいへんな計算を経て——標準模型のヒッグス粒子に関して予言されるあらゆる特性がこの新しい粒子にあることを、約一〇パーセントの不確実性を残して明らかにしていた。

こんなシンプルな結論で終わりとは、半世紀にわたる何千もの人々の努力を思えば、いささか拍子抜けのようにも感じられるかもしれない。ここまでの道程には、標準モデルを構築した理論家たちがいて、実験と予言を比較したり背景率を確定したりするために、信じられないほど複雑な計算をした人たちがいて、加速器史上最も複雑なマシンを建設し、試験し、運用してきた何千人もの実験家たちがいた。彼らの物語の折々には、知的な勇敢さが生んだとてつもない高みもあれば、何年にも及ぶ混乱もあり、不運もあれば幸運もあり、競争心もあれば情熱もあり、そして何より、最も基礎的なスケールでの自然を理解するというたったひとつのゴールを目指しての、全員の不屈の闘志があった。あらゆる人間ドラマと同様に、妬みや我の強さや虚栄心といった要素もそれなりに含まれてはいたものの、それよりもっと重要なのは、ここに登場する人々が、民族性にも、言語にも、宗教にも、性別にも、まったく関係しない独自のコミュニティを築いていたということだ。これは壮大な叙事詩のあらゆるドラマを兼ね備えつつ、科学が現代文明に提供できる最良のものを示した物語なのである。

ほんの少数の人たちが対称性という抽象的な概念に刺激され、場の量子論の複雑な数学を使って論文に書いたアイデアを、自然が本当に使ってくれるほど優しかったとは、私からすると驚き以外の何物でもなく、その思いは今後も変わらない。もし自分が深夜、書斎でひとりきりで論文の最後の仕上げをしているときに、自然の仕組みが本当に自分の考えているとおりだったかもしれないと気づいたなら、そのとき感じる高揚と恐怖の入り混じった気持ちは、どう表現していいかわからないくらいのものだろう。それはひょっとすると、あのプラトンの哀れな哲学者が、初めて洞窟から日の光のもとに引きずり出されたときに感じたかもしれない気持ちと似ているのではないだろうか。

自然が本当に、二十世紀と二十一世紀版のプラトンの哲学者たちによって直感されたシンプルでエレガントな規則にしたがっていたのだという発見は、驚きであると同時に心強くもある。実験によって少しでも揺れが来ればすぐに崩れてしまう砂上の楼閣のような理論でも、それを築こうとする科学者の意志は見当違いではないのだと言ってくれているようなものだからだ。おかげでわれわれはくじけずに、かつてアインシュタインがあきれたように言ったとおり、最大規模での宇宙はまったく計り知れないと思い続けることができるのである。

二〇一二年七月四日、ヒッグス粒子発見の報告をこの目で見たあと、私は次のような文を書いた。

どうやらヒッグス粒子は発見されたようである。これが発見されたからといって、もっといいトースターや、もっと速い車が開発されるわけではないかもしれない。それでもこの発見は、自然の秘密を解き明かすことのできる人類の頭脳と、その自然の謎を制御するために人類が築いてきたテクノロジーへの、驚くべき賞賛ととっていい。空っぽの空間のように見えるところ——まさしく無のように見える、ますます興味深くなっているところ——には、じつはそれのおかげで私たちが存在していられるような、そんな重要なものが隠れているのである。

それを実証したことにより、先週の発見は、私たち自身についてのものの見方も、宇宙における私たちの位置についての見方も変えることになるだろう。それはまさしく偉大な音楽、偉大な文学、偉大な芸術の特徴であり……偉大な科学の特徴でもあるのだ。

＊＊＊

ＬＨＣでのヒッグス粒子の発見や、それに続くかもしれない何らかの発見の結果として、われわれの現実像の何が変わるかを判断するにはまだ早すぎるし、必ず変わると言いきれるものでもない。それでもやはり、運は準備のできている者に味方する。そして、まさにそれを考えるのが私のような理論家の責任であり、と同時に喜びでもある。

今回、自然はわれわれに優しかったように見えるかもしれないが、おそらく今回は優しさが過ぎていた。私が描いてきた長大な物語はまだこの先に、物理学と物理学者に対する新しいドラマチックな課題や、自然はわれわれを心地よくするためにあるのではないということを痛烈に思い出させるものを用意しているかもしれない。われわれは今、予期していたものを見つけたかもしれないが、それ以外の何物でもない、まさにそれが見つかるとは、誰も本当に予期してはいなかったのだ……。

第二十二章　答えよりも多くの疑問

愚かな者は英知を喜ばず
自分の心をさらけ出すことを喜ぶ。

――「箴言」十八章二節

ある意味では、この物語はもう終わっているとも言える。なぜならすでにわれわれは、基礎的なスケールでの宇宙についての直接的、実証的な知識の限界まで達しているからだ。とはいえ、夢を見るのをやめろとは誰も言わない。たとえその夢が必ずしも心地よいものではないとしてもだ。二〇一二年七月以前、素粒子物理学者は二つの悪夢を抱えていた。ひとつは、ＬＨＣで何も見つからなかったら、というものである。その場合、おそらくＬＨＣを最後に、宇宙の基礎的な構成要素を探るための巨大加速器が建設されることは二度とないだろう。そしてもうひとつは、ＬＨＣでヒッグス粒子が発見されることである。そうなったら……それで終わりだ。

われわれが現実の層を一枚はがすたび、また次の層がわれわれを手招きする。したがって科学における新しい重要な発展が何度あっても、われわれの手元にはつねに答えよりも多くの疑問がある。だが、たいていそのときには、少なくとも簡略なロードマップぐらいはついていて、それらの疑問に答えを見つけるにはまずどこへ進めばいいかを示してくれる。ヒッグス粒子が発見されて、それとともに、空間全体に広がっている目に見えない背景のヒッグス場の存在が立証されたのも、二十世紀の大胆な科学的展開が正しかったことの意義深い証しだった。

しかしながら、シェルドン・グラショウのあの言葉は、今もなお真実味を持って響き続ける。ヒッグス粒子はトイレのようなものだ。その裏には、あまり話したいと思わないさまざまな面倒なものが隠れている。たしかにヒッグス場はエレガントかもしれないが、これはあくまでも、標準模型にその場しのぎで組み込まれたものである。われわれの感知する世界を正確に模型にするのに必要とされることを果たすため、これが理論に追加された。しかし理論上で必要とされたわけではない。長距離で作用する弱い力と質量ゼロの粒子さえあれば、宇宙はゆうゆうと存在できていただろう。そしてわれわれがここにいて、こんな疑問を考えることもなかったというわけだ。さらに言えば、すでに見てきたとおり、ヒッグス粒子の細かな物理は、標準模型それだけの枠内では決定されない。ヒッグス粒子は実際より二〇倍重くてもよかったし、一〇〇倍軽くてもよかったのだ。

それならそもそも、なぜヒッグス粒子は存在しているのか。なぜその質量を持っているのか（あらためて言っておくが、科学者が「なぜ」と言うときは、つねに「いかにして」を意味している）。もしヒッグス粒子が存在しなければ、われわれが見ている世界は存在しない。しかし、それではまったく説明になっていない。それとも、なっているのだろうか？　つきつめれば、ヒッグス粒子の背後にある根本的な物理を理解することは、われわれがどうして存在するようになったかを理解することである。「なぜ私たちはここにいるのか？」という問いは、根本的なレベルでは、「なぜヒッグス粒子はここにあるのか？」と問うのと同じことなのだ。そしてその問いに、標準模型は答えを与えない。

とはいえ、手がかりならある。それは理論と実験の組み合わせから得られたものだ。一九七四年、標準模型の細部が一〇年かかって実験的に立証されるのはまだ先だが、ひとまずその基礎的構造がしっかり確立されたばかりのころ、グラショウとワインバーグがともに勤めていた時期のハーバードで、二つの異なるグループが、とある興味深いことに気がついた。グラショウは、同僚のハワード・ジョージとともに、グラショウが最も得意とすることをした。彼らは既存の粒子と力のあいだにパターンを探し、群論の数学を使って新しい可能性を見つけようとしたのである。

すでに見たように、標準模型では、電磁力と弱い力が高いエネルギースケールで統一されるが、ヒッグス場の凝縮によって対称性が自発的に破れると、観測可能なスケールでは二つの分離した力が現れる。短距離で作用する弱い力と、あいかわらず長距離で作用する電磁力である。ジョージとグラショウはこのアイデアを拡張して、強い力までも含めようとした結果、既知のすべての粒子と重力以外の三つの力が、単一の基礎的な、もっと大きなゲージ対称性構造に自然と収まることを発見した。そこから彼らは推論を続け、この基礎的な対称性が、現在の実験の可能範囲をはるかに上回る超高エネルギーの短距離スケールで自発的に破れ、あとに残るのが二つの異なる破れていない対称性で、それがすなわち分離した強い力と電弱力となってあらわれると考えた。電弱対称性はさらにそのあと、もっとエネルギーが低く距離が長いスケールにおいて破れることになり、そこで短距離の弱い力と長距離の電磁力に分離するのである。

この理論はその後、物理学界では控えめに、大統一理論（ＧＵＴ）と呼ばれるようになった。

ほぼ同じころ、ワインバーグとジョージはヘレン・クインとともに、ある興味深いことに気がついた。それはウィルチェックとグロスとポリツァーの研究を受けてのことだった。強い相互作用はそれを探る距離スケールが小さくなるとともに弱まるが、電磁相互作用と弱い相互作用は強まるのである。

三つの異なる相互作用の強さが、ある小さな距離スケールでは等しくなるかもしれないというのは、とくに頭がよくなくても想像がつく。実際に彼らが計算してみると、そのような統一は可能と見られるが、統一のスケールが陽子の大きさより約一五桁小さいスケールだった場合にしか起こりえないことが（当時の相互作用の測定される精度で）わかった。

もしも統一理論がジョージとグラショウの提唱したとおりのものだったなら、これはよい知らせだった。というのも、自然界で観測されるすべての粒子が、その新しい大きなゲージ群に統一されるなら、新しいゲージボソンが存在して、クォーク（陽子と中性子の構成要素）と電子とニュートリノのあいだに変換を生じさせられることになる。それはすなわち、陽子がもっと軽い別の粒子に崩壊できるということだ。グラショウが言ったように、「ダイヤモンドは永遠ではない」ことになる。

その当時でも、陽子がとてつもなく長い寿命を持っていなくてはならないことは知られていた。われわれがビッグバンから一四〇億年近く経ったあとでも存在しているからというだけでなく、われわれがみな幼いうちにがんで死んだりしないからでもある。もし陽子が約一〇〇京年（10^{18}年）より短い平均寿命で崩壊すれば、われわれが子供のうちに体内で相当の数の陽子が崩壊し続けて、われわれを死なせてしまうだけの放射を発することになるだろう。量子力学では、過程が確率的なものになることを思い出してほしい。ある平均的な陽子が一〇〇京年生きるとして、ある人が一〇〇京個の陽子を持っているとすると、平均して年に一個の陽子が崩壊する。そして人間の体内には、一〇〇京個よりずっと多くの陽子がある。

しかしながら、大統一理論で提案されている対称性の自発的な破れに関連する非常に小さな距離スケールと、それにともなう非常に大きな質量スケールを考えると、その新しいゲージボソンは大質量を持つことになる。だとすると、それが仲介する相互作用はきわめて短距離になるから、今日の陽子と中性子のスケールでは信じられないほど弱くなっていなければならない。結果として、陽子は崩壊できるとしても、このシナリオでは崩壊する前に10^{33}年も生きていなければならない。けっこうなかぎりだ。

＊＊＊

グラショウとジョージの結果、およびジョージとクインとワインバーグの結果から、大統一の匂いが漂ってきた。電弱理論の成功のあとだったから、素粒子物理学者は大きな望みを持って、さらなる統一をいつでも迎え入れる気になっていた。

しかし、それらのアイデアがはたして正しいのか、どうしたらわかるだろう。陽子の静止質量の一〇〇〇兆倍ものエネルギースケールを探れる加速器など、どだい建設できるわけがない。そんなマシンには、月の軌道ぐらいの外周が必要になる。たとえ建設が可能だったとしても、かつてのＳＳＣの大失敗を考えれば、その費用を払う政府はどこにもないだろう。

幸い、ほかに方法がないわけではなかった。先ほど述べた、陽子の寿命の限界を知るための確率論的な方法を使えばよい。この新しい大統一理論が陽子の寿命を、たとえば10^{30}年と予言するなら、あるひとつの検出器に10^{30}個の陽子を投入すれば、平均して年に一個の陽子が崩壊する。

そんな膨大な数の陽子がどこにある？　簡単だ。約三〇〇〇トンの水の中である。

したがって必要なのは、たとえば三〇〇〇トンの水が入るタンクを用意して、暗いところに設置し、背景放射線が入らないようにして、検出器の光の点滅を検出できる高精度の光電管でまわりを囲み、陽子が崩壊したときの光の点灯が見えるのを一年間待つ——これだけだ。気が遠くなるような話に聞こえるかもしれないが、少なくとも二つの大規模実験が、この目的のためだけに立ち上げられた。ひとつの施設はエリー湖に面したオハイオ州の深い地下の岩塩坑の中にあり、もうひとつは日本の神岡町の近くの鉱坑の中にある。鉱山が使われたのは宇宙線の侵入を遮蔽するためで、これが入ってくるとバックグラウンドが生じて陽子崩壊の信号が見えなくなってしまうのである。

どちらの実験も、一九八二年から八三年ごろにデータを取り始めた。大統一理論はきわめて有望に見えたから、物理学界はすぐに信号が現れて、この大統一が素粒子物理学における驚異的な変化と発見の一〇年の頂点に立つものと確信していた。そしてもちろん今回も、グラショウとほかの何人かにノーベル賞がもたらされるだろうと思っていた。

あいにく、自然は今回それほど優しくはなかった。一年目で信号は現れず、二年目も、三年目も駄目だった。グラショウとジョージが提案した最も単純でエレガントなモデルはすぐに除外された。しかし、ひとたび熱狂的に広まってしまった以上、大統一がそう簡単にあきらめられることはなかった。もっと複雑な、現在進行中の実験の性能では検出できないくらいに陽子崩壊を抑制させるような統一理論が、ほかにいろいろと提案された。

しかし一九八七年二月二十三日、また別の事象が起こって、私がほぼ普遍だと思っていた格言を実証した。宇宙の新しい窓を開けるとき、つねにそこには驚きがあるのだ。この日、ある天文学グループが、夜間に撮影された写真乾板の中に爆発中の星（超新星）を発見した。ここまで近距離で超新星爆発が観測されたのは、およそ四〇〇年ぶりだった。約一六万光年先にあるその星は、南半球で観測できる天の川銀河の小さな伴銀河、大マゼラン雲の中にあった。

超新星爆発に関するわれわれの考えが正しければ、放出されるエネルギーの大部分はニュートリノとなって現れるはずだった。ただ、放出される可視光線があまりにも大きいため、爆発したときの超新星は、宇宙で最も明るい花火のように見えるのだ（ひとつの銀河につき約一〇〇年に一度の割合でこうした爆発が起こる）。当時のおおよその推定では、ＩＭＢ（アーバイン＝ミシガン＝ブルックヘブン）とカミオカンデの巨大な水検出器で、約二〇個のニュートリノ事象が検出されると考えられた。ＩＭＢとカミオカンデの実験家たちが急いで戻ってその日のデータを確認してみると、なんとしたことか、ＩＭＢのほうでは一〇秒のあいだに八個の候補事象が、カミオカンデのほうでも一一個の候補事象が示されていた。ニュートリノ物理学の世界では、これは大量のデータだった。ニュートリノ天体物理学という分野はにわかに成熟に達した。この一九個の事象によって、これが超新星の核心に迫るための画期的な窓になると気づいた私のような物理学者たちによる一九〇〇本もの論文が書かれ、天体物理だけでなくニュートリノの物理そのものまで扱う研究所も生まれた。

巨大な陽子崩壊検出器が、天体物理学の新たなニュートリノ検出器として二重の目的を果たせるかもしれないとわかったことに勢いを得て、いくつかのグループが、そうした二重の目的にかなう新世代の検出器の建設を始めた。そのうち世界最大のものが、ふたたび神岡鉱山の中に建てられたスーパーカミオカンデである。その名にふさわしい、容量五万トンの超巨大な水槽を備え、そのまわりを一万一八〇〇の光電管が囲んでいる。操業中の鉱山の中で運用が始まったが、実験では研究所のクリーンルーム並みの無菌状態が維持された。このサイズの検出器では、外部の宇宙線だけでなく、内部の放射線による水の汚染にも注意しないと探されている信号が見えなくなってしまうため、これは絶対に必要な措置だった。

一方、これに関係する天体物理学的なニュートリノのシグネチャーへの関心も、この時期に前例のないほど高まった。太陽は、自らのエネルギー源である中心核での核反応によって、ニュートリノを生成している。巨大な地下検出器を使って二〇年にわたって太陽ニュートリノを検出してきたレイモンド・デイヴィスは、太陽の最良模型を使って予言される事象の発生率に比べ、実際の発生率がつねに三分の一にしかなっていないことに気がついていた。そこでカナダのサドベリーの鉱山の深い地下に、新型の太陽ニュートリノ検出器が建設された。これがサドベリー・ニュートリノ観測所（ＳＮＯ）である。

スーパーカミオカンデはさまざまな改良を施しながらも、ほぼ連続して稼動を続けて二〇年以上になる。陽子崩壊の信号はまだ見られておらず、新たな超新星爆発も観測されていない。しかし、この巨大な検出器での精密なニュートリノ観測と、ＳＮＯでの補完的な観測が組み合わさって、レイ・デイヴィスの観測した太陽ニュートリノの不足が現実であることが確定された。しかも、この不足は太陽での天体物理学的な効果によるものではなく、ニュートリノの性質によるものだった。すでにわかっていた三種類のニュートリノのうち、少なくとも一種類のニュートリノが質量ゼロではないのである。もちろん、それはきわめて小さな質量で、自然界で次に軽い粒子である電子の質量よりも、おそらく一億倍は小さいと見られる。しかし標準模型はニュートリノの質量を考慮に入れていないから、これは何か新しい物理、すなわち標準模型とヒッグス粒子を超えた物理が自然界に働いているに違いないことを感じさせる、最初の決定的な観測だった。

それからまもなく、高エネルギー宇宙線陽子が地球の大気にぶつかって下向きの粒子のシャワーを発生させるたび、大量に地球に降ってくる高エネルギーニュートリノの観測から、二種類目のニュートリノも質量を持っていることが実証された。この質量は前のニュートリノの質量よりいくぶん大きかったが、それでも電子の質量よりははるかに小さい。これらの結果を出したことにより、カミオカンデとSNOのチームリーダー［梶田隆章、アーサー・ブルース・マクドナルド］には二〇一五年のノーベル物理学賞が授与された。私がこの部分の第一稿を書いた一週間前のことである。いまもって、この新しい物理へのかすかな糸口は、現在の理論では説明されない。

陽子崩壊が見られないのは残念なことではあったが、まったく予想外のことではなかった。大統一理論が最初に提案されたときから、物理学の状況はわずかに変わってきていた。重力以外の三つの相互作用の実際の強さがより精密に測定されるようになって——あわせて、それらの相互作用の強さが距離にともなってどう変わるかも、より精密に計算できるようになって——自然界に存在する粒子が標準模型の粒子だけなのであれば、三つの力の強さはどのスケールでも統一されないことが実証されたのである。大統一が起こるためには、これまでに観測されている範囲を超えるエネルギースケールに、何か新しい物理が存在していなくてはならない。新しい粒子が存在していれば、既知の三つの相互作用の起こる速さがスケールとともに変わるだろうから一定のエネルギースケールで統一されることになるかもしれないというだけでなく、傾向として大統一スケールを押し上げるだろうから、陽子崩壊の速さが抑えられることにもなって、予言される寿命が10^{30}年を超えるようになるのだ。

こうした発展にともなって、理論家たちは新しい数学的ツールを駆使し、自然界に存在するかもしれない新しい種類の対称性を熱心に探るようになっていた。それが現在、超対称性と呼ばれているものである。この基礎的な対称性は、これまでに知られているどの対称性とも違っている。これは自然界の二種類の粒子、フェルミオン（スピンが半整数の粒子）とボソン（スピンが整数の粒子）を結びつけるのである。結論だけ言うと（このアイデアについての詳細は、私の著書も含め、ほかの多くの本で論じられている）、この対称性が自然界に存在しているなら、標準模型のすべての既知の粒子に対して、それに対応する新しい素粒子が少なくともひとつは存在していなくてはならない。すべての既知のボソンに対応する、新しいフェルミオンが存在していて、すべての既知のフェルミオンに対応する、新しいボソンが存在しているということだ。

われわれはそのような粒子を見たことがないので、われわれの感知するレベルでは、この対称性はこの世界に出現できないのだろう。そして、この対称性は破れていなくてはならないのだから、その新しい粒子はきわめて重い質量を持つはずで、だからこれまでに建設されたどの加速器でも見られたことがないのだろう。

そんな新粒子の証拠はまるでないのに、自然界のあらゆる粒子をいきなり二倍にするような対称性の、どこがそれほど魅惑的なのか、と思われるかもしれない。その魅力の大部分は、大統一の事実そのものにある。もし大統一理論が陽子の静止質量より一五桁から一六桁エネルギーの高い質量スケールに存在するなら、それは電弱対称性が破れるスケールより一三桁ほど高いということでもあるからだ。なぜ、いかにして、自然の基礎的な法則にそんな大きなスケールの差が生じうるのか――これは大きな問題である。とくに、もし標準模型のヒッグス粒子が本当に標準模型の最後の残りであれば、次のような疑問が生じる。なぜヒッグス場の対称性が破れるエネルギースケールは、GUT対称性を破って別々の成分の力に分離させるために導入しなければならない新しい場に関連する対称性の破れのスケールより、一三桁も小さいスケールなのか。

この問題は、見かけよりもやや深刻だ。ヒッグス粒子のようなスカラー粒子には、フェルミオンやゲージ粒子のようなスピン1の粒子とは異なる、いくつかの量子力学的な特性がある。大統一理論で仮定されるゲージ粒子のような、任意に大きな質量を持つ粒子を含めた仮想粒子の効果を考慮すると、ヒッグス場の対称性が破れるスケールがたいてい押し上げられるから、そのスケールは重いＧＵＴスケールにほぼ近くなるか、場合によっては等しくもなりうる。これが、自然さの問題として知られる問題を生む。本来、電弱対称性がヒッグス粒子によって破れるスケールと、ＧＵＴ対称性が何らかの新しい重いスカラー場によって破れるスケールとのあいだに、そのように大きな開きがあるのはやはり不自然なのである。

優れた数理物理学者のエドワード・ウィッテンは、一九八一年の重要な論文で、超対称性が持つ特殊な性質について論じた。その特性により、任意に高い質量とエネルギーを持った仮想粒子がこの世界に及ぼす効果が、現在われわれに探れる範囲のスケールでは弱められるというのである。同じ質量を持った仮想フェルミオンと仮想ボソンは、符号以外はまったく同等の量子補正を生むので、すべてのボソンに対して同じ質量を持つフェルミオンがともなっていれば、仮想粒子の量子効果が打ち消されることになる。したがって、任意に高い質量とエネルギーを持った仮想粒子がこの宇宙の物理的特性に及ぼす効果は、現在われわれが測定できるスケールでは完全に取り除かれることになるだろう。

しかしながら、超対称性そのものが破れれば、量子補正による打ち消しもなくなる。むしろ量子補正が、超対称性の破れるスケールと同じ桁の質量を付与することになるだろう。それが電弱対称性の破れるスケールと同じくらいであれば、実際のヒッグス質量スケールがなぜこのようになっているのかが説明される。これはすなわち、現在ＬＨＣで探られているようなスケールでもたくさんの新しい粒子が

——通常の物質の超対称性パートナーが——観測されるようになるはずだと期待できるということでもある。

そうなれば自然さの問題は解決される。なぜならヒッグスボソンの質量が、それを大統一に関連するエネルギースケールまで大幅に押し上げてしまうかもしれない量子補正から守られるからだ。超対称性は、電弱スケールと大統一スケールを隔てるエネルギー（及び質量）の差が「自然」な大きさの階層になることを可能にするのである。

このように、超対称性が階層性問題を原理的には解決できることが知られてくると、当然ながら物理学者のあいだで超対称性の株は大いに上がった。理論家たちは超対称性を組み入れた現実的なモデルを探り始め、このアイデアのそれ以外の物理学的帰結も探り始めた。そうこうするうち、超対称性の株価は天井を突き抜けた。超対称性の破れの可能性を重力以外の三つの力が距離とともにどう変わるかの計算に含めると、突然、三つの力の強さが自然とある一定の、きわめて小さい距離スケールに収束したからだった。大統一理論がふたたび実現可能性を帯びてきたのだ！

超対称性が破れるモデルには、別の魅惑的な特徴もある。トップクォークが発見されるずっと前から指摘されていたことだが、もしトップクォークが重ければ、そのトップクォークとほかの超対称性パートナーとの相互作用を通じて、ヒッグス粒子の特性に量子補正が生じる。それによって、もし大統一がもっとはるかに高い超重スケールで起こるとしても、ヒッグス場の凝縮は現在測定されているスケールで起こることになる。つまり、大統一がもっとはるかに高いエネルギースケールで起こるとする理論の枠内で、電弱対称性の破れるエネルギースケールが自然に発生するということだ。そしてトップクォークが発見され、実際に重いことが判明すると、観測されている弱い相互作用のエネルギースケールの原因が超対称性の破れであるという可能性は、その魅力をいちだんと高めた。

　とはいえ、何事にもコストはかかる。この理論が成り立つためには、ヒッグスボソンが一つではなく、二つなくてはならない。さらに、新しい超対称性粒子が見られるようになるだろうとの期待はあっても、それには電弱スケールに近いところでの新しい物理を探れるＬＨＣのような加速器を建設しなくてはならなかった。そしてもうひとつ、しばらくのあいだ非常に厄介なものと見られていたある制約により、理論の中で最も軽いヒッグス粒子にある程度以上の重さがあってはならず、さもないとヒッグス機構が成り立たなくなってしまうのだった。

　何も結果が出ないままヒッグス粒子探しが進んでいたころ、加速器は超対称性理論での最も軽いヒッグスボソンの質量の理論上の上限にどんどん迫り始めていた。細部はある程度までモデルによって異なるが、その値はおおよそ陽子質量の一三五倍ほどだった。そのスケールまでヒッグス粒子が除外されてしまったなら、超対称性の大宣伝はやはりそれまでだということだった。

　しかし、そうはならなかった。ＬＨＣで観測されたヒッグス粒子の質量は、陽子の約一二五倍だったのである。大統一はまだ射程圏内にあった。

　そして現時点での答えは……いまだ明確ではない。通常の粒子の新しい超対称性パートナーが本当に存在していれば、そのシグネチャーはＬＨＣでひときわ目立つはずなので、多くの物理学者は、ＬＨＣが超対称性パートナーを発見する見込みのほうがヒッグス粒子を発見する見込みよりずっと高いと思っていた。しかし、実際には逆だった。ヒッグス粒子の発見から三年経っても、ＬＨＣで超対称性を暗示するものは何ひとつ出てきていない。状況はすでに思わしくなくなりつつある。いまや通常の物質の超対称性パートナーに想定される質量の下限は、以前よりずっと高くなっている。これがあまりに高くなりすぎれば、もはや超対称性が破れるスケールは電弱スケールに近くなくなって、階層性問題を解決してくれる超対称性の破れの魅惑的な特徴の多くが失われてしまう。

しかし、状況はまだ絶望的なわけでもない。現在ＬＨＣはさらに高いエネルギーで再稼動している。ひょっとしたら、私が今この文章を書いているときから本書が出版されて一〇回目の増刷になるときまでに、超対称性粒子が発見されていることだってありうるだろう。

もうそうなったら、それにはもうひとつ重要な帰結がある。宇宙論におけるさらに大きな謎のひとつは、観測可能なすべての銀河で圧倒的な質量を占めていると見られるダークマターの性質だ。前にそれとなく言及したように、これだけの量からして、ダークマターが通常の物質と同じ粒子でできているとは考えにくい。もしそうだったら、たとえばビッグバンで生成されたヘリウムのような軽い元素の存在量についての予言が観測と一致しなくなってしまう。したがってダークマターは新しい種類の素粒子でできているものと物理学者は確信しているのだが、それがどういう粒子なのかがわからない。

そこで、通常の物質の最も軽い超対称性パートナーについてだが、ほとんどのモデルで、その粒子は絶対的に安定していて、ニュートリノの特性の多くを持つとされている。弱い相互作用をし、電気的に中性で、そのため光を吸収することも放出することもない。しかも、私やほかの研究者が三〇年以上前に行なった計算によると、ビッグバンのあとに残った最も軽い超対称性粒子の今日での存在量は、それが銀河の質量の圧倒的な割合を占めるダークマターであった場合の範囲に自然に収まるのである。

その場合、われわれの銀河には、ダークマター粒子がその中をくまなく飛び回っているハローがあって、いまあなたがこれを読んでいる部屋ももちろんその中に含まれている。ということは、しばらく前に多くの物理学者が気づいたように、高精度の検出器を設計して地下に設置すれば——これは、少なくとも考え方の上では、すでに地下に存在しているニュートリノ検出器と同じことで――ひょっとしたらダークマター粒子も直接検出ができるかもしれない。現在、それだけを目的とした美しい実験が世界の何箇所かで実施されている。ただし、今のところはまだ何も見つかっていない。

その意味で、私たちは潜在的に最良の時期にいるとも言えるし、最悪の時期にいるとも言える。ＬＨＣの検出器と地下のダークマター直接検出器とのあいだでは、誰が最初にダークマターの本質を発見できるかの競争が続いている。もしどこかのグループが検出を報告すれば、それによって発見の世界はまったく新しい段階に突入し、大統一そのものを理解できるようになる可能性も開けるだろう。そして、もし今後もダークマターの発見がなされなければ、私たちは超対称性を単純にダークマターの起源とする考えを除外することになるかもしれない。それは翻って、階層性問題の解決策としての超対称性の概念そのものを除外することでもある。そうなったら、私たちは振り出しに戻らなくてはならない。ただし、もしＬＨＣで新しい信号が見られなくても、本当に正しいかもしれない自然のモデルを導き出すためにどちらの方向へ向かえばいいのかを示す、わずかな手がかりは得られていることになる。

状況が騒がしくなったのは、ＬＨＣがきわめて興味深い、ヒッグス粒子より六倍も重い新粒子による信号の可能性を報告したときだった。この粒子には、通常の物質の超対称性パートナーに期待されるような特徴はなかった。だいたいにおいて、どれほど刺激的なものであっても、まやかしの信号の気配はデータが蓄積されるにつれて消えていく。この信号も、最初に現れてから約半年後、データがさらに蓄積されたところで、消滅した。もし消えていなかったら、これは大統一理論と電弱対称性についての現時点での考え方を一変させ、その代わりに新しい基礎的な力と、その力を感じる一連の新しい粒子を考えさせていたかもしれない。しかし、これによって多くの希望に満ちた理論的論文が生まれはしたが、自然はそうでないほうを選んでいたようだった。

超対称性を支持したり裏づけたりする明確なサインがいっさいなくても、今のところ、一部の理論物理学者はまったくくじけていない。一九八四年に、超対称性の美しい数学的側面に後押しされて、一九六〇年代からずっと休眠していたアイデアが復活した。それは南部らが強い力を理解しようとしていたときに思いついた、クォークの理論を弦のような励起と結びつける考え方だった。超対称性を弦の量子論に組み込んでみると、驚くほど美しい数学的結果が現れ始め、重力以外の三つの力だけでなく、自然界の既知の四つの力のすべてが矛盾のない単一の場の量子論に統一される可能性が出てくるのだ。こうして生まれたのが超弦理論である。

しかしながら、この理論では、たくさんの新しい時空次元が存在していることが必要とされ、そうした次元はまだひとつも観測されたことがない。加えて、この理論でなされるほかの予言も、現時点で考えられる実験では検証が不可能だ。さらに、最近ではこの理論があまりにも複雑になりすぎて、もはや弦そのものがこの理論の中心的な力学変数ではないようにさえ見えてきている。

そうはいっても、現在ではM理論と呼ばれるようになっている超弦理論を一九八〇年代半ばの最盛期から三〇年以上にわたって研究し続けている、献身的で才能あふれる物理学者たちの強い熱意がそがれることはなかった。大きな成功も定期的に主張されてはいるが、今のところM理論には、標準模型がなしえているような科学的勝利を可能にする重要な要素が欠けている。それは、われわれが測定できる世界との接触が可能であること、その理論がなければ説明のできない難問を解決できること、そして、われわれの世界がいかにしてこのように現れたかについての基礎的な説明を与えられることだ。これらができていないからといってM理論が正しくないとは言わないが、現段階でのM理論は、やはり大部分が推論でしかない。ただ、善意も熱意も十分に感じられる推論ではある。

ここでは、弦理論の歴史と課題と成功をひととおり見ていくことはしない。それは私も別のところでやっているし、私のたくさんの同僚たちもやっている。ただ、ここで覚えておいて損はないのは、もし歴史の教訓が何らかの指針となるなら、大半の最先端の物理学的アイデアは間違っているということだ。そうでなかったら、誰だって理論物理学者になれるだろう。私たちは数百年かけて、あるいは古代ギリシャの科学から数えるなら数千年をかけて、成功と失敗を繰り返しながら標準模型にたどりついたのだ。

そうして私たちの現在地がある。この先、理論物理学者のさらに壮大な推論を是認するような、あるいは否認するような、新しい大きな発見を実験が得させてくれるのだろうか？　それとも私たちは砂漠のすぐ手前にいて、この先では自然が何も手がかりを与えてくれず、宇宙の根本的な性質を深く探ろうにも、どちらへ向かえばいいのか皆目わからなくなってしまうのだろうか？　答えはそのうちわかるだろうが、いずれにしても、私たちはその新しい現実を生きていくしかない。

たとえ自然がどんな変化球を投げてくるにせよ、先般のヒッグス粒子の発見は、理論的にも実験的にも、素粒子物理学の標準模型の最新にして最大の驚くべき達成であり、われわれの存在の根底にある隠れたタペストリーを明るみに出そうという決意に満ちた、勇敢な哲学者や数学者や科学者による、二〇〇〇年以上にわたる知的な努力の美しいクライマックスを飾るものである。

そしてこの発見は、たまたま私たちのいる美しい宇宙が、ある意味では窓ガラスにできる氷の結晶と同じようなものだというだけでなく、それと同じくらい、はかないかもしれないことを示唆してもいるのだ。

第二十三章　ビアパーティーからこの世の終わりまで

この世の有様は過ぎ去るからです。
――「コリントの信徒への手紙　一」七章三十一節

私がキャリアの大半を通じておもに研究してきたのは、素粒子天体物理学という宇宙論の新しい分野だ。一九六〇年代と七〇年代の怒涛のような理論的発展のあと、粒子加速器のような複雑なマシンを建設する能力に限界があることなどから、地上実験がそれに遅れずについていくのは難しくなった。結果として、私たち研究者の多くが、宇宙に指針を求めるようになった。ビッグバンは初期の宇宙が高温高密度だったことを伝えているから、そのときの条件は地球上の実験室ではどうやっても再現できないかもしれない。しかし私たちに知恵があれば、そうした初期の宇宙の名残りのシグネチャーを宇宙空間に見つけて、基礎的な物理の最も深遠な側面についてのアイデアでさえ検証ができるかもしれない。

私の前著『宇宙が始まる前には何があったのか？』では、大きなスケールと長い時間のあいだでの宇宙の進化について、私たちの理解にどんな革命的なことがあったかを主として論じた。私たちの探索は、まだ——ひょっとするとまもなく実現するかもしれないが——加速器で観測されたことのない新しい素粒子でできていると思われるダークマターの存在を明らかにしただけでなく、それよりもっと風変わりな、宇宙の支配的なエネルギーが空っぽの空間に存在していることも明らかにした。ただし、それがいかにして生じたかは今もって不明である。

これまでの観測で、私たちは宇宙が生まれたばかりの時期にまでさかのぼれるようになっている。私たちが細部まで観測できている宇宙マイクロ波背景放射は、宇宙が誕生してわずか三〇万年ほどの時代から発しているものだ。望遠鏡を通じて、ビッグバンから一〇億年後くらいに形成されたと思われる最古の銀河にさかのぼることもできるし、数千の銀河を含めた数億光年にわたって広がる巨大な宇宙構造が、目に見える宇宙の約一〇〇〇億の銀河の真ん中に散在する様子を地図にすることもできる。

こうした宇宙の特徴を説明するために理論家たちが頼っているのが、大統一理論の発展によって出てきたあるアイデアだ。一九八一年、アラン・グースは、宇宙の初期にGUTスケールで起こったかもしれない対称性を破る相転移が、弱い相互作用と電磁相互作用のあいだの対称性を破る相転移とは同じものでなかったかもしれないと気づいた。GUTの場合、ヒッグス場のように空間で凝縮して強い力と電弱力とのあいだのGUT対称性を破る場が、一瞬だけ高エネルギーの準安定状態に押しとどめられたあと、弛緩して、その場の最終的な状態になったのかもしれない。この「偽の真空」の状態にあるあいだに場に蓄えられたエネルギーが、最終的に場が弛緩して本来の望ましい最低エネルギー状態になったと同時にいっきに放出されたのではないか。

この状況は、あなたが盛大なパーティーを計画していたのにビールを冷蔵庫で冷やしておくのを忘れたときに遭遇するかもしれない状況に似ていなくもない。その場合、あなたは急いでビールを冷凍庫に入れるが、パーティーに興じているあいだにそのことを忘れてしまう。翌日、あなたがビールを発見して栓を抜くと、うお！　たいへんなことになる。瓶の中のビールは急激に凍らされて膨張し、ガラス瓶を粉砕して中身を弾き飛ばすだろう。栓を抜かれる前のビールは高い圧力を受けているが、この圧力と温度でのビールは液体である。しかし、ひとたび栓を抜いて圧力を解放すると、ビールは急激に凍結する。この相転移のさなか、ビールが弛緩して新しい状態になるとともにエネルギーが放出される。それは膨張する氷に瓶を割らせるのに十分なエネルギーだ。

では、あなたが寒いところにいるときの似たような状況を想像してみよう。身の締まるような冬の雨降りの日、気温が急激に零度以下に下がって、雨が雪に変わる。道路上の水たまりは、すぐには凍らないかもしれない。とくに走行する自動車のタイヤでつねに攪拌されていればなおさらだ。しかし日が落ちて、道路を走る車もなくなると、水が急激に凍って道路上に危険な薄氷が張るかもしれない。前に自動車に攪拌されていたことと、急に温度が下がったことで、水は一時的には「準安定相」、すなわち液体の相にある。しかし最終的には相転移が起こり、薄氷が形成される。このような低い温度では、水にとって望ましい最低エネルギー状態は固体であるから、液体が凍るときには、準安定の液体状態にあったときに蓄えられた過剰なエネルギーが放出される。

グースは、もしこのようなふるまいが大統一理論の相転移のときに起こったら、初期の宇宙ではどんなことになるかと考えた。これは言い換えれば、そうした転移のときにヒッグス場のようにふるまうスカラー場が、新しい（対称性を破る）基底状態に凝縮したほうが望ましくなっている温度まで宇宙が冷えていても、一瞬だけ、そのもともとの（対称性を保持する）基底状態のままでいたらどうなるか、ということである。そしてグースは、この種のエネルギー、すなわち、相転移が完了する前にこの場によって空間全体に蓄えられていたエネルギーが、重力の作用で反発するだろうと気がついた。結果として、宇宙は膨張する。しかも微視的に短い時間で、おそらくは大幅に、ことによると二五桁以上のスケールで膨張するだろう。

グースは続いて、この急激な膨張の期間をインフレーションと名づけ、このインフレーションがビッグバンの構図に関連して存在していた数々のパラドックスを解決できることを発見した。たとえば、なぜ宇宙がこれだけ大きなスケールでこれほど均一になっているのか、なぜ三次元空間が大きなスケールでは幾何学的にこれほど平坦に近く見えるのか、といった問題である。どちらの問題も、インフレーションがなければうまく説明がつかない。最初の問題は、急激な膨張のあいだに最初の不均一性がすべて均されたと考えれば説明がつく。しわのよった風船が、空気が入って膨らむとともに滑らかになっていくのと同じことだ。風船のたとえでさらに言えば、風船を大きく膨らませて、たとえば地球くらいの大きさにすれば、風船の表面はカンザスの大平原と同じくらい平坦に見える。これは二次元でのたとえだが、同じ現象が三次元の宇宙空間そのものの曲がりにも当てはまる。インフレーションのあとでは、宇宙は平坦に見えるようになる。つまり、まさしく現在のわれわれが住んでいるようなこの宇宙——平行線が交差せず、x軸、y軸、z軸がどこででも同じ方向を指す宇宙のようになるということだ。

インフレーションが終了すると、宇宙空間全体の偽の真空状態に蓄えられていたエネルギーが放出されて、粒子が生成され、宇宙が再加熱されて高温になり、そこでようやく、続いて起こる標準的なホットなビッグバン膨張の自然で現実的な初期条件が整えられたことになる。

けっこうなことに、グースがこの構図を提案してから一年後、多くのグループが、インフレーションのあいだに宇宙が急激に膨張したとすると粒子や場にどんな影響があるかを計算してみた。そしてわかったのが、初期の量子効果のせいで生じたわずかな不均一性がインフレーションのあいだに「凍結」するということだった。インフレーションが終了すると、そのわずかな不均一性がしだいに大きくなって銀河を生み、星を生み、惑星を生み、その他さまざまなものを生むとともに、その刻印を宇宙マイクロ波背景放射(CMB)に残すこととなった。この放射のゆらぎは、のちに測定されてきたパターンと正確に類似する。ただし、別のインフレーションモデルを使った場合、CMBの異方性に関して別の予言を引き出すことも可能である(現時点では、インフレーションは理論というよりもモデルであり、大統一理論の独特の相転移はどれも実験で確定されていないので、多くの異なる変量が作用する可能性がある)。

インフレーションからはもうひとつ、さらに刺激的で、さらに明確な予言も出ている。この急激な膨張の期間に、重力波という空間内の小さなさざ波が生み出されるというのである。このさざ波が、CMBにまたひとつの特徴的なシグネチャーを生むはずで、それがいつかは見つかるかもしれない。二〇一四年には、南極の電波望遠鏡を使ったBICEP実験のチームから、予言されていたのとそっくりの信号を検出したとの主張が出された。この発表に、理論家も実験家も大いに沸き立った。私もフランク・ウィルチェックとともに論文を書き、その中で、このような観測がもし事実なら、これが示唆する対称性の破れのスケールは、超対称性を組み入れたモデルでの大統一理論の対称性の破れのスケールときれいに一致すると指摘しただけでなく、この観測は、重力が小さなスケールでは量子論にならざるを得ないこと、したがって、量子重力理論を探し求めるのは見当違いな努力でないことを明確に実証するとも指摘した。

しかし残念ながら、BICEPの発表は早計であったことが確認された。天の川銀河内のほかのバックグラウンドが似たような信号を出すことがあり、これを書いている現時点では、状況は依然として不明のままだ。インフレーションや量子重力を明確に是認するものは何ひとつ出ていない。

ごく最近のところでは、本書の第一稿を書き上げたときから最終稿が完成するまでのあいだに、ワシントン州ハンフォードとルイジアナ州リビングストンに設置されている一連の装置からなる驚異的な検出器、レーザー干渉計重力波観測所（ＬＩＧＯ）が、重力波の初めての決定的な直接検出を果たした。ＬＩＧＯは壮大かつ野心的なマシンである。遠方の銀河内でのブラックホールの衝突から発した重力波を検出するためには、検出器の中心から垂直に二本伸びている全長四キロメートルのアームの長さに、陽子の大きさの一〇〇〇分の一に相当する（それも振動している）差が出るのを検出できなくてはならない。これはたとえるなら、地球から太陽の次に近い星であるアルファケンタウリまでの距離を、人間の毛髪一本の太さの精度で測定しろと言っているようなものである。

ＬＩＧＯによる重力波の発見はもちろん驚くべき偉業だが、検出された重力波は遠方の天体物理学的衝突から発したもので、ビッグバンの最初期の瞬間から発したものではない。しかしＬＩＧＯの発見に後押しされて、これから新しい検出器も建設されるようになるだろうから、重力波天文学が二十一世紀の天文学となるのはほぼ確実だろう。

もし今世紀か来世紀のうちに、ＬＩＧＯやＢＩＣＥＰの成功によってインフレーション由来の重力波のシグネチャーを直接測定できたなら、われわれは宇宙の誕生から10^{-36}秒後以前の物理を直接のぞける窓を得たことになる。そうなればインフレーションのアイデアも、大統一理論でさえも、直接検証することが可能になるだろう。さらに別の宇宙が存在する可能性にまで光が当たれば――現在では形而上学（メタフィジックス）であるものが物理学（フィジックス）になる。

しかし当面のところ、インフレーションはあくまでも熱意ある提案で、宇宙論の主要な謎の大半を自然に解決できるように見られるというだけだ。ただし、われわれの宇宙の主要な観測的特徴を第一原理から説明できるものとして、いまだに唯一の理論的候補ではあるものの、インフレーションはまったく新しい、まったくその場かぎりのスカラー場の存在に依存してもいる。その場はインフレーションを起こすためだけに発明され、ビッグバン後の初期の宇宙が最初に冷え始めるとともにインフレーションが始まるよう、微調整されてもいる。

ヒッグス粒子の発見以前、この場についての推論は、せいぜいもっともらしいという程度だった。基礎的なスカラー場の実例などいまだひとつも知られておらず、大統一理論の対称性の破れが、ヒッグス機構に類似したまた別の単純な機構の結果だと仮定するのは、不安定な基盤の上に載った推測でしかなかった。前述したように、電弱対称性の破れはW粒子とZ粒子の発見によって明らかとなった。しかし単純なヒッグス場は、もっとはるかに複雑な、そしておそらくもっと興味深い、根本的な機構に代わる都合のよいプレースホルダーであってもおかしくなかった。

だが、いまや事情は変わっている。ヒッグス粒子が存在するからには、背景のスカラー場も存在していて、今日の宇宙のありとあらゆる空間に浸透しているのだろう。そして、この場が粒子に質量を与え、われわれが住むことのできる宇宙のさまざまな特徴を生んでいるのだろう。もし大統一理論が本当に存在し、時間の始まりに近いところで三つの力を一つに結び合わせるなら、何らかの対称性の破れが起こっていなくてはならない。その対称性が破れたからこそ、重力以外の既知の三つの力がそれぞれの異なる特性を持って分かれ始めることができたのだ。ヒッグス粒子が実証しているように、空間に広がるスカラー場が凝縮すれば、結果として自然法則の対称性の破れが起こりうる。したがって、インフレーションは詳細しだいではもっと自然になり、一般的になる可能性さえ秘めている。以前、私の同僚のマイケル・ターナーはいみじくも、連邦準備制度理事会のアラン・グリーンスパン議長を真似てこんな冗談を言っていた。「インフレーション期間は避けられないのだ！」

その言葉は、当時の誰も想像できなかったほど先見性が高かったかもしれない。一九九八年、われわれの宇宙はまた新たなインフレーションの段階に入っていることが発見され、それ以前に一部の研究者から出されていた異端とも見える予言が正しかったことが確認された。前にも触れたが、これはすなわち、われわれの宇宙の支配的なエネルギーが空っぽの空間に存在しているらしいということだ。観測された宇宙の加速膨張がなぜ起こっているかを理解するには、これが最もそれらしい説明なのである。この驚くべき、ほとんど予想されていなかった現象を発見した功績で、ブライアン・シュミットとアダム・リースとソール・パールマッターにノーベル賞が授与された。しかし、そこでおのずと浮かんでくる問題は、この現在の加速膨張を生んでいる原因は何なのか、この新種のエネルギーの出所は何なのか、ということである。

まずは二つの可能性が考えられる。ひとつは、それが空っぽの空間の基礎的な性質なのかもしれないということで、なんとこれはアルベルト・アインシュタインが、一般相対性理論の考案直後に予感していたことである。アインシュタインは、それが自分の設定した「宇宙定数」とちょうどうまくいくと思ったが、今ではそれが単純に、将来いつまでも存在する宇宙の非ゼロの基底状態エネルギーのあらわれであることがわかっている。

あるいはまた、それはこの宇宙の中にある、もうひとつの目に見えない背景スカラー場に蓄えられたエネルギーなのかもしれない。その場合、次の明白な疑問が生じる。宇宙が冷え続けると、いずれまた別のインフレーション的な相転移が起こったときに、このエネルギーがどっと放出されるのか？

今回、答えはどちらでもありうる。今日の宇宙の中で、空っぽの空間の推定エネルギー密度は、それ以外のどんなところのエネルギー密度よりも大きいが、絶対的に見れば、既知のあらゆる素粒子の質量に関連するエネルギースケールでは、空っぽの空間のエネルギー密度はあまりにも小さい。どうしたらそんなふうに宇宙の基底状態エネルギーが——アインシュタインの宇宙定数の結果として——ゼロでなく、かつ、今われわれが経験しているような穏やかな加速を可能にするくらいに小さくなれるのか、既知の素粒子物理学の機構を使って第一原理からまともな説明をすることは、今のところ誰にもできていない（それらしい説明はひとつある——スティーヴン・ワインバーグによって最初に提案されたものである——が、それはあくまでも推論で、現在われわれが理解している領域をはるかに超えたところでありうるかもしれない物理についての推論的なアイデアに依存する。もし多くの宇宙が存在し、おそらく宇宙定数であるところの空っぽの空間でのエネルギー密度が、基礎的な物理の制約によって固定されておらず、異なる宇宙ごとにランダムに変化するなら、空っぽの空間のエネルギーがわれわれの測定値よりそれほど大きくない宇宙においてのみ、銀河の形成が可能になって、星の形成も可能になって、その場合だけ惑星も作られて、その場合だけ天文学者も存在していられて……）。

一方、今日の宇宙空間の中で、そうしたわずかな量のエネルギーを蓄えているとされる新しいスカラー場に関しても、その場に起こると素粒子物理学で予言される新しい相転移のまともなモデルは、やはり今のところ存在しない。ここで言うまともなモデルとは、提案者以外の誰もがもっともらしいと思えるモデルのことだ。

とはいえ、宇宙は実際にこのようになっており、現在の基礎的な理論が空っぽの空間のエネルギーのような基礎的なものを説明する第一原理的な予言をしないからといって、これは神秘でも何でもない。前にも言ったように、理解の欠如は、神の証拠ではないのである。それはただ、理解の欠如の証拠であるにすぎない。

空っぽの空間の推定エネルギーの出所がわからない以上、われわれは自由に最善の結果を期待すればいいのだし、この場合なら、おそらく期待するべきは、宇宙定数説が正しいことではないのだろうか。そのほうが、まだ発見されていないスカラー場がいつか弛緩して新しい状態になり、空間に現在蓄えられているエネルギーを放出することになるよりよさそうだと思う。

ヒッグス場が宇宙のほかの物質と結合するせいで、場が凝縮して電弱対称性が破れている状態になったとき、物質の特性と物質の相互作用をつかさどる力の特性が劇的に変わったことを思い出してほしい。そこで、もし似たような相転移がいずれまた自然界で起こって、そこに空間内の何らかの新しいスカラー場が関わっていたとすると、われわれが知っているような物質の安定性は失われてしまうかもしれない。銀河も、星も、惑星も、人間も、政治家も、現在われわれが見ているあらゆるものが、文字どおり消失してしまうかもしれない。唯一の吉報（政治屋の消失以外での）は、その相転移が――われわれの宇宙のある一箇所での小さな種から始まると仮定した場合（微小な塵の粒子が冷えた窓ガラスに氷の結晶を形成させる種となったり、はらはらと降る雪のひとひらを形成させる種となったりするように）――光速で空間全体に広がるだろうということだ。われわれはことが終わってしまうまで我が身に何が起こったかもわからないだろうし、ことが終わってしまったあとでは、もうわれわれはそこにいないから何が起こったかを知ることもない。

好奇心の強い読者ならすでにお気づきかもしれないが、これらの話はすべて、自然界に存在しうる新しいスカラー場に関係している。それなら、標準模型のヒッグス場はどうなのだ？　この現在の宇宙のさまざまな悪ふざけにはヒッグス場が関わっているのか？　ヒッグス場もエネルギーを蓄えていて、過去の宇宙のインフレーションも、現在の宇宙の加速膨張も、ともにヒッグス場のせいなのか？　ヒッグス場は最終的な基底状態にあるのではなく、いずれまた新たな相転移を起こして、それがまた電弱力のありようを変え、標準模型の粒子の質量を変えるのか？

よい質問だ。そして今のさまざまな質問に対する答えはすべて同じで、わからない。

それでも多くの理論家は、この可能性についての推論をあきらめていない。たとえば私が気に入っているのは――それがほかの案よりよいからではなく、ヒッグス粒子が発見されてまもなく、同僚のジェームズ・デントとともに私が考えた推論だからだが――観測されている宇宙の膨張にヒッグス場が関わっているというものである。多くの論文の著者が認識しているように、ひとつの背景場の凝縮と、その場に含まれる粒子の存在は、ある種の特異な窓というか、むしろ「入り口」を提供してくれる。ひょっとすると、その入り口の先には、われわれの観測する標準模型の粒子との直接の結合がとても弱いかもしれない、自然界の別のヒッグス的な場が存在しているかもしれないのだ。

もしもＧＵＴスケールあたりでヒッグス粒子のほかに別のヒッグス粒子に類似した粒子も存在しているとすれば、物理的なヒッグス粒子、つまり実際にＣＥＲＮで発見された粒子は、弱い相互作用ヒッグス粒子と、別のヒッグス粒子に類似した粒子の混合状態のようなものなのかもしれない（この考えにおいて私たちの指針となったのはニュートリノの物理だ。そこでは同じような現象が、太陽の核反応から生じたニュートリノが地球にやってくるときの実際に測定されているふるまいを理解するのに決定的な役割を果たしている）。もしそうなら、少なくとも、次のように論じることは可能である。すなわち空っぽの空間の中で弱い相互作用ヒッグス場が凝縮するときに、それがもうひとつのヒッグス場に類似した場の凝縮を刺激するのだが、この場には、今日見られる宇宙の膨張を説明するのにちょうどぴったりのエネルギーを蓄えられるような特性が備わっているのである。ただし、これを実現させるのに必要とされる数学は、きわめて人工的で不自然だ。つまり、このモデルは醜い。だが、それがどうした。もしかしたらこれが醜いのは、これが収まるべき正しい枠組みが見つかっていないからかもしれないではないか。

とはいえ、このシナリオにはひとつ魅力的な特徴があって、それを言えば少しは身びいきも薄まるかもしれない。この構図では、二番目の場の持っているエネルギーが現在測定されている今日の宇宙の加速膨張を促しているのだが、おそらく最終的に、これが新しい相転移で放出されることで宇宙が真の基底状態にいたる。将来われわれの宇宙で生じうる相転移には、ほかにも多くの可能性が考えられるが、それらと違って、この新しい場は観測されているすべての粒子と弱く結合することができるので、この相転移では、自然界のあらゆる既知の粒子の観測されている特性に、感知可能なくらいの大きな変化はいっさい起こらない。要するに、もしこのモデルが正しければ、われわれの知っているような宇宙がそのまま生き残れるかもしれないのだ。

しかし喜ぶのはまだ早い。こうした推論とは関係なしに、ヒッグス粒子の発見は、これよりまったく楽観的でない可能性を浮かび上がらせている。現在観測されている宇宙の加速膨張が永久に続くような未来は、生命にとっても悲惨な未来だし、もはや宇宙を探り続けられないという点でも悲惨な未来だが――なぜなら最終的に、今われわれに見えている銀河はすべて光より速い速度でわれわれから後退し、われわれの地平線から消滅して、残った宇宙は冷たく、暗く、ほとんどが空っぽになってしまうから――陽子質量の一二五倍の質量を持ったヒッグス場のせいで行き着くかもしれない未来は、さらに悲惨になりうるのだ。

ヒッグス場の質量が、実際に観測されているヒッグス場の許容質量範囲に一致する場合、標準模型にもっと高いエネルギーで追加されるような新しいものがさしあたり何も追加されないと仮定すると、計算では、現在のヒッグス場の凝縮が不安定性の寸前でぐらぐらしていることが示唆される。つまり、凝縮が現在の値から大きく変化して、もっと低いエネルギー状態に関連するまったく別の値になりうるのである。

そのような変化が起こったら、われわれの知るような通常の物質の形状が変わってしまう。銀河も、星も、惑星も、人間も、おそらく消滅するだろう。うららかな快晴の朝に氷の結晶が溶けてなくなるように。

怖い話が好きな人のために言っておくと、もうひとつ、さらに陰惨な可能性も示唆されている。ヒッグス場をどこまでも大きく成長させ続ける不安定性が存在するかもしれないということだ。そうした成長の結果として、進化するヒッグス場に蓄えられたエネルギーが負になるかもしれない。そうなると、宇宙全体がふたたび崩壊してビッグバンの反転という激変を起こす。つまりビッグクランチである。このなりゆきは叙事詩にはふさわしいかもしれないが、幸い、データはその可能性に否定的だ。

ヒッグス場が急激に変化して新しい基底状態にいたるとともに、今われわれの見ているものがすべて消滅するというこのシナリオで、私がとくに強調しておきたいのは、現在測定されているかぎり、ヒッグス場の質量は安定性を好んでいるが、その値には十分な不安定性があってどちらに転んでもおかしくない――今われわれが栄えていられる一見すると安定した真空を生むかもしれないし、前述したような変化を好むかもしれないということである。さらに言えば、このシナリオは、あくまでも標準模型の枠内での計算にもとづいている。新しい物理がＬＨＣかどこかで発見されでもすれば、場合によってはそれがこの構図をがらりと変えて、不安定だったこれまでのヒッグス場を安定させるかもしれない。いずれにしても、やがて新しい物理が発見されるのはほぼ確実だと思われるので、ここで絶望するには及ばない。

それでもまだ安心できないなら、最終的な宇宙の未来が今の話よりもっと悲惨なのではないかと怖がっている人のために、今のシナリオを導いたのと同じ計算が、われわれの現在の準安定的な配置の現実が今後数十億年どころではなく、その十億倍の十億倍も続くことも示していると伝えておこう。

未来の心配はともかくも、ここであらためて言っておいたほうがいいだろう。宇宙はわれわれが何を願うかも、われわれが生き残るかどうかも気にしていない。われわれが存在してもしなくても、宇宙の力学は無関係に続いている。だからなのか、私は不思議と先ほどのような、この世の終わり的なシナリオに惹かれる。この場合なら、われわれが存在していられる理由である驚くべき偶然——あるひとつの場の凝縮によって現在の物質の、原子の、そして生命そのものの安定性が生まれていること——も、見ようによっては短いあいだのちょっとした幸運なのである。

前に話したように、あの窓ガラスにできた氷の結晶の突起に生きている架空の科学者なら、彼らの宇宙ではある一方向がことさら特別であることを一番に発見しただろう（そしてもちろんその社会の神学者が、これこそ神の愛の具現だと称えただろう）。しかし深く探っていくにつれ、彼らもその特別な環境がただの偶然で、別の方向が好まれる別の氷の結晶も存在することを発見したかもしれない。

同じように、われわれもこの自分たちの宇宙が、その固有の力と粒子と驚異的な標準模型を備えた宇宙が、膨張する宇宙の中で星が生まれ、惑星が生まれ、意識を進化させられる生命が生まれるようになるという驚くべき幸運の結果だった一方で、たまたまヒッグス場が宇宙の初期の進化にともなって、ちょうどこのように凝縮したために起こりえた単純な偶然の結果でもあったことを発見してきた。

そして、われわれが常々そうするように、架空の氷の結晶に生きる架空の科学者も自分たちの発見を称えるかもしれないが、同時に彼らは、まもなく太陽が昇ればすぐにその氷の結晶が溶けだして、自分たちの短い存在の痕跡をすべて消してしまうことを知らずにいるかもしれない。だからといって、彼らのスリリングな短い存在がつまらないものになるだろうか。いや、そんなことはない。もしわれわれの未来が同じようにはかなくても、われわれは少なくとも、これまでたどってきた山あり谷ありの道程を楽しんで、現在も進行中の史上最も偉大な物語のあらゆる側面を満喫することができるだろう。

終章　宇宙に教わる謙虚さ

あなたは塵だから、塵に帰る。

――「創世記」三章十九節

「ここにも人の世に注ぐ涙があり、人間の苦しみは人の心を打つ」。

これは古代ローマの詩人ウェルギリウスによる壮大な叙事詩の中の言葉だ。

これは私が本書のエピグラフに使った言葉でもある。なぜこれを選んだかといえば、私が語りたい物語にも、まったく同じだけのドラマがあり、人間の悲劇があり、高揚があるというだけでなく、つきつめれば同じような目的が動機になっていると思うからだ。

なぜ私たちは科学を営むのか？　もちろん、ある意味では、自分のいる環境をよりしっかりと制御できるようになるためだ。宇宙をより深く理解すれば、それだけ正確に未来を予言できるようになり、未来を変えるかもしれない装置を築くことができる――願わくばよい方向に。

だが、つきつめれば、私たちを科学に向かわせる原動力は、自らの起源を、自らの死すべき運命を、そして究極的には自らそのものを、より深く理解したいという原始的な衝動なのだと私は思う。私たちは生まれつき、難題を解決することによって生き延びられるようになっており、そうした進化的利点のおかげで、長い時間ののちには贅沢にも、今どうやって食料を得るか、今どうやってライオンから逃げるかといった切迫した問題ではないことについてまで、あらゆる種類の難問を解きたいと思えるようになった。そんな私たちにとって、宇宙の謎以上に魅力的な難問があるだろうか。

宇宙の進化に関して、私たち人類に選択の余地はなかった。私たちはたまたま四十五億年前に生まれた惑星に生きているが、その惑星は一二〇億年前に生まれた銀河の中にあり、その銀河は一三八億年前に生まれた宇宙の中にあり、その宇宙にはほかに少なくとも一〇〇〇億の銀河があって、それらすべてが、私たちにはまだ予測もできない未来に向かってますます速く膨張している。

では、私たちはこの情報をどうすればいい？　私たち人間の物語を理解するにあたって、ここに何か特別な意味があるのだろうか？　この壮大かつ悲劇的な宇宙の真ん中で、私たちは自らの存在をそこにどのように当てはめたらいい？

大半の人にとって、存在をつきつめて考えたとき、最後に行き着くのはこんな超越論的な疑問だろう。なぜそもそも宇宙があるのか？　なぜ私たちはここにいるのか？

「なぜ」そうなったかという疑問にどんな推定を下すにせよ、「いかにして」そうなったかをもっとよく理解していれば、「なぜ」の疑問をさらに明確に絞り込める。私は前著で、今のひとつめの疑問に科学が何を答えられるかという問題に取り組んだ。そして今回、私が語ってきた物語は、ふたつめの疑問に最良の答えを与えられるものと思っている。

自らの存在という謎を目の前にして、私たちには二つの選択肢がある。まず、私たち人間には特別の意味があって、宇宙はその私たちのためにできあがったと考えることもできる。多くの人にとっては、これが最も心地よい選択だろう。大昔の人間の部族もこれを選択し、自然を擬人化した。そうすることによって、苦痛や死を中心とする意地悪な世界としか思えないものを少しでも理解できるようになるのではないかとの希望が持てたからだ。この選択は、世界中のほぼすべての宗教が取っている選択でもある。どの宗教も、その宗教が主張する、存在のジレンマに対する独自の解答を用意している。

この選択が、受け止めやすい物語のかたちになって、ある文化で聖典とされた。新約聖書である。これはときに「史上最も偉大な物語」とも呼ばれる。この文明が自らの神性を発見したとされる物語だ。だが、人がどんな祈りを唱えていると目されるか、どんな相手と結婚すると目されるか、どんな預言者を奉ずるにふさわしいと見ているかにもとづいて、戦争や殺戮がなされるのを見るにつけ、私はどうしても、あのガリバーの話を思い出してしまう。彼が行き着いた先の社会では、神が人間にゆで卵の割り方をどう定めたかをめぐって戦争が起こっていたのだ。

こうした超越論的な謎に取り組むときの二番目の選択肢は、答えについて何もあらかじめ仮定しないというものだ。これはこれで、また別の物語を生んでいる。私が思うに、こちらの物語はあちらより謙虚だ。こちらの物語では、私たちの存在とまったく無関係に独自の法則が存在している宇宙の中で、私たちが進化している。こちらの物語では、私たちは自分が間違っていないかどうかを丹念にチェックする。そしてこちらの物語では、私たちはつねに行く先々で驚かされることになっている。

私がここで語ってきた物語は、宇宙の普遍的なドラマであると同時に、人間のドラマでもある。ここには人類がこれまでに実践してきた、大胆きわまりない知的な探求の数々が描かれている。ところどころには聖書からの比喩まであって、それを喜んでくれる人もいることだろう。私たちは標準模型の確立後、四〇年にわたって砂漠をさまよった末に、ようやく約束の地を発見した。それは大半の人にとっては判読不能な走り書きのようなものかもしれないが、ともあれ真実が——少なくとも私たちが現在知るかぎりの真実が——ゲージ理論の数学というかたちで姿を現したのだ。これは天使が運んできてくれた黄金の書字版に書かれていたのではなく、はるかに実際的な手段によってもたらされたものだ。この真実は、自分の主張が現実の世界の、観測と実験によって成り立つ世界の、正しい模型になっているかどうかを検証されてしかるべきだと心得ている大勢の個人の懸命の努力で埋め尽くされた、無数の研究ノートのある一ページに書かれているのである。だが、そうした実際的な努力と同じぐらい意義深いのは、その努力を積み重ね、私たちがこんなに遠くまでやってこられたということだ。

この物語のこの時点で、私たちがなぜここにいるのかという疑問について、私たちはどんな結論を出せるだろう。その答えは、なんとも驚異的だ。なにしろ私たちが自らの知覚する宇宙を深く探れば探るほど、その宇宙が現実の影にすぎないことをまざまざと見せつけられるのである。

私は本書の冒頭で、博物学者のJ・A・ベイカーの『ハヤブサ』からの一文も引用した。「何よりも見えにくいものとは、そこに本当にあるものだ」。この賢明なる所見を使わせてもらったのは、私がこれまで語ってきた物語が、私の知るかぎり、その最も深遠な実例であると思うからだ。

そのあとにプラトンの洞窟の比喩について述べたのも、科学の実際の歴史をこれ以上にふさわしく、これ以上に叙情的に描いたものを知らないからだ。人間という存在がこのように勝利を収められたのも、私たちが人間の限られた感覚という生まれついての鎖から抜け出られたからだった。私たちの感知する世界の下に、もっとはるかに奇妙な現実が横たわっていることに直感的に気づけたからだった。その現実は、数学的な美しさこそ申し分のない現実かもしれないが、私たちの存在が——予想をはるかに上回るぐらいに――ただの追加物になってしまう現実でもある。

ここであらためて、世界はなぜこのようになっているのかと問うてみれば、わたしたちに出せる最良の答えは、それが宇宙の歴史のある偶然の結果だから、ということになる。この宇宙の中のある空っぽの空間で、ある場が、ある特定の状態に凍結したからこうなったのだ。それにどんな特別な意味があるのかと考えるのは、早朝に窓ガラスについた霜の中のある氷の結晶にどんな特別な意味があるのかと考えるのと同じことだ。私たちをこうして存在にいたらせている規則は、そのために争うようなものでも、そのために死ぬようなものでも何でもないだろう。氷の結晶の宇宙の中で「上」と「下」のどちらが大事かを決めるのに、あるいはゆで卵を上から割るのと下から割るのとどちらがいいかを決めるのに、争ったり死んだりしたってしょうがないだろうと思えるのとまったく同じだ。

私たちの原初の祖先は、自然がどんなにすばらしくても、ときにはひどい意地悪な暴力を振るうこともあると知っていたからこそ生き延びられた、と言っても過言ではない。科学が進歩するにつれ、宇宙が生命に対していかに暴力的で意地悪であるかは、いよいよ明らかになっている。しかし、だからといって宇宙の魅力は薄まらない。こうした宇宙には、畏敬と、驚異と、興奮を受けとめてくれる余地がたっぷりある。それどころか、この事実を知っているだけで、私たちの起源と私たちの生存を称えるには十分すぎる理由となる。

目的も何もないように見える宇宙の中では、私たちの存在することに意味や価値もない――と主張するのは、それこそ唯我論の極みだろう。なぜならばそれは、私たちの存在しない宇宙に価値はないと言っているようなものだからである。科学が私たちに与えてくれる最大の贈り物は、私たちが偶然の驚異をありがたく思うことを覚えてもなお、その偶然を目撃することに特権を感じてしまいそうな、とにかく存在の中心にいないと気がすまない性質を乗り越えられるようにしてくれることだ。

　この私たちの物語では、プラトンの比喩と同じように、光が重要な役割を果たしてきた。光に対する認識が変わったことで、空間と時間の本質についての理解も変わった。そして最終的には、この認識の変化によって、私たちが生きる上でも存在する上でも欠かせない、この重要な現実の使者でさえ、やはり単なる宇宙の偶然が生んだ幸運な結果にすぎないことが明らかになった。それは、いつか修正されても不思議ではないような偶然なのだ。

　ここで覚えておくべきは、本書の冒頭に掲げたエピグラフのあとに続く『アエネーイス』の一文が、「恐れを捨てよ」という希望に満ちた叫びだったことだろう。未来は私たちに終末をもたらすかもしれないが、今現在の私たちの厳かな歩みを否定してはいない。

　これまで私が語ってきた物語は、物語のすべてではない。おそらく私たちが知っている以上に、私たちの知らないことが山ほどある。意味を探し求めて、この物語が今後さらに展開していくにつれ、現実に対する私たちの理解は確実に変わっていく。私はしばしば、科学はこれこれの役に立たないじゃないかと言われることがある。はてさて、やってみなければわからないのでは？

　運命の定めにより、私は今、この最後の文章を、私の亡き友人にして、神話や迷信との戦いにおける共謀者だったクリストファー・ヒッチンスが、傑作『神は偉大ではない（God Is Not Great）』を執筆したデスクに座って書いている。彼の存在が霊界からこの文章を書かせてくれているのだと感じられないのは悲しいことだが、しかし彼こそは、そんな感覚は自分の頭から出てくるもので、何か宇宙的に重大なものから出てくるのではないことを私に一番に思い出させてくれる人物だろう。だが、本書のタイトルが強調しているように、彼が心から愛し、みごとなまでに記述した人間の物語も、自然が私たちを発見に駆り立ててきた物語に比べれば色あせる。そして同じように、神についての人間の物語も、本物の「史上最も偉大な物語」に比べれば色あせる。

結局のところ、この物語は過去に特別の意味を持たせるものではない。これまでたどってきた道程を思い返すことはできるし、称えることもできようが、科学が与えてくれる最大の啓示は、そして最大の慰めは、おそらくその最大の教訓からもたらされる――この物語の最高の部分はまだ書かれていないのである。

この可能性は、私たちの存在についての宇宙的なドラマを間違いなく価値あるものにするだろう。

謝辞

本書は、この宇宙についての理解を今日ここまで導いてくれたすべての人への献辞の意味も込めて書かれている。本書を科学についても歴史についても誤りなく適切に綴りたかったので、その両面で私の記述をチェックしてくれるよう、初稿を書き上げた段階で多くの同僚に支援を請うた。おかげさまで、助言やありがたい提案や訂正をたくさんいただいた。とくにシェルドン・グラショウとウォーリー・ギルバートの両名、およびリチャード・ドーキンスに感謝したい。そしてもうひとり、ここでは匿名のままとさせていただくが、科学者としての業績の面でも誠実さの面でも私がとりわけ尊敬している同僚のひとりには、本書に格別の尽力をいただいた。彼は原稿を丹念に読んで、無数の訂正をほどこしてくださった。また、科学界の枠を超え、私が最も尊敬する作家のひとりにして、科学にも造詣が深い友人にも、本書の原稿段階で感想を聞かせてもらうことにした。私の前著、Quantum Man（邦訳『ファインマンさんの流儀』）のペーパーバック版でも原稿チェックを志願してくれたコーマック・マッカーシーが、今回も、受け取った原稿の隅々まで目を通し、彼いわく「この本を完璧にする」ため、助言と提案をしてくれたのである。はたしてその言葉どおりになっているかはわからないが、彼の優しさと知恵と才能のおかげで、本書は確実に最初よりずっとよいものになっている。

出版社を決める段取りを、私の新しいエージェントにして昔からの友人であるジョン・ブロックマンとそのスタッフがみごとに取り仕切ってくれなかったら、本書が書かれることもなかっただろう。幸いにして、本書の編集は、前著『宇宙が始まる前には何があったのか?』の編集者でもあったアトリア・ブックスのレスリー・メレディスが受け持ってくれることになった。レスリーは気心の合う人であるというだけでなく、本書のアイデアをみごとに受け止めて跳ね返してくれる反射板のような人でもある。私がすでに明確だと思っていた科学的論述に関しても、それをさらに明確にするよう彼女が鋭く指摘してくれた。また、科学者は科学的ナンセンスに関してもの申す必要があるという私のかねての見解を、遠慮せずに主張していいと励ましてもくれた。

最終稿を前にして、多岐にわたる重要な修正をほどこさなければならないという気の遠くなるような思いにとらわれたとき、救いとなったのは、いつでも家の中に安心と支えと静けさを求められると知っていたことだった。すばらしい我が妻ナンシーのおかげで、私は数えきれないほど助けられ、励まされたし、義理の娘のサンタルは、自分の寝室のすぐ上の私の書斎から、夜な夜なタイプの音が聞こえてくるのにじっと耐えてくれた。私が運営する「起源プロジェクト」のスタッフ、とくに最も頼りとするエグゼクティブディレクターのアメリア・ハギンズと、アリゾナ州立大学で長らく私の秘書を務めてくれているジェシカ・ストリーカーは、私が本書のために通常業務を離れなければならなかったときも、安心してそちらに時間を割けるよう快く協力してくれた。そして地元フェニックスの友人、トマス・ホールトンとパティ・バーンズには、普段からいろいろとお世話になっているが、今回も何度もいっしょに朝食をとりながら、私が執筆中に考えたさまざまな事柄について意見を聞かせてもらった。

最後に、私が本書の仕上げに近づいたころ、我が友人にして、亡きクリストファー・ヒッチンスの妻であるキャロル・ブルーと、父君のエドウィン・ブルーから、じつにありがたい申し出をいただだいた。クリストファーが、あの傑作『神は偉大ではない』をはじめとする数々の本や論説を執筆したゲストハウスを、私に使わせてくださるというのである。この本を書き上げるのに、それ以上に励みとなる場所は今でも思いつかない。そして完成したこの本に、クリストファーの文章の最大の特徴である、人の心に訴える力強い語りがほんの一部でも乗り移っていればと願うばかりだ。

訳者あとがき

本書は、素粒子物理学の「標準模型」――その名のとおり、現時点でのスタンダードなモデル――がどのようにしてできあがったかを詳細に綴った物語である。さまざまな物理理論の学術的な解説はもちろん、どこの誰がどんな理論を提出して総体的なモデルの完成にいたったかという歴史的な経緯もたっぷりと描かれている。

著者のローレンス・クラウスは、一九五四年生まれのアメリカの理論物理学者で、その研究分野は素粒子物理学から宇宙論まで多岐にわたる。初期宇宙、ダークマター、一般相対性理論、ニュートリノ天体物理学など、さまざまなテーマの研究によって三〇〇本以上の学術論文を発表しており、アメリカの代表的な三つの物理学団体――米国物理学協会、米国物理学会、米国物理学教員協会――の主要な賞をすべて獲得している、ただひとりの物理学者でもある。また、ニューヨーク・タイムズやニューヨーカーなどの新聞雑誌に定期的に寄稿する科学記事（のみならず、時事問題についての記事まで！）でもおなじみで、テレビやラジオへの出演も多い。まさにクラウスは、現在のアメリカ物理学界の「顔」のような存在であるというわけだ。一般向けの科学書も多数出版しており、前著の『宇宙が始まる前には何があったのか？』は、本国アメリカでも日本でもベストセラーとなった。

そのクラウスが、現在の物理学の知識がどこまで進んでいるかを宇宙の最大スケールの観点から紹介したのが前作だったとすれば、今作は、現在の物理学の知識がどこまで進んでいるかを宇宙の最小スケールの観点から紹介した本だということになるだろう。われわれ人間を含む、宇宙のあらゆるものを構成する最小の要素である素粒子についての研究は、二十世紀のあいだに飛躍的に進展し、数年前のヒッグス粒子の発見をもって、ひとまず「標準模型」というかたちでの完成を見た。もちろん、まだわかっていないことはたくさんある。宇宙についての理解はこれからもずっと上書きされつづけ、そのたびに新しい宇宙像が見えるのだろう。それでも現在、人間の目では見ることのできない自然の姿がここまでわかったというのは、やはりすごいことである。これをやりとげた人類の探究心の偉大さを、本書は読者にまざまざと見せつけてくれるだろう。

素粒子物理学や量子力学についての一般向けの科学書はいろいろあるが、詳細さという点で、本書に並ぶものはほとんどないのではなかろうか。欧米の著者で、湯川秀樹、南部陽一郎の業績や人物像を、ここまで詳しく取り上げた人がいただろうか。つまり、本書ではそれだけ深く素粒子理論や場の量子論が掘り下げられているということで、内容は決して容易ではない。加えて、「物理学は、教科書で列挙されるように一直線に前進するわけではない」と本文中にあるように、標準模型ができあがるまでには多くの紆余曲折があり、それもまた本書の内容を複雑なものにしている。だが、クラウスはその複雑さをあえて整理しすぎなかったのではないか。これは教科書ではなくて「物語」なのだ。当時の物理学者たちの混乱に、読者もそのままついていくしかない。

それでも先を読ませてしまうのがクラウスの語り手としての力量で、物語の端々を彩るのが、登場する科学者たちの興味深い逸話である。オカルトに傾倒していたニュートン、大衆のためのクリスマス講演を欠かさなかったファラデー、神童だったマクスウェル、寡黙なディラック、闊達なファインマン。グラショウやワインバーグなどとの個人的な交流の話は、現役科学者のクラウスだからこそ語れるエピソードだろう。ヒッグス粒子を予言した二つの論文の査読者が南部陽一郎だったという素敵な偶然も紹介されている。クラウスは、こうした運命的なドラマを「詩的」と表現する。

そうして標準模型が完成し、その正しさを確認されたのちも、なお残る問題について書かれたのが最後の二章である。それらの問題が解決されるかどうかは、現時点では不明だという。物語はまだまだ続くのだ。

ところで本書の原題は、The Greatest Story Ever Told -- So Far という。なるほど、「これまでのところの史上最も偉大な物語」か――科学者たちがこれまでになしとげた偉大な知的探求の物語なのだな、と普通に解釈してしまいそうだが、じつは、これはかなり挑戦的なタイトルである。英語でThe Greatest Story Ever Told といえば、それはすなわちキリスト教の聖書のことなのだ。イエス・キリストの生涯を描いた一九六五年のアメリカ映画も同じタイトルで、日本では『偉大な生涯の物語』という題名に訳されている。聖書の記述に一致しないという理由で進化論を認めない人がアメリカにたくさんいるというのはよく知られる話だが、キリスト教圏での科学と宗教の関係は、日本人からするとなかなか理解しにくいくらいに深刻な問題であるらしい。

そしてローレンス・クラウスは、自ら「反神論者」と名乗るほどこの問題に意識的な科学者で、前作『宇宙が始まる前には何があったのか?』でも、神の存在についてのかなり突っ込んだ記述がされていた。

本書では、クラウス自身のそうした見解はところどころに垣間見える程度だが、そのぶん書名と各パートの題名に彼なりの思いを込めたのだろう。目次を先に見た人は、これはいったい何の本だと思ったかもしれない。第一部は「創世記」、第二部は「出エジプト記」、第三部は「黙示録」と題されているのだ。

とはいえ、英語では、第一部はGenesis、第二部はExodus、第三部はRevelationとなっていて、たしかにこれらの単語から第一に連想されるのは前述の聖書の書名だが、それぞれに一般名詞としての意味もあり、そちらの意味をとれば本文の内容とみごとに呼応するタイトルになっている。「創世記」を「始まり」と解釈すれば、まさに第一部は、ニュートンからアインシュタインやディラックなどを経てフェルミにいたるまでの、現代物理学の始まりを描いた内容である。「出エジプト記」を「脱出」と解釈すれば、第二部は、袋小路にはまりかけた場の量子論がいかにして対称性の破れという脱出口を見いだしたかの話であり、「黙示録」を「隠れていたものが姿を現すこと」と解釈すれば、第三部は、理論上の存在だったウィークボソンやヒッグス粒子がついに実験で発見されたという話なのである。

ローレンス・クラウスやリチャード・ドーキンスのように、「神を信じる信じない」問題に積極的に切り込んでいく西洋の一部の科学者の弁舌に、喝采を送る読者もいれば、少々うっとうしいと感じる読者もいるかもしれない。だが、彼らのように専門分野の第一線に立つ研究者が、本書のような一般向けの「できるだけシンプルでありながらシンプルすぎない」長大な本をいくつも熱心に書いてくれるのは、そうしたキリスト教圏ならではの問題があるからこそなのだと思えなくもない。古い世界像ばかりを見ていないで、もっと最新の知見を学ぼうよ、と誘うかのごとく彼らが次々と繰り出してくる噛み応えのある作品を、読者としてはありがたく受け止めたいと思うのである。

本書の英語での書名と各パートの題名を紹介したところで、ついでに各章の題名についても触れておきたい。多くの一流の自然科学者がそうであるように、クラウスも人文科学やサブカルチャーに詳しく、本書の各章のタイトルの多くにも、古今の文学作品や映画やテレビ番組からの引用を使っている。英語の慣用句のもじりもある。そしてお察しのとおり、聖書からの引用もある。日本の読者にはなじみのないものも多く（告白すれば訳者にもわからないものがある）、内容に即したわかりやすい題名に差し替えることも考えたが、クラウスの遊び心を尊重して、あえてそのまま逐語訳とした。以下に原題を記しておくので、興味のある方は、元ネタ探しを（某大河ドラマの副題と同じように）楽しんでいただければ幸いである。

Chapter 1: From the Armoire to the Cave
Chapter 2: Seeing in the Dark
Chapter 3: Through a Glass, Lightly
Chapter 4: There, and Back Again
Chapter 5: A Stitch in Time
Chapter 6: The Shadows of Reality
Chapter 7: A Universe Stranger Than Fiction
Chapter 8: A Wrinkle in Time
Chapter 9: Decay and Rubble
Chapter10: From Here to Infinity: Shedding Light on the Sun
Chapter11: Desperate Times and Desperate Measures

Chapter12: March of the Titans
Chapter13: Endless Forms Most Beautiful: Symmetry Strikes Back
Chapter14: Cold, Stark Reality: Breaking Bad or Beautiful?
Chapter15: Living inside a Superconductor
Chapter16: The Bearable Heaviness of Being: Symmetry Broken, Physics Fixed
Chapter17: The Wrong Place at the Right Time
Chapter18: The Fog Lifts
Chapter19: Free at Last
Chapter20: Spanking the Vacuum
Chapter21: Gothic Cathedrals of the Twenty-First Century
Chapter22: More Questions than Answers
Chapter23: From a Beer Party to the End of Time

本文中［　］でくくった部分は訳者による補足です。

本書の翻訳にあたっては、最初から最後まで青土社の篠原一平氏と横山芙美氏に多大なるご支援をいただいた。また、早稲田大学先進理工学部の鷹野正利教授には定訳がないであろういくつかの用語のご確認をいただいた。この場を借りて、お礼を申し上げます。

二〇一八年一月

塩原通緒

索引

さ行

た行

な行

は行

わ行